应用伦理学丛书

# 计算机伦理与专业责任

〔美〕特雷尔·拜纳姆 〔英〕西蒙·罗杰森 主编
李伦 金红 曾建平 李军 译

Computer Ethics &
Professional Responsibility

Terrell Ward Bynum
Simon Rogerson

著作权合同登记 图字:01-2007-5240

**图书在版编目(CIP)数据**

计算机伦理与专业责任/(美)拜纳姆,(英)罗杰森主编;李伦,金红,曾建平,李军译.—北京:北京大学出版社,2010.1

(同文馆·应用伦理学丛书)

ISBN 978-7-301-15989-7

Ⅰ.计… Ⅱ.①拜…②罗…③李…④金…⑤曾…⑥李… Ⅲ.①电子计算机-伦理学 Ⅳ.B82-057

中国版本图书馆 CIP 数据核字(2009)第 173606 号

版权声明:

Translated from Computer Ethics and Professional Responsibility/ edited by Terrell Ward Bynum and Simon Rogerson, first published 2004 by Blackwell Publishing Ltd. Editorial material and organization ⓒ 2004 by Blackwell Publishing Ltd.

All rights reserved. No part of this publication may be reproduced, stored in a retrieval system, or transmitted, in any form or by any means, electronic, mechanical, photocopying, recording or otherwise.

This edition is published by arrangement with Blackwell Publishing Ltd, Oxford. Translated by Peking University Press from the original English Language version. Responsibility of the accuracy of the translation rests solely with Peking University Press and is not the responsibility of Blackwell Publishing Ltd.

| | |
|---|---|
| 书　　名: | 计算机伦理与专业责任 |
| 著作责任者: | 〔美〕特雷尔·拜纳姆 〔英〕西蒙·罗杰森　主编<br>李　伦　金　红　曾建平　李　军　译 |
| 责 任 编 辑: | 王立刚 |
| 标 准 书 号: | ISBN 978-7-301-15989-7/B·0835 |
| 出 版 发 行: | 北京大学出版社 |
| 地　　　址: | 北京市海淀区成府路 205 号　100871 |
| 网　　　址: | http://www.pup.cn　电子邮箱:pkuphilo@163.com |
| 电　　　话: | 邮购部 62752015　发行部 62750672　出版部 62754962<br>编辑部 62752025 |
| 印 刷 者: | 北京宏伟双华印刷有限公司 |
| 经 销 者: | 新华书店 |
| | 650mm×980mm　16 开本　19.25 印张　309 千字<br>2010 年 1 月第 1 版　2010 年 1 月第 1 次印刷 |
| 定　　　价: | 38.00 元 |

未经许可,不得以任何方式复制或抄袭本书之部分或全部内容。

版权所有,侵权必究

举报电话:010-62752024;电子邮箱:fd@pup.pku.edu.cn

# 目　录

| | |
|---|---|
| 作者简介 | （1） |
| 前言与致谢 | （3） |
| 缩略词 | （8） |

编者导论：信息时代的伦理学 …………………………………（1）

## 第一部分：何谓计算机伦理学？

编者导读 ……………………………………………………（16）
第1章　计算机伦理学中的理性、相对性和责任（詹姆士·摩尔）
………………………………………………………………（19）
第2章　信息技术伦理问题的独特性（沃尔特·曼纳）………（36）
第3章　计算机伦理学案例分析与伦理决策（特雷尔·拜纳姆）
………………………………………………………………（56）

## 第二部分：专业责任

编者导读 ……………………………………………………（82）
第4章　计算机系统设计中的无意识力量（恰克·哈弗）……（88）
第5章　信息科学与专业责任（唐纳德·哥特巴恩）…………（96）
第6章　软件开发项目管理伦理（西蒙·罗杰森）……………（107）
案例分析：伦敦救护车案 …………………………………（116）

## 第三部分：伦理准则

编者导读 ……………………………………………………（120）
第7章　为什么不完备的伦理准则比没有更糟
　　　（本·菲尔维泽）………………………………………（126）
第8章　论计算机专业人员执照制度（唐纳德·哥特巴恩）…（139）
案例分析：凯姆克公司案 …………………………………（146）

## 第四部分：计算机伦理的主要问题

**计算机安全** ································································ （150）
  编者导读 ································································ （151）
 第9章 计算机安全与人类价值（彼得·诺曼） ························· （153）
 第10章 计算机黑客侵入合乎道德吗？（尤金·H.斯帕夫特）
  ···································································· （171）
  案例分析：阿诺莱特公司飞翔之梦 ································· （183）

**隐私与计算机技术** ························································ （186）
  编者导读 ································································ （187）
 第11章 走向信息时代的隐私理论（詹姆士·摩尔） ·············· （190）
 第12章 变迁世界中的数据保护（伊丽莎白·弗朗斯） ········· （204）
  案例分析：一桩隐私小事 ············································· （214）

**计算机技术与知识产权** ··················································· （217）
  编者导读 ································································ （218）
 第13章 计算机软件的所有权：个体问题和政策问题
  （黛博拉·约翰逊）·················································· （225）
 第14章 为什么软件应当是自由的（理查德·斯多曼） ············ （233）
  案例分析：自由财产 ··················································· （249）

**全球信息伦理学** ····························································· （252）
  编者导读 ································································ （253）
 第15章 计算机革命与全球伦理学
  （克里斯提娜·格尼娅科-科奇科斯卡） ························· （256）
 第16章 互联网上的冒犯行为（约翰·维克特） ······················ （264）
  案例分析：一个聪明的主意 ·········································· （277）

**最后一个案例分析** ························································· （279）

**参考文献** ····································································· （282）
**索  引** ····································································· （288）
**译后记** ········································································ （294）

# 作者简介

**特雷尔·拜纳姆(Terrell Ward Bynum)**：美国南康涅狄格州立大学计算机与社会研究中心主任、哲学教授；ETHICOMP系列会议共同发起人；曾任ACM职业伦理委员会主席。

**本·菲尔维泽(N. Ben Fairweather)**：英国德蒙特福特大学计算机与社会责任研究中心研究员和哲学家；《信息、通信与社会伦理杂志》共同主编。

**伊丽莎白·弗朗斯(Elizabeth France)**：英国远程通信调查官；英国信息部前部长以及英国数据保护注册官。

**克里斯提娜·格尼娅科-科斯科斯卡(Krystyna Gorniak-Kocikowska)**：美国南康涅狄格州立大学计算机与社会研究中心哲学教授和高级研究员；第一本波兰语计算机伦理学教材的共同主编。

**唐纳德·哥特巴恩(Donald Gotterbarn)**：美国东田纳西州立大学软件工程伦理学研究中心主任和计算机科学教授；ACM职业伦理委员会主席；澳大利亚应用哲学与公共伦理学研究中心研究员。

**恰克·哈弗(Chuck Huff)**：美国明尼苏达州圣奥拉夫学院心理学教授；《计算机与社会》杂志副主编，《社会科学计算机评论》杂志负责心理学方面的副主编。

**黛博拉·约翰逊(Deborah Johnson)**：美国弗吉尼亚大学技术、文化与通信系应用伦理学教授；国际信息技术伦理学会(INSEIT)主席；第一本著名的计算机伦理学教材的作者。

**沃尔特·曼纳(Walter Maner)**：美国俄亥俄州博林格林州立大学计算机科学教授；美国南康涅狄格州立大学计算机与社会研究中心研究员；计算机伦理学的先驱(20世纪70年代和80年代)；计算机伦理学和应用伦理学的作者和会议组织者。

**詹姆士·摩尔(James H. Moor)**：美国达特茅斯学院哲学教授；国际计算机哲学学会执委会成员；机器与心智协会前主席；《心智与机器》杂志副主编；计算机伦理学先驱(20世纪70年代和80年代)。

**彼得·诺曼(Peter G. Neumann)**：美国SRI国际计算机科学实验室首席科学家；ACM计算机与公共政策委员会共同主席；ACM风险论坛协调人；People for Internet Responsibility共同创始人。

**西蒙·罗杰森(Simon Rogerson)**：英国德蒙特福特大学计算机与社会责任研究中心主任，计算机伦理学教授；ETHICOMP系列会议共同创始人；《信息、通信与社会伦理杂志》共同主编；英国国会信息技术委员会成员。

**尤金·H. 斯帕夫特(Eugene H. Spafford)**：美国印第安纳州Purdue大学信息保险与安全教研中心主任，计算机科学教授；ACM计算机与公共政策委员会共同主席；计算机安全William Hugh Murray奖章获得者。

**理查德·斯多曼(Richard Stallman)**：美国自由软件基金会和GNU工程创始人；Macarthur基金会成员；电子前沿基金会先驱者奖获得者；Takeda促进社会/经济奖获得者。

**约翰·维克特(John Weckert)**：澳大利亚查尔斯特大学信息研究副教授；澳大利亚计算机伦理学研究所共同创始人；澳大利亚应用哲学与公共伦理学研究中心研究人员；美国南康涅狄格州立大学计算机与社会研究中心研究员。

# 前言与致谢

本书酝酿了好几年。1995年我们原计划写作两本书：一本是由特雷尔·拜纳姆（Terrell Ward Bynum）独著的教科书；一本是由西蒙·罗杰森（Simon Rogerson）和特雷尔·拜纳姆共同主编的论文集。随着该研究项目的进展，计划中的这两本书合并成了一本兼具二者内容的"杂合体"。因此，读者将会发现，本书的编者导读与其他文选的编者导读相比，篇幅更长，范围更广。同时，本书也包括16篇由一流学者撰写的论文。我们增添了许多相关材料作为这些论文的补充，包括供分析的案例、每篇论文的基本研究问题、激发进一步思考的问题、以及建议阅读的材料和网站。

除本书之外，我们的研究计划还产生了一系列相关材料和资源。我们把这些材料和资源上传到南康州大学计算机与社会研究中心（RCCS）的网站（www.computerethics.org 或 www.computerethics.info）和英国德蒙特福特大学计算机与社会责任研究中心（CCSR）的网站（www.ccsr.cse.dmu.ac.uk）。我们诚邀本书读者访问这些网站，以获得额外的研究问题、学生范文、新案例、更多的网络资源、以及其他许多材料。我们谨向网站管理员 Margaret Tehan（RCCS）和 Jennifer Freeman（CCSR）表达我们的谢意，感谢她们为我们的研究计划创建网站所提供的专业帮助。

本书的内容，加上相关网络资源，为实施《计算机课程体系2001》之"社会和专业问题"课程大纲提供了全部必要的材料。《计算机课程体系2001》是电气电子工程师协会计算机学会（IEEE-CS）和计算机协会（ACM）共同成立的"计算机课程体系2001联合工作组"提出的报告（详情请见 xvi – xvii 页\*）。

为了改进和完善本书的讲授材料，许多阅读材料和示范性的学习问题1997年秋季至2001年春季在南康州大学计算机伦理学课程中试

---

\* 指原版页码——译注

用过。因此,本书从许多学生的建议中获益匪浅,尤其下列学生(按字母顺序):Jane Berling, Ray Bodine, Tanisha Bolt, Richard Breisler, Diane Capaldo, Josh Cohen, Michael Conigliaro, Edward D'Onofrio, Lisa Doubleday, Chris Fusco, Justine Giannotti, Nancy Graham, Bryan Harms, Susan Heilweil, Mark Hussey, Russell C. Jennings, Emily Johns-Ahern, George Koltypin, Hom Q. Keung Jr., Mark Lindholm, Tara Malley, Ben Schenkman, Ismat Virani, Peter Wenslow 和 Andrew Zychek。另外,Ray Bodine 和 Lisa Doubleday 领导了开发学习问题的专项研究项目。

在该项目研究过程中,南康州大学、德蒙特福特大学和计算机伦理学领域的许多同事慷慨地提供了建议和帮助。我们特别感谢收入本书论文的作者,他们是(按字母顺序):本·菲尔维泽(N. Ben Fairweather)、伊丽莎白·弗朗斯(Elizabeth France)、克里斯提娜·格尼娅科-科斯科斯卡(Krystyna Gorniak-Kocikowska)、唐纳德·哥特巴恩(Donald Gotterbarn)、恰克·哈弗(Chuck Huff)、黛博拉·约翰逊(Deborah Johnson)、沃尔特·曼纳(Walter Maner)、詹姆士·摩尔(James H. Moor)、彼得·诺曼(Peter G. Neumann)、尤金·H. 斯帕夫特(Eugene H. Spafford)、理查德·斯多曼(Richard Stallman)和约翰·维克特(John Weckert)。另外,我们也非常感谢下列人员的帮助和鼓励:Jennifer Freeman, Ken W. Gatzke, Richard Gerber, Frances Grodzinsky, F. E. Lowe, Paul Luker, Armen Marsoobian, Keith Miller, J. Philip Smith, Margaret Tehan 和 Richard Volkman。

我们各自所在的大学以各种方式支持该研究项目,我们深表感谢。南康州大学在 2001 年秋季学期提供了带薪假期,康州大学提供了两项研究资助。差旅费和研究经费由南康州大学计算机与社会研究中心、以及达特茅斯学院和德蒙特福特大学提供。

主编和出版社非常感谢有关作者和机构的授权,允许本书重印下列版权材料:

1 詹姆士·摩尔(James H. Moor),"计算机伦理学中的理性、相对性和责任"。这一章最初作为主题发言在西班牙马德里 ETHICOMP1996 宣读,后发表在 *Computers and Society*, 28:1 March 1998), pp.14-21。詹姆士·摩尔版权所有,1998 年。重印经过作者允许。

2 沃尔特·曼纳(Walter Maner),"信息技术伦理问题的独特性"。这一章最初作为主题发言在 Leicester 举行的 ETHI-COMP95 会上报告。后发表在 Science and Engineering Ethics, 2:2（特刊,特雷尔·拜纳姆和西蒙·罗杰森主编,1996 年 4 月）, pp. 137-44. 沃尔特·曼纳版权所有,1995 年。重印经过作者允许。

4 恰克·哈弗（Chuck Huff）,"计算机系统设计中的无意识力量"。这一章最初在英国莱斯特 ETHICOMP95 会议上宣读,并刊发在西蒙·罗杰森和特雷尔·拜纳姆主编的会议论文集,计算机与社会责任研究中心出版。重印经作者许可。恰卡·哈弗版权所有,1995 年。

5 唐纳德·哥特巴恩（Donald Gotterbarn）,"信息科学与专业责任"。这一章最早发表在《科学技术伦理学》,7:2（2001 年 4 月）,第 221—230 页。唐纳德·哥特巴恩版权所有,2001 年。重印经作者许可。

6 西蒙·罗杰森（Simon Rogerson）,"软件开发项目管理伦理"。这一章是"软件项目管理伦理学"的修订本。"软件项目管理伦理学"发表于 C. Myers, T. Hall 和 D. Pitt 主编的《软件工程师责任制》（Springer-Verlag, 1996）,第 11 章,第 100—106 页。本修订版版权由西蒙·罗杰森所有,2002 年。

7 本·菲尔维泽（N. Ben Fairweather）,"No, PAPA：为什么不完备的伦理准则比没有更糟"。这一章最早是在计算机伦理会议（瑞典 Linkoping 大学,1997 年）上报告的一篇文章,后来刊发在 G. Collste 主编的《信息技术时代的伦理学》一书中（Linkoping 大学出版社,2000）, N. 本·菲尔维泽版权所有,2000 年。重印经作者允许。

8 唐纳德·哥特巴恩（Donald Gotterbarn）,"论计算机专业人员执照制度"。这一章的部分内容以前刊发在约瑟夫·科扎（Joseph M. Kizza）主编的《计算机革命的社会、伦理后果》（McFarland and Company Inc., 1996）。唐纳德·哥特巴恩版权所有,2001 年。重印经作者允许。

9 彼得·诺曼（Peter G. Neumann）,"计算机安全与人类价值"。这一章原是 1991 年 8 月在纽黑文南康涅狄格州立大学举行的全国计算机技术与价值会议之安全追踪专题的"追踪地址"一文。南康涅狄格州立大学计算机技术与社会研究中心版权所有。

重印经作者允许。

10　尤金·H.斯帕夫特(Eugene H. Spafford)，"计算机黑客侵入合乎道德吗？"这一章首次发表于1992年的《系统和软件杂志》。更早的版本见《技术信息季刊》第九卷(1990)。尤金·H·斯帕夫特版权所有,1991,1997。重印经作者允许。

11　詹姆士·摩尔(James H. Moor)，"走向信息时代的隐私理论"。这一章最早发表于《计算机与社会》第27期(1997年9月)，第27—30页。詹姆士·摩尔版权所有,1997年。重印经作者允许。

12　伊丽莎白·弗朗斯(Elizabeth France)，"变迁世界中的数据保护"。伊丽莎白·福朗斯版权所有,2002年。重印经作者允许。

13　黛博拉·约翰逊(Deborah G. Johnson)，"计算机软件的所有权：个体问题和政策问题"。这一章最初是1991年8月在康涅狄格州纽黑汶市南康涅狄格州立大学举行的"全国计算机与价值观念会议"上报告的一篇论文。南康涅狄格州立大学计算机与社会研究中心版权所有。重印经作者准许。

14　理查德·斯多曼(Richard Stallman)，"为什么软件应当是自由的"。自由软件基金会版权所有,1991年。允许免费复制和分发,但不允许修改。

15　克里斯提娜·格尼娅科-科斯科斯卡(Krystyna Gorniak-Kocikowska)，"计算机革命与全球伦理学"。这是"计算机革命与全球伦理学问题"的精简版,曾在ETHICOMP95会议上报告,并刊发在西蒙·罗杰森和特雷尔·拜纳姆主编的会议论文集。重印于《科学和工程学伦理学》,2:2(1996,特刊),第177—190页,克里斯提娜·格尼娅科-科斯科斯佳版权所有,1995年。重印经作者允许。

16　约翰·维克特(John Weckert)，"互联网上的冒犯行为"。这一章原是在瑞典Linkoping大学召开的计算机伦理学会议上报告的一篇论文。它首次发表于G. Collste主编的《伦理学与信息技术》(New Academic Publishers,1998)，第104—118页。约翰·维克特版权所有,1997年。重印经作者允许。

"软件工程伦理准则和专业实践标准",电气电子工程师协会

（IEEE）和计算机协会（ACM）版权所有，1999。

"计算机协会伦理准则和专业行为规范"，计算机协会（ACM）版权所有，1992。经允许收录本书中。

"澳大利亚计算机协会伦理准则"，澳大利亚计算机协会（ACS）版权所有。经允许收录本书中。

"英国计算机协会行为准则"，英国计算机协会（BCS）版权所有，2001。经允许收录本书中。

"电气电子工程师协会伦理准则"，电气电子工程师协会（IEEE）版权所有，1997。经允许收录本书中。

"信息系统管理协会伦理准则"，信息系统管理协会（IMIS）版权所有，2001。经允许收录本书中。

商业伦理与社会责任研究中心 Michael Gros 和 Rabbi Dr Asher Meir 允许我们重印 Napster 案例的有关资料。

我们尽力联系了每一位版权所有者，以获得他们允许使用版权材料的许可。如果上面的清单有什么错误和遗漏，出版社表示道歉。如果告知我们改正之处，出版社将不胜感激，这些改正将被吸纳到本书将来的重印或修订本中。

我们非常感谢布莱克维尔（Blackwell）出版社的编辑莎拉·丹西（Sarah Dancy）、我们的朋友和同事唐纳德·哥特巴恩（Donald Gotterbarn），他们仔细阅读了本书手稿，并提出了许多有价值的改进建议。

最后，我们——"切斯特男孩"——特别感谢我们的妻子艾琳·拜纳姆（Aline W. Bynum）和安妮·罗杰森（Anne Rogerson）。我们将本书献给她们。没有她们持续不断的鼓励和支持，本研究项目是不可能完成的。

# 缩略词

| | |
|---|---|
| ABET | 工程技术认证委员会 |
| ACM | 计算机协会 |
| ACS | 澳大利亚计算机协会 |
| AI | 人工智能 |
| BCS | 英国计算机协会 |
| CCPA | 关税与专利上诉法庭 |
| CCSR | 计算机与社会责任研究中心 |
| CCTV | 闭路电视 |
| CP | 计算机执业人员 |
| CSAC/CSAB | 计算机科学认证委员会/计算机科学认证委员会 |
| DIFF | 找出两个计算机文件之差异的工具 |
| EPR | 病人电子记录 |
| EU | 欧盟 |
| FSF | 自由软件基金会 |
| GNU | 一种类 Unix 操作系统 |
| ICT | 信息通信技术 |
| ID | （个人）身份证 |
| IDEA | 国际数据加密算法 |
| IEEE-CS | 电子电气工程师学会计算机分会 |
| IMIS | 信息系统管理协会 |
| I/O | 输入/输出 |
| IPR | 知识产权 |
| IS | 信息系统 |
| IT | 信息技术 |
| LASCAD | 伦敦救护车中心计算机辅助排班项目 |
| LCM | 最小公倍数能 |
| OECD | 经济合作与开发组织 |

| | |
|---|---|
| PAPA | 隐私、准确性、所有权和可及性 |
| RCCS | 计算机与社会研究中心 |
| RMN | 区域医疗网络 |
| SIS | 社会影响报告 |
| SoDIS | 软件开发影响声明 |
| SPM | 结构化项目管理 |
| SWEBOK | 软件工程知识体系 |
| TCP/IP | 传输控制协议/互联网协议 |
| TQM | 全面质量管理 |
| WIPO | 世界知识产权组织 |

# 编者导论：信息时代的伦理学

> 因此，新工业革命是一把双刃剑。它可能造福于人类……它也可能损害人类，如果不能明智地使用它，它将朝着这个方向越走越远。
>
> ——罗伯特·维纳

## 信息革命

强大的技术具有深远的社会影响。例如，想一想耕作技术、印刷术和工业化对世界的影响吧。其中每一项技术自诞生那一刻起，就引起了社会和伦理的变革。信息通信技术（ICT）也不例外。事实上，正如我们在其他地方所指出的：

> 计算机技术是有史以来最强大的、最灵活的技术。正因为如此，计算机技术正在改变一切——我们工作的地点和方式，我们学习、购物、饮食、投票、就医、休闲、打仗、交友和恋爱的地点和方式。（Rogerson and Bynum 1995, p. iv）

因此，信息革命不只是"技术性的"；它实质上是社会性的和伦理性的。

信息通信技术为什么如此强大？詹姆士·摩尔（James Moor）在其经典论文"何谓计算机伦理学？"中进行了很好的阐述（见 Moor 1985，也见下面第 1 章）。摩尔指出，计算机技术几乎是一种"通用工具"，因为它具有"逻辑延展性"，可以被定制和塑造，几乎可以完成任何任务。在工业化国家，这一"通用工具"已经改变了生活的方方面面，如金融、商业、就业、医疗、国防、交通和娱乐。因此，信息通信技术对社区生活、家庭生活、教育、自由和民主（此乃部分例子而已）具有深远的影响，无论是好的还是坏的。显然，公共政策制订者、工商业界领袖、教师和社会思想家——实际上每一个公民——应当对信息通信技术的社会和伦理影响怀有浓厚的兴趣。

## 计算机执业者与专业责任

近几十年来,计算机执业者及其执业机构已经认识到,信息通信技术具有重要的社会和伦理意蕴。例如,20 世纪 70 年代以来,大量专业组织已经制定了伦理准则、课程体系大纲和执业资格认证要求,帮助计算机执业者理解和履行其特殊的伦理责任。例如,计算机协会(ACM)、电气电子工程师协会计算机学会(IEEE-CS)、英国计算机协会(BCS)、澳大利亚计算机协会(ACS)和信息系统管理协会(IMIS),都制订并实施了各自的伦理准则(见本书第三部分的附录)。在美国,工程技术认证委员会(ABET)很久以前就要求在计算机工程课程体系中设置伦理学内容;1991 年,计算机科学认证委员会/计算机科学认证委员会(CSAC/CSAB)也要求全国认可的计算机科学学位课程体系都必须包括一定的计算机伦理学内容。同年,ACM 和 IEEE-CS 联合工作组为大学计算机专业制订了一套课程系统大纲《计算机专业课程体系 1991》。这些大纲建议在所有计算机专业本科课程中设置一定的"社会和专业"方面的内容。2001 年,这两个组织新成立的工作组又制订了一套新的大纲《计算机专业课程体系 2001》,更加强调社会和伦理问题(IEEE-CS 和 ACM 2001)。这是有史以来第一次把计算机伦理学的社会和职业问题作为"计算机知识体系"的一个完整的独立领域(见前面的"编者按")。

基于上述所有发展,计算机科学专业组织显然已经认识到并对其成员实施专业责任标准。

## 信息通信技术与人类价值

今天仍处于信息时代的早期,信息技术的社会和伦理的长远意义尚不明了。技术发展如此之快,各种新的可能性在其社会后果尚未探明之前就已经出现(Rogerson and Bynum 1995)。因此,迫切需要信息时代新的社会/伦理政策来填补急剧扩大的"政策真空"(Moor 1985)。但是,填补这样的真空是一个复杂的社会过程,需要个人、组织、政府乃至全球的积极参与。

## 人际关系

举例而言,让我们考察一下信息通信技术对人际关系的影响。移动电话、掌上电脑、笔记本电脑、远程工作和学习、虚拟现实会议、网络性爱将如何影响家庭或友情?便捷高效的信息通信技术将缩短工作时间,延长与朋友和家人在一起的"亲情黄金时间"吗?或者相反,它将导致更加紧张忙碌、喘不过气来的生活方式,使家人、朋友相互分离吗?在计算机屏幕前度日的每一个人都将离群索居吗?或者他们将在网络"虚拟社区"找到新的友情,建立新的关系吗?——依靠真实时空中不可能出现的相互交往建立起来的关系。这样的关系有多现实和"真实"呢?他们会驱逐更好、更如意的面对面的关系吗?这对每个人的自我实现和生活满意度将意味着什么呢?应当制订什么样的政策、法律、规章和做法呢?应当由谁来制订呢?

## 隐私与匿名

在美国最早引起公众关注的计算机伦理问题之一是隐私。例如,20世纪60年代中期,美国政府就已经创建了有关公民私人信息的大型数据库(人口普查数据、纳税记录、兵役记录、社会福利记录,等等)。美国国会制订了法律,给每个公民设置一个个人身份证号码,然后根据相应的身份证号码收集每个公民的所有官方数据。公众大声疾呼,要求"老大哥政府"\*放弃这项计划,结果使美国总统任命了一个委员会来提出隐私立法建议。20世纪70年代早期,美国通过了重要的计算机隐私法律。从那时起,计算机对隐私的威胁就一直是公众关注的话题。

利用计算机和计算机网络可以轻松有效地收集、储存、搜索、比对、检索和共享个人信息,这给每一个想保护各种"敏感"信息(如病历)不落入公共领域或不落入对自己构成潜在威胁的人的手中的人带来了威胁。互联网(Internet)的商业化和快速发展、万维网(World Wide Web)的兴起、计算机用户友好界面和处理能力的增强、以及计算机技术费用的降低,已经引起了新的隐私问题,如数据探测、数据匹配、网上"点击

---

\* bigbrother,"老大哥"一词来自奥威尔的"1984"。——译注

痕迹"记录,等等(见 Tavani 1999)。

　　计算机技术所引发的隐私问题的多样性,加上许多思想家坚信隐私对人类自我身份和自主至关重要,导致哲学家和其他学者重新审视隐私概念本身。例如,许多学者阐述了一种"控制个人信息"的隐私理论(见 Westin 1967, Miller 1971, Fried 1984, Elgesem 1996)。另一方面,哲学家摩尔和塔瓦尼(Tavani)认为,控制个人信息对确立或保护隐私是不够的,"隐私概念本身最好根据限制访问而不是根据控制来定义"(Tavani and Moor 2001;也见本书第 11 章)。另外,尼森鲍姆(Nissenbaum)认为,甚至存在一种公共空间或"非私密"环境中的隐私感,因此,隐私的完整定义必须把"公共场合的隐私"考虑进去(Nissenbaum 1998)。随着计算机技术的快速发展——为编译、存储、访问和分析信息创造新的可能性——关于"隐私"一词的意义的哲学争论可能还将继续。

　　"匿名和计算机"问题有时是在与隐私问题同样的背景中来讨论的,因为匿名可能导致许多与隐私一样的预期结果。例如,如果某人利用互联网寻求医疗或心理咨询,或者讨论敏感话题(如艾滋病、流产、同性恋者的权利、性病或政治异见),那么,匿名可以提供与隐私类似的保护。另外,网络匿名和网络隐私二者有助于保护人类价值,如安全、心理健康、自我实现和心灵安宁。不幸的是,匿名和隐私二者也可能被滥用,为有害的和恶意的计算机辅助活动提供方便,如洗钱、毒品交易、恐怖活动或掠夺弱者。例如,缺乏数据库匹配可能漏掉了本可防止"9·11"恐怖分子袭击美国的信息。

### 知识财产和所有权

　　在信息时代,信息的拥有和控制是财富、权力和成功的关键。拥有和控制信息基础设施的人属于最富有、最有权力的人。谁拥有数字化知识财产(软件、数据库、数字化音乐、视频、文学艺术作品和教育资源),谁就拥有了主要的经济财富。但是,正如摩尔正确指出的,数字化信息是"闪电数据"——易于复制和修改,易于跨边界传输。因此,在网上"自由"访问受版权和专利权保护的知识财产成了一个重要的社会问题。什么样的新法律、规章、规则、国际公约和作法才是公平公正的呢?应当由谁来制订和实施它们?像计算机程序这样的信息应当有所有权吗?

与此相关的一个问题是由不同类型的数字化资源组合而成的"多媒体"作品的创作和所有权问题。例如,作品的创作可能要利用摄影剪辑、视频剪辑、音频剪辑、图片、新闻、以及各种文字和艺术作品剪辑。在使用者支付版税之前,这种作品的剪辑有多重要呢?为了获得使用和传播他人作品的许可,多媒体作品的创作者必须找到数以千计的版权所有者,并支付数以千计的版权费吗?相关规则应当是什么?应当由谁来实施?它们在无边界的网络空间中如何实施呢?

## 工　作

信息通信技术正在引起工作和工作场所的改变。现在有了更多的灵活性和选择性,例如可以在家里、在车上、在任何时间或任何地点"远程工作"。另外,新的工种和工作机会层出不穷,例如网站管理员、数据员、网络顾问,等等。但是,这样的好处和机会也伴随着风险和问题,如因计算机替代人工引起的失业、只需要按开关工作的员工的"技能退化"、为跟上高速机器运转节奏引起的紧张、重复动作引起的伤痛、计算机硬件的磁化和放射、监视软件对员工的监视,以及仅支付"奴隶薪水"的计算机化的"血汗工厂"。社会要想高效公正地解决工作场所的发展问题,就需要大量新的法律、规章、规则和作法。

## 社会公正

越来越多的社会活动和机会进入网络空间,如商业机会、教育机会、医疗服务、就业、休闲活动,等等。很少或不能获得信息技术的人将越来越难以分享社会的福利和机会。没有"电子身份"的人可能就完全没有社会身份。因此,社会公正(不是指经济繁荣)要求社会制定政策,并付诸实践,更加关注从前难以获得计算机资源的人:妇女、穷人、老人、有色人种、农村人口和残疾人。

让我们看一看供残疾人使用的"助残技术"的例子。这些年来,已经开发了各种软硬件设施,使残疾人能够便捷高效地使用信息技术。因此,原来几乎所有事情都完全依赖他人的残疾人突然发现他们的生活变得更加幸福、高效和"正常"。视力残障、盲、听力残障、聋、肢体残障、甚至全瘫都不再是参与社会和生产的主要障碍。既然助残技术有不可思议的好处,加上费用急剧下降,那么,一个公正的社会是否有向残疾人提供助残技术的伦理责任?

### 政府与民主

信息通信技术有潜力大幅度改变公民个人与当地政府、州政府和联邦政府的关系。电子投票、给议员和部长发送电子邮件,使公民能够更加及时地给政府决策和立法提供意见。乐观主义者认为,如果使用得当的话,信息技术能够使公民更好地参与民主过程,使政府更公开、更负责任,使公民更容易获悉政府的信息、报告、服务、计划和立法草案。另一方面,悲观主义者则担心:遭受愤怒选民电子邮件轰炸的政府官员可能更容易受公众情绪短时波动的影响而举棋不定,黑客可能干扰或破坏电子选举程序,专制政府可能利用计算机技术比以往更加有效地控制和恐吓人们。应当制定什么政策来应对这些期望和担忧呢?

### 计算机伦理学的主要目标

上述几个段落仅仅指出信息时代计算机技术开始引发的一小部分社会和伦理问题。绝大部分的问题尚不明了。随着强大灵活的信息通信技术不断创造新的事物,它们将逐渐浮出水面。计算机伦理学的一个主要任务就是识别和分析接踵而至的"政策真空",帮助制定新的社会/伦理政策,公正、负责地处理这些问题。

## 计算机伦理学:几个历史里程碑

计算机伦理学史包括如下几个重要的里程碑。

### 20世纪40年代和50年代

作为一个学术研究领域,计算机伦理学是麻省理工学院教授罗伯特·维纳(Norbert Wiener)二战期间(20世纪40年代早期)在帮助研制具有击落快速战机能力的防空炮弹时创立的。该项目的工程难题促使维纳及其同事开创了维纳称之为"控制论"的新研究领域——关于信息反馈系统的科学。控制论的概念和当时正在研制的数字计算机的结合,使维纳对现称为信息通信技术的技术提出了一些极富洞见的伦理学观点。他远见卓识地预言了信息通信技术革命性的社会和伦理后果。例如,1948年,他在《控制论:或关于在动物和机器中控制和通信的科学》一书中写道:

> 很久以来我就明白,现代超速计算机原则上是自动控制装置的理想中枢神经系统;其输入输出不一定采取数字或图表的形式,但可能分别利用诸如光电管或温度计等人造感觉器官的读数,以及马达或螺线管的性能。……我们已经到了建造可达到几乎任何精巧程度之性能的人造机器的时候。在长崎事件和公众知晓原子弹之前很久,我就意识到我们已经面临为善还是作恶之前所未闻的重要性的另一种社会可能性。(pp. 27-28)

1950 年,维纳出版了具有里程碑意义的计算机伦理学著作《人有人的用处》。这不仅使他成为计算机伦理学的创始人,而且更重要的是奠定了综合性的计算机伦理学的基础,(半个多世纪后的)今天它仍是计算机伦理学研究和分析的强有力的基础。(但是,维纳并没有使用"计算机伦理学"这个名称。这个名称直到二十多年后才普遍使用。)

维纳为计算机伦理学奠定的里程碑式的基础远远超前于时代,它被彻底埋没了几十年。他认为,计算机技术向社会的渗透将最终重塑整个社会——"第二次工业革命"。这将需要经过数十年多渠道的努力,并将极大地改变一切。如此巨大的工程不可避免面临多种多样的任务和挑战。员工必须适应工作场所的急剧变化;政府必须制定新的法律法规;工商业必须制定新的对策和策略;专业组织必须为成员制定新的行为准则;社会学家和心理学家必须研究和理解新的社会和心理现象;而哲学家必须重新思考和定义传统的社会和伦理概念。

## 20 世纪 60 年代

20 世纪 60 年代中期,计算机科学家唐·帕克(Donn Parker)开始研究计算机专业人员不道德和违法使用计算机的问题。他指出,"当人们进入计算机中心时,他们似乎把伦理道德留在了门外。"他收集了一些计算机犯罪以及其他一些不道德的计算机行为的案例。他为 ACM 起草了一套专业伦理准则。在后来的十年里,帕克一直在出版著作,发表论文和演讲,举办培训班,重新创立了计算机伦理学这个学科,给计算机专家和公共政策制订者宣讲计算机伦理学的内容及其重要性。在这个意义上,帕克是继维纳之后第二位计算机伦理学的创立者(见 Parker 1968,1979;Parker et al. 1990)。

## 20世纪70年代

20世纪60年代后期,计算机科学教授约瑟夫·韦曾鲍姆(Joseph Weizenbaum)编写了一个他称之为 ELIZA 的计算机程序。第一次试验 ELIZA 时,他把这个程序设计成粗略模仿"一位与病人进行首次面谈的罗杰斯心理疗法专家。"人们对这个简单的计算机程序的反应让韦曾鲍姆感到震惊。一些行医的精神病专家认为,这个程序表明计算机不久将能够进行自动化的心理治疗,甚至他所在大学的计算机学者也热情地参与该项研究,贡献他们尚未公开的思想。令韦曾鲍姆担忧的是,人类"信息处理模式"正在增强科学家甚至普通公众把人仅仅看作机器的倾向。20世纪70年代早期,韦曾鲍姆进行了一个著书项目,为人类不只是信息处理器这一观点进行辩护。《计算机能力与人类理性》(1976)一书就是该项目的成果。该书现在被认为是计算机伦理学的经典著作。韦曾鲍姆的著作,加上他讲授的大学课程,以及他在20世纪70年代的大量演讲,催生了一大批计算机伦理学者和研究项目。他和罗伯特·维纳、唐·帕克一起是该学科创建史上的关键人物。

20世纪70年代中期,哲学家(后来成为计算机科学教授)沃尔特·曼纳(Walter Maner)开始使用"计算机伦理学"一词指称研究计算机技术所引发、改变和加剧的伦理问题的应用伦理学科。曼纳开设了一门试验性的计算机伦理学大学课程。通过在全美各种计算机科学会议和哲学会议上举行一系列研讨会和发表演讲,他激发了人们开设大学层次计算机伦理学课程的浓厚兴趣。1978年,他也自行出版和发行了《计算机伦理学入门教程》一书(两年后由 Helvetia 出版社出版)。该书包含为大学教师开设一门计算机伦理学课程所需要的教学材料和教学法建议。曼纳开拓性的课程,加上他的《计算机伦理学入门教程》和他举办的众多研讨会,对全美计算机伦理学教学产生了重大影响。因为他的贡献,许多大学开设了计算机伦理学课程,多位重要的学者被吸引到该研究领域。

## 20世纪80年代和90年代

到20世纪80年代早期,信息技术的许多社会伦理后果在美国和欧洲成为公共问题：计算机犯罪、计算机瘫痪引起的灾难、①通过计算机数据库侵犯隐私、以及有关软件所有权的法律官司等问题。帕克、韦曾鲍姆、曼纳以及其他学者的工作，为计算机伦理学作为一个学科奠定了基础。（不幸的是，维纳在20世纪40年代到50年代所做出的里程碑式的成就完全被忽视了。）因此，此时正是计算机伦理学蓬勃发展的好时机。

1985年，詹姆士·摩尔发表了目前仍是经典的论文"何谓计算机伦理学？"；同年，黛博拉·约翰逊（Deborah Johnson）出版了该领域第一本教科书《计算机伦理学》，此后十多年里该书仍是该领域的权威教材。20世纪80年代中期也出版了一些心理学和社会学方面的相关著作，例如，雪利·特科尔（Sherry Turkle）的《第二自我》（1984），一本关于计算机对人类心智影响的著作；以及朱迪思·佩若勒（Judith Perrolle）的《计算机与社会变迁：信息、财产和权力》（1987），一本对计算机技术与人类价值进行社会学研究的著作。

20世纪80年代后期和整个90年代，计算机伦理学发展迅速。会议、大学课程、教科书、研究中心、杂志和教授席位应运而生。期间，计算机伦理的实际问题仍层出不穷。有些组织负责日常监管信息通信技术的使用和滥用。例如，从1983年起，稽查委员会每三年报告一次英国境内信息通信技术滥用事故。这些报告报道了信息通信技术滥用的证据、发生的原因以及有关组织必须解决的风险问题。到90年代中期，本书两位主编注意到了"第二代"计算机伦理学的发展（Rogerson and Bynum 1996）。

## 本书纵览

在本书中，"计算机伦理学"一词是在极其宽泛的意义上使用的，包括有时称为"信息伦理学"、"信息通信技术伦理学"、"网络伦理学"和"全球信息伦理学"等研究领域。

本书分为四个部分，每个部分包括（1）介绍背景知识的编者导读；（2）几篇由计算机伦理学家撰写的相关论文；（3）一个供思考和分析的

---

① 1983年，美国总统里根做了"星球大战"演讲，遭到了全球计算机专家的反对。其中一个重要的后果是建立了计算机专家的社会责任（CPSR）这一组织。

具体案例;(4)一套有用的研究问题;以及(5)一个罗列附加阅读材料和网络资源的简短清单,以加深对相关主题的理解。[辅助材料也可以在 RCCS 网站(www.computerethics.org 或 www.computerethics.info)和 CCSR 网站(www.ccsr.cse.dmu.ac.uk)上找到。]

第一部分:"何谓计算机伦理学?"。这部分讨论计算机伦理学作为一个研究领域的本质。在第1章,詹姆士·摩尔提出了颇具影响的关于计算机伦理学的本质、目标和方法的解释。在第2章,沃尔特·曼纳论证了如下观点:信息通信技术引发了独特的伦理问题,没有这项技术,这些问题不可能产生。第一部分还包括特雷尔·拜纳姆(Terrell Ward Bynum)关于计算机伦理学案例分析的讨论和范例分析。

第二部分:"专业责任"。这部分从信息通信技术专家的角度讨论计算机伦理学。在第4章,恰克·哈弗(Chuck Huff)讨论并阐明了如下事实:计算机系统的设计者对社会和伦理的影响比他们意识到的要大得多。在第5章,唐纳德·哥特巴恩(Donald Gotterbarn)认为,由于信息通信技术专家拥有特殊的知识,对世界具有强大的影响,因此他们负有特殊的责任和义务。良好执业行为的标准和伦理准则能够指导计算机专家的判断和行为吗?如果能够的话,合适的标准和准则是什么?为了确保有关伦理问题能够得到适当讨论,信息系统开发者应当怎样做?在第二部分的最后,西蒙·罗杰森(Simon Rogerson)提出了一个如何把伦理思考和软件工程管理结合起来的具体方法。

第三部分:"伦理准则"。这部分讨论信息通信技术专家伦理准则的各种作用和功能,也提供了美国、英国和澳大利亚专业组织六个伦理准则的范本。在第7章,本·菲尔维泽(N. Ben Fairweather)考察了颇流行的缩写为 PAPA(隐私、准确性、所有权和可及性)的四大"伦理问题"清单的缺陷(见 Mason 1986),并警告了"伦理准则可以提供一个完整的伦理法则或清单"这一错误信念的危险。在第8章,唐纳德·哥特巴恩考察了几种反对计算机专业人员执照制度的意见,解释了这种执照制度的伦理优点,并提出了一个驳斥反对执照制度的执照方案。

第四部分:"计算机伦理学典型问题"。这部分探讨了在新闻中频频出现的四大计算机伦理问题——计算机安全、隐私、知识产权和全球化。这些问题表明了计算机伦理学家近年来所讨论的问题类型和分析方法。

"计算机安全":由彼得·诺曼(Peter G. Neumann)和尤金·斯帕

夫特(Eugene H. Spafford)分别撰写的两章,考察了一系列与计算机安全和犯罪有关的问题,如病毒、网络蠕虫、特洛伊木马、黑客行为和骇客行为,以及理想的与实际的计算机系统安全之间的主要差距。

"隐私和计算机技术":由詹姆士·摩尔和伊丽莎白·弗朗斯(Elizabeth France)分别撰写的两章,考察了为什么信息通信技术引发如此之多隐私问题的理由、各种隐私定义、隐私在社会中的作用和意义、隐私与人类价值的关系、以及美国与欧洲处理隐私问题的方式的主要差别。

"计算机技术和知识产权":由黛博拉·约翰逊和理查德·斯多曼(Richard Stallman)分别撰写的两章,谈到了传统的产权理论与围绕数字化知识财产、版权、专利的主要社会争论之间的关系,谈到了道德与法律之间的关系,还讨论了"自由软件"以及"开放源代码"运动的起源。

"全球信息伦理学":由克里斯提娜·格尼娅科-科奇科斯卡(Krystyna Gorniak-Kocikowska)和约翰·维克特(John Weckert)分别撰写的两章,考察了互联网的全球性所引发的各种伦理问题。由于互联网打破了国界,超越了文化边界,那么应当适用谁的法律和价值呢?怎样才能解决文化冲突和误解?网络信息应当接受审查吗?如果应当,谁决定审查标准?身处某种文化的人是否应当担心会冒犯身处另一种文化的人吗?需要建立一种新的"全球"伦理来解决这样的问题吗?

## 编者按:IEEE-CS/ACM 计算机课程体系 2001 大纲

1991 年,计算机协会(ACM)和电气电子工程师协会计算机学会(IEEE-CS)出台了一套计算机本科专业课程体系指导大纲。题为《计算机课程体系 1991》(CC1991)的这份大纲,建议在计算机专业本科课程体系中包括"社会和专业"内容:

> 本科生也需要了解内在于计算机学科的基本的文化、社会、法律和伦理问题。他们应当了解该学科来自何方,现在在何处,将走向何方。他们也应当了解在这一过程中他们所承担的个人角色,了解在该学科发展过程中起着重要作用的哲学问题、技术难题和美学价值。

学生也需要开发提出关于计算机的社会影响的关键问题的能力和评价针对这些问题所提出的解决方案的能力。未来的执业者必须能够预测给特定环境引入某个产品的后果。该产品将提高还是降低生活质量？对个人、集体和机构有何影响？

最后，学生需要了解软硬件销售商和用户的基本法律权利，他们也需要了解作为这些权利之基础的伦理价值。未来的执业者必须了解他们将承担的责任，以及敷衍塞责的可能后果。他们必须了解他们自身的局限性，以及他们所使用的工具的局限性。所有执业者必须长期坚持不懈，追踪他们所选择的专业领域和计算机整个学科的最新发展。（ACM 和 IEEE-CS 1991）

1998 年，这两个专业组织的联合工作组开始进行 CC1991 的更新和扩展工作，以回应 20 世纪 90 年代与计算机相关的发展。题为《计算机课程体系 2001》（CC2001）的新课程体系指导大纲甚至更加强调社会和专业问题，有史以来第一次在计算机科学知识体系中增设一个单独的分支"领域"："社会和专业问题"（见 www.acm.org/sigcse/cc2001）。计算机科学知识体系中的这一领域包括十个"社会和专业"的"知识单元"——七个"核心"单元和三个"选修"单元（见 IEEE-CS 和 ACM 2001）：

SP1　计算机技术发展史（核心）
SP2　计算机技术的社会背景（核心）
SP3　分析的方法和工具（核心）
SP4　专业与伦理责任（核心）
SP5　计算机系统的风险和可靠性（核心）
SP6　知识产权（核心）
SP7　隐私与公民自由（核心）
SP8　计算机犯罪（选修）
SP9　计算机技术的经济学问题（选修）
SP10　哲学分析框架（选修）

本书及其相关网络资源提供了覆盖 CC2001"社会和专业问题领域"所有十个知识单元的教学材料（阅读材料、研究问题、学生范文、供分析的案例、参考文献和网络参考文献）。[见计算机与社会研究中心的网站（www.computerethics.org 或 www.computerethics.info），以及计算机与社会责任研究中心的网站(www.ccsr.cse.dmu.ac.uk)。我们诚邀本书读者给我们发送电子邮件(bynum@ computerethics.org),建议附加材料,指出本书或网络材料的更正之处。]

(编按:该大纲在原著中位于"编者导论"之前,现调整到"编者导论"之后。)

# 第一部分　何谓计算机伦理学？

为了使你的工作增进人类福祉，仅仅了解应用科学是不够的。对人类本身及其命运的关怀必须成为一切技术努力的主要旨趣。

——爱因斯坦

COMPUTER
PROFESSIONAL
ETHICS
RESPONSIBILITY

# 编者导读

20世纪40年代和50年代早期,麻省理工学院罗伯特·维纳教授为现在称为"计算机伦理学"的研究领域奠定了坚实的基础。不幸的是,维纳教授在计算机伦理学方面的工作被彻底埋没了几十年。20世纪70年代和80年代,没有意识到维纳早在这一领域做出了许多工作的学者们,重新创立和界定了计算机伦理学。在维纳创立计算机伦理学五十多年后的今天,学者们仍在致力于界定这门学科的本质和研究范围。让我们简要回顾一下20世纪70年代以来所提出的五种不同界定。

## 曼纳的界定

直到20世纪70年代沃尔特·曼纳(Walter Maner)首次使用"计算机伦理学",该学科名称才开始普遍使用。他把该研究领域定义为研究"计算机技术所引发、改变和加剧的伦理问题"的学科。他认为,计算机加剧了一些传统的伦理问题,也催生了一些新的伦理问题。他建议,我们应当应用传统伦理学理论,如英国哲学家边沁和密尔的功利主义伦理学,或德国哲学家康德的理性主义伦理学。

## 约翰逊的界定

在《计算机伦理学》(1985)一书中,黛博拉·约翰逊(Deborah Johnson)指出,计算机伦理学研究计算机"引发新型的传统道德问题和道德两难,加剧老问题,迫使我们对这个未知世界应用传统道德规范"的方式。与她之前的曼纳一样,约翰逊采用了"应用哲学"的方法,应用功利主义和康德主义的方法和范畴。但是,与曼纳不同的是,她认为计算机没有引发全新的道德问题,不过"重新扭捻"了人们早已熟知的伦理问题。

## 摩尔的界定

在其颇具影响的论文"何谓计算机伦理学?"(1985)中,詹姆士·摩尔提出了一个比曼纳和约翰逊的定义更宽泛的计算机伦理学定义。计算机伦理学不依赖于任何特定的哲学理论;它与解决伦理问题的各种理论相容。1985年以来,摩尔的定义一直是最具影响的定义。他把计算机伦理学定义为研究合乎社会道德地使用信息技术,但目前还是一个存在"政策真空"和"概念混乱"的学科:

> 之所以产生典型的计算机伦理问题,是因为存在关于应当如何使用计算机技术的政策真空。计算机为我们提供了新的能力,进而给我们提供了新的行为选择。通常,既不存在指导这种情况中的行为的政策,现有的政策似乎也不够用。计算机伦理学的中心任务就是确定我们在这种情况下应当做什么,即制订指导我们行为的政策……难点在于伴随这个政策真空还出现了一个概念真空。尽管计算机伦理学的问题初看起来可能是清晰的,但是,稍加反思就会显示出概念的混乱。在这种情况下,我们需要的是一种分析,这种分析可以提供一个自洽的能够制订行为政策的概念框架。(Moor 1985, p.266)

摩尔指出,计算机技术是真正革命性的,因为它具有"逻辑延展性":

> 计算机具有逻辑延展性,它们可以被定制和塑造,完成任何可根据输入、输出和相关逻辑操作来表征的活动……因为逻辑适用于任何地方,所以计算机技术的应用前景似乎是无限的。计算机是我们所拥有的最接近通用工具的东西。事实上,计算机的极限大体上就是人类自身创造力的极限。(Moor 1985, p.266)

摩尔认为,计算机革命经历了两个阶段。第一个阶段是"技术引入"阶段。在这一阶段,开发和改进计算机技术,这发生在第二次世界大战后的四十年里。第二个阶段——工业化国家刚刚进入的阶段——是"技术渗透"阶段。在这一阶段,技术渗透到了人们日常活动和社会建制,改变了基本概念的意义,如"金钱"、"教育"、"工作"和"公平选举"。

摩尔定义计算机伦理学的方式极具权威性和启发性。定义非常宽泛,可以与许多哲学理论和方法兼容,它是以敏锐领悟技术革命的变迁方式为基础的。

## 拜纳姆的界定

1989年,特雷尔·拜纳姆受摩尔1985年那篇论文的启发,提出了另一个广义的计算机伦理学定义。根据这一观点,计算机伦理学的任务是识别和分析信息技术对健康、财富、工作、机会、自由、民主、知识、隐私、安全、自我实现等社会价值和人类价值的影响。这个极其宽泛的计算机伦理学定义借用了应用伦理学、计算机社会学、技术评估和计算机法律等相关学科。它应用了这些学科及其他学科的概念和方法。计算机伦理学这一定义是受如下信念的激发而提出的:信息技术最终将深刻地影响人类所珍视的一切。

## 哥特巴恩的界定

20世纪90年代,唐纳德·哥特巴恩(Donald Gotterbarn)成了另一种计算机伦理学方法强有力的倡导者。他认为应当把计算机伦理学看作职业伦理学的一个分支学科,主要研究计算机专业人员良好执业的行为标准和行为准则:

> 人们不太关注职业伦理学这个领域——指导作为专业人士角色的计算机专家日常活动的价值。计算机专家是指进行计算机产品设计和开发的人……在产品的开发过程中所做出的伦理决策与在广义计算机伦理学名下讨论的许多问题有着直接的联系。(Gotterbarn 1991, p.26)

运用这种计算机伦理学的"职业伦理学"方法,哥特巴恩和合作者一起共同起草了1992年版的美国计算机协会(ACM)伦理准则和专业行为规范,并领导一批学者起草了1999 ACM/IEEE软件工程伦理准则和专业实践标准。(这两个伦理准则收录在本书第三部分。)

上述每一种计算机伦理学的定义在一定程度上都影响了本书。第一部分主要采纳了摩尔和曼纳的观点;其余部分则采纳了其他定义的观点。

# 第1章 计算机伦理学中的理性、相对性和责任*

詹姆士·摩尔

## 探寻地球村伦理

随着计算机的普及,计算机伦理学变得日益复杂和重要。正如特雷尔·拜纳姆和西蒙·罗杰森所指出的:

> 我们正驶入一个全球化和计算机无处不在的时代。因此,第二代计算机伦理学必然是"全球信息伦理学"的时代。风险更大,因而接踵而至的信息伦理学的思考和应用必将更加广阔,更加复杂,并且必将有效地帮助实现民主化和赋权的而非奴役或削权的技术。(1996, p.135)

我非常赞同拜纳姆和罗杰森对计算机技术的全球影响所表达的观点。计算机应用的数量和种类逐年激增,计算机技术的影响在全球随处都可以感觉到。电子邮件、资金电子过账、预订系统和万维网等的普遍使用,使这个星球上的居民进入了全球电子村。远程通信和远程活动从来没有如此简便。毋庸置疑,我们处在计算机革命之中。我们已经超越了这场革命的初始阶段。在初始阶段,计算机是仅供少数人使用的力量有限的稀有之物。如今,发达国家的所有人口处于这场革命的普及阶段,计算机正在迅速进入日常生活的方方面面。

---

\* 詹姆士·摩尔(James Moor),"计算机伦理学中的理性、相对性和责任"。最初作为主题发言在西班牙马德里 ETHICOMP1996 宣读,后发表在 *Computers and Society* , 28:1 ( March 1998), pp.14-21。詹姆士·摩尔版权所有,1998 年。重印经过作者允许。

计算机革命有其自身的生命周期。最近[即1996年]在北加州，由于过度使用互联网，大约六分之一的电话无法接通。人们潮水般地涌向计算机技术。他们把计算机技术不仅看作日常生活的一部分，而且把它看成日常通信和商业交易的必经之道。事实上，这股浪潮如此之高，以致最主要的互联网服务提供商美国在线不得不向用户退款，因为上网的需求超出了公司计算机技术的承受能力。广泛的上网需求应当使我们反思，当计算机革命在整个世界爆发时，等待我们的将是什么？在世界范围内，数字化的妖魔已经逃出了魔瓶。

全球村的未来是激动人心的。在这个全球村，借助计算机的威力和计算机通信，地球上每一个人都与其他人联系起来了。难以估量的是，这对人类生活将产生什么影响。诚然，有些影响将是非常积极的，另一些将是十分消极的。问题是，为了指导我们走向一个更加美好的世界，或至少防止我们堕入一个更糟糕的世界，我们能够在何种程度上使伦理学对计算机革命产生影响。由于获得了计算机带来的最新好处，很少有人要求把这个妖魔彻底装回瓶中。然而，考虑到这只革命性的魔鬼的本性，我不能肯定是否有可能完全控制它，尽管我们毫无疑问可以改变它的进程。计算机革命的方方面面将继续以不可预测的方式涌现——有时给我们带来严重灾难。因此，至关重要的是：要警告将发生什么。由于计算机革命能够对指引我们生活的方式产生重要影响，为了使这项技术为我们的共同利益服务，需要继续探讨我们应当如何控制计算机和信息流这一关键问题。我们必须保持警惕和先发制人，这样，我们才不致掠夺这个地球村。

尽管几乎每一个人都赞同计算机技术对整个世界具有重要的意义，即使不是革命性的意义；都赞同应当讨论这种汹涌般发展的技术的应用所带来的伦理问题，但是，关于计算机伦理学的本质却存在分歧。让我陈述两个我不同意的观点。这两个观点都很流行，但代表了两个相反的极端。我相信，这些观点对我们认识计算机伦理学的真正本质产生了误导，削弱了该学科的发展潜能。我把第一种观点称为"常规伦理学"(routine ethics)观点。根据常规伦理学的观点，计算机技术的伦理问题与其他领域的伦理问题毫无二致，没有任何特别之处。我们可以运用现成的习俗、法律和规范直接评价这些问题。有人偷汽车，也有人偷计算机。二者有什么区别？第二种观点通常被称为"文化相对主义"。这种观点认为，当地的习俗和法律决定何谓对错，但是，万维网等计算机技术是跨文化边界的,因此,计算机伦理问题是非常棘手的。自由言论在美国是允许的,但在有些国家不是。我们如何论证支持或反对网络自由言论的准则是正当的呢？常规伦理学使计算机伦理学变得毫无意义,而文化相对主义使计算机伦理学成为不可能。

我认为,常规伦理学和文化相对主义这两种观点都是错误的,尤其是把它们用来刻画计算机伦理学的本质特征时。前者低估了我们的概念框架所发生的变化,而后者则低估了人类核心价值的稳定性。至少在某些情况,计算机伦理学的问题是特殊的,对我们的理解造成了压力。即使在拥有不同习俗的文化中,建立在人类共同本性基础之上的人类基本价值为我们提供了理性探讨的机会。本章的目的是解释理性和相对性二者在计算机伦理学中是如何可能的。只有理解了这一点,责任在计算机伦理学中才是可能的。

## 逻辑延展性与信息丰富性

计算机具有逻辑延展性。这是导致计算机具有革命性的特征所在。它们具有逻辑延展性,因此,可以操纵它做任何以输入、输出和相关逻辑操作为特征的事情。计算机可以在语法或语义上被操纵。在语法上,人们可以通过改变计算机程序命令计算机干什么。在语义上,人们可以使用计算机的状态表示人们想做的任何事情,从股票市场的买卖到航天器的轨道。与其他机器不同,计算机是可以实现普遍目的的机器。这就是为什么目前在我们生活的每一个方面它们随处可见的原因,为什么发生计算机革命的原因。

计算机也具有**信息丰富性**(informationally enriching)。由于计算机具有逻辑延展性,计算机在各种各样的活动中具有多种用途。一旦投入使用,计算机可以被改进,以进一步增强能力和提高总体性能。通常,计算机化的活动是信息化的,也就是说,信息处理过程是执行和理解这些活动本身的至关重要的组成部分。当这一切发生时,这些活动以及这些活动的概念就赋予了信息丰富性。

信息丰富性的形成过程是渐进的,某些活动的信息丰富性的形成过程比另一些活动更明显。最引人注目的是这一过程发生的频率和范围。典型的情况是,计算机最初仅仅是作为完成某项工作的工具或协助完成某项活动而设计的。渐渐地,计算机变成了从事这项工作或完成这项活动不可或缺的方法。正确完成一项工作就是操作一台计算机。随着时间的推移,工作或活动越来越被视为一种信息现象,因此,可以把信息处理看作它的一个显著或确定的特征。

我们来考察几个信息丰富性的例子。在美国,货币曾经是以黄金作后盾的。尽管有纸币的流通,但纸币仅仅是票券而已,至少原则上是可以兑换成金或银的票券。有段时间,美国坚持黄金标准,因此,纸币只是货币的符号。货币的流通是以黄金为基础的。后来,黄金标准被取消了,纸币成了货币。要拥有货币就是要拥有纸币,这是以良好信用和信任政府为基础的。计算机能够阅读的信用卡和记账卡扩充了纸币。当然,这些卡不是真正的货币,因为人们常常用它们提取纸币。但是,纸币的使用将可能减少,卡上或银行计算机上的电子货币将成为货币。现在有些卡内嵌有芯片,因此这些卡可以装载电子货币,购物时,这些电子货币可以作为信息传输到卖家。我们正在步入一个无现金的社会。货币的交割越来越以信息为基础。货币可能将被视为人与人之间的一种精致的计算机化的功能。在计算机时代,货币的概念将变得越来越具有信息丰富性。

作为信息丰富性的另一个例子,我们来看看战争性质的演变。在传统上,战争各方把战士派遣到战场上互相搏杀,直到一方杀死或抓获许多敌人,使敌方不得不投降为止。现在仍然派兵上战场,但战争迅速计算机化。海湾战争期间[1999年],美国使用的秘密轰炸机就是计算机化工程的结果。计算机把飞机的样式设计成对雷达来说几乎是无形的。飞机的这种设计剥夺了伊拉克的信息来源。海湾战争是信息大战,也是缺乏信息的大战。炸弹的投放由激光和计算机引导。导弹从船上发射,使用计算机导航系统识别地形,寻找目标。诺曼·施瓦茨科夫(H. Norman Schwarzkopf)将军所指挥的部队的第一个目标,是消灭伊拉克和它的部队进行通信的能力以及使用飞机侦察系统的能力。施瓦茨科夫在战后指出,这是第一次通过禁闭信息使敌人投降的战争。随着战争日益计算机化,可能越来越没有必要或需要把男女士兵送上战场。战争最终将是破坏信息或传递误导信息。当一方不能获得或控制某些信息时,该方就会投降。这也许不是一个糟糕的结局。数据死亡总比人死亡要好。随着战争越来越计算机化,我们关于战争的概念也越来越具有信息丰富性。信息处理模式正在占据战争的制高点。

信息丰富性也会影响到合乎道德和法律的实践和观念。作为一个例子，我们考察一下隐私概念在美国的演化（Moor 1990）。隐私在美国独立宣言和宪法中没有被明确提到，尽管这些文件的某些部分隐含地赞同把隐私视为保护人们免遭政府侵入的概念，尤其对居民房子的物理侵入。隐私概念在美国是一个不断演变的概念。例如，20世纪60年代和70年代，隐私的法律概念被扩展到包括保护个人关于避孕和堕胎的决定不受政府的干扰。如今，隐私概念仍包括早期的这些方面，但越来越关注信息隐私。由于计算机的发展及其在收集大型个人信息数据库中的应用，关注的重点发生了转移。

最初被许多人认为不过是电子档案柜的计算机，迅速释放了其潜能。一旦数据进入计算机，它就能够以特别容易的方式储存、搜索和访问，而纸质档案文件不能在合理的时间内做到这一点。储存和检索信息的活动已发展到如此程度，以至于现在所有人都有合理理由对通过计算机不正当地利用和发布个人信息表示担忧。日常活动中的信用记录和病历的计算机化为误用和滥用提供了日益增长的可能性。由于计算机技术的广泛使用，如今我们对隐私的担忧已远远超出从前对政府权力机构物理侵入我们房屋的担忧。现在，关于隐私的担忧通常是担心政府以及其他许许多多能够获取计算机化记录的人不正当访问和操纵个人信息。在美国，隐私的最初概念在计算机时代变得具有信息丰富性了。

甚至最初作为信息概念的概念也变得具有信息丰富性了。作为一个例子，让我们考察一下版权这个法律概念。保护作者和发明者的作品的立法权由美国宪法授权。早期版权法的出台旨在保护文学作品，而专利法的实施旨在保护发明。多年来，美国版权法经过修订，延长了作品的保护期限，保护范围也越来越广，包括音乐和照片。但是在计算机时代到来之前，版权这一基本概念是旨在保护人类可以阅读和理解的作品。例如，在20世纪早期，试图利用版权法保护打孔式钢琴曲谱的提议被否决了，理由是打孔式钢琴曲谱不是人类可以阅读的格式。

在20世纪60年代，程序员开始递交程序打印清单的拷贝，要求版权法保护。打印清单是人类可以阅读的格式。但是，程序员想保护的并不是程序的打印清单，而是储存在计算机中的程序。然而，当程序储存在计算机里时，程序不是人类可以阅读的格式。如果人类可以阅读的打印清单可以算作保护机器版本程序的替身的话，那么就必须扩展版权法。而且，如果机器可读的程序可以获得版权法保护的话，那么，固化在计算机芯片中的程序似乎也应该获得版权法的保护。版权保护是如此的宽泛。随着计算机技术的发展,版权的概念也变得具有信息丰富性了。版权不仅扩展到计算机语言,而且扩展到仅机器可读的计算机语言。事实上,现在可获得版权保护的东西有时看起来更像一项发明,而不像一件文学作品。

我把货币、战争、隐私和版权等概念作为信息丰富性的例子。这样的例子还有很多。很难想象一项主要由计算机完成的活动不具有信息丰富性。在某些情况下,丰富性是如此明显,以致使我们的概念发生了某些变化,而这些概念也变成具有信息丰富性了。在计算机时代,我们生活在一个与先前截然不同的世界。

## 计算机伦理学的特性

我认为,计算机伦理学是一个特殊的伦理学研究和应用的领域。我首先阐述计算机伦理学,然后提出一个案例分析其特性。

计算机伦理学分为两个部分:(1)分析计算机技术的本质及其社会影响;(2)提出并论证相应的合乎道德的计算机使用政策。我使用"计算机技术"这个词,是因为我认为该学科的研究对象在广义上包括计算机及其相关技术,如软件、硬件和网络(Moor 1985)。

我们需要对计算机产生影响的情况进行认真分析,需要提出和论证合乎道德地使用计算机的政策。尽管在提出和论证一项政策之前我们需要进行分析,但是,发现的过程常常以相反的次序进行。我们知道,计算机技术正应用于特定的情况,但是,我们迷惑不解的是,应当如何使用它。这里存在政策真空。例如,应当允许上司查看下属的电子邮件吗?或者,应当允许政府监视互联网的信息吗?对于这些事情,最初也许没有明确的政策。以前从来就没有这些政策。在这种情况下,就出现了政策真空。有时,这不过是一个制订政策的事情而已,但通常人们必须进一步分析这种情况。工作场所的电子邮件是更像存放在公司档案里的公司信函,还是更像私人和个人的电话通信呢?互联网是更像一本被动的杂志,还是更像一部主动的电视呢?人们常常发现自己处于概念混乱之中。这不是微不足道的语义问题。如果一个人的健康状态通过电子邮件被泄漏,或者一个易受影响的儿童在互联网上浏览讨厌的材料,其结果可能极具危害性。获得关于这个情况的清晰概念,提出合乎道德的政策,是这种分析逻辑的第一步,尽管按时间顺序来讲,人们对政策的迷茫可能在先,并因此促使他们澄清概念。如果完全理解了这一情况,那么人们就可以提出并评价可能的政策。政策的评价常常要求仔细研究甚或提炼一个人的价值。这样的政策评价可能使人们回过头来进一步澄清概念,进一步进行政策的制定和评价。最后,清晰易懂的合理政策应运而生。当然,如果发现产生了新的后果,应用了新的技术,就必须不断重复澄清概念、制定政策、评价政策这一过程。

因为计算机具有逻辑延展性,它们的应用方式将继续是难以预测和全新的,在可以预测的将来仍将产生不计其数的政策真空。而且,因为计算机化的情景常常会变得具有信息丰富性,我们仍将继续发现自己处于概念混乱之中,不知道如何确切地理解这些情景。这并不是说,我们不能获得清晰的概念,不能制订和论证合理的政策。而是说,计算机伦理学的任务如果不是西西弗斯式的,至少也是持续不断和艰难的。伦理学其他领域没有一个具有计算机伦理学如此程度的特征。计算机伦理学不只是机械地把伦理学理论应用于计算机技术的伦理学。显然,计算机伦理学的问题不只是需要把伦理原则直接应用于这些情景。在提出和论证合适的政策之前,需要对情景进行认真仔细的解读。当然,说计算机伦理学是一个特殊的伦理学领域,并不意味着与计算机有关的每一个伦理问题都是独特的或难以理解的。偷窃计算机也许不过是一个偷盗案而已,直接运用伦理原则就可以了。在这种情况,不存在政策真空和概念混乱。说计算机伦理学是一个特殊的伦理学领域,也不意味着应用伦理学的其他领域没有政策真空和概念混乱的情况。医疗技术引发了针对脑死亡病人应当遵循什么政策的问题,以及生命是什么的概念问题。计算机伦理学的特别之处在于,它要面对大量持续不断变化的和难以清晰定义的情况,针对这些情况又难以找到合理的伦理政策。计算机伦理学研究不是不可能的,但它显然不只是机械地应用现有的规范。

我已经论证了计算机伦理学是独特的,但是它的研究对象真的是独特的吗?答案取决于我们如何理解"研究对象"。如果"研究对象"是指"计算机技术",那么计算机伦理学就是独特的,因为计算机技术拥有独特的特性(Maner 1996)。我认为,计算机技术最重要的特性是逻辑延展性,这可以解释正在发生的计算机革命浪潮和伦理问题的产生。如果"研究对象"是指新出现的伦理问题,那么计算机伦理学不是独特的,因为伦理学其他领域有时也要研究需要改变概念分析框架和制订新政策的新情况。如果"研究对象"是指"一项技术所引发的伦理问题的广度、深度和新颖性",那么计算机伦理学是独特的。没有一项技术拥有和将拥有计算机技术所产生的和将产生的影响的广度、深度和新颖性,尽管在某个特定时期,这项技术具有和计算机技术一样的革命性。这就不奇怪为什么计算机伦理学已经异军突起,而没有出现烤箱伦理学、火车伦理学和缝纫机伦理学。

概括起来,计算机伦理学的独特之处在于计算机技术本身,作为伦理学的一个领域,使计算机伦理学与众不同的地方在于要求概念修正和政策调整的伦理情景的广度、深度和新颖性。黛博拉·约翰逊在《计算机伦理学》一书精彩的导言中,没有对计算机伦理学的独特性问题表明立场,认为计算机伦理问题是"新种类的传统道德问题"。约翰逊接着指出:

> 一个新种具有使之不同于其他种的一些独特性,对这一争论的各方而言,种和属的比喻包含争论各方的真理成分,但同时,这些种又具有与该属中所有种共有的一般特征和基本特征。(1994,p.10)

也许,计算机伦理学独特性问题的模糊性引出了这一中间观点。但是,我相信,约翰逊认为计算机伦理学问题的特征不过是某个特定伦理问题"属"的另一"种类"这一观点是误入歧途的,因为有些计算机伦理学问题引发的概念模糊,不仅影响我们对特殊情形的理解,而且也影响应用于这种情形的伦理概念和法律概念。正如我已经指出的,当隐私和版权等伦理概念和法律概念变得具有信息丰富性时,其含义将会发生变化。种的新颖性有时会影响属!不管人们是否认为计算机伦理学具有独特性,计算机伦理学毫无疑问是一个值得关注的伦理学领域,它所要求的不只是伦理学原则的常规应用。

## 相对主义框架中的理性

我已经论证了为什么反对把计算机伦理学理解为常规伦理学,因为计算机技术的应用常常导致促使概念发生变化(如果不是完全彻底的概念混乱)的政策真空和信息丰富性。计算机伦理学不是生搬硬套。但是,拒斥常规伦理学使许多人感到不舒服。如果伦理学不是常规的,究竟如何研究它呢?退回到文化相对主义的立场解决不了这个问题。根据文化相对主义,伦理问题必须根据当地习俗和法律随境遇而定。采取这一观点,计算机伦理学将直接面临两个问题。第一,因为计算机活动是全球互动的,诉诸当地习俗和法律一般不会为我们提供"当习俗和法律相互冲突时我们应当做什么"的答案。在万维网上,信息的流动与特殊的习俗无关。我们应当采取哪种习俗来管理它呢?选择任何一种文化的习俗似乎都是武断的。我们是选择显示信息的计算机屏幕所在文化的习俗,还是选择信息来源所在文化的习俗呢?第二,常规伦理学面临的所有难题仍将继续存在。政策真空可能出现在每一种文化中。计算机技术的发展状况可能是如此之新,以致任何地方现有的习俗或法律都无法应对它。最初,诉诸文化相对主义也许看起来像一种可以逃脱常规伦理学之局限性的精致的、貌似合理的尝试,但是经过仔细研究,它也具有常规伦理学面临的局限性,甚至更多。

常规伦理学和文化相对主义的缺陷和困境可能使我们对从事应用伦理学研究保持谨慎。如果人们的道德判断互不相同,那么,怎样才能避免和解决分歧?我想,因为这个缘故,计算机科学家以及其他人有时不情愿教授计算机伦理学。伦理问题似乎太难以捉摸,太模糊不清。谈论算法、数据结构、内存单元和网络更令人舒服,因为这些问题有事实根据。价值王国虚得令人绝望,它从来不如真实的事实王国那么实在。但是,要安全退回到非黑即白、非真即假的纯粹事实王国是不可能的。每门科学,包括计算机科学,都是建立在价值判断之上的。例如,如果科学家不把真理看作一种至关重要的价值,那么科学事业将无从开始。

我的观点是,一切有趣的人类事业,包括计算机技术,都是在价值框架之内进行的。而且,可以理性地批判和调整这些框架。有时可以利用其他框架的优点,从外部批判它们,有时可以从内部批判它们。有些价值框架经历了急剧的变迁,如计算机科学等新兴学科的价值框架。其他价值框架则更稳定。当论证特定的价值判断时,价值框架为我们提供了我们认为与之相关的各种理由。人类价值是相对的,但并非肤浅意义上的文化相对主义。对人性而言,大多数基本价值是相对的,人性为我们提供了一个共同的框架,利用这个框架,我们可以对"我们应当做什么"做出合乎理性的论证。

我的目的不是寻求一种消除所有价值分歧的方法,我认为这是不可能的,我的目的是揭示即使习俗缺位或相互冲突时,理性思考价值问题是如何可能的。说价值是相对的,是指它们不是绝对的,而不是指它们是偶然的或不普遍的或不可批判的。也许,用相对价值进行理性思考的思维方式就像关于第一次游泳的思维方式。它看起来是不可能的。你为什么不会沉入水底?当你被推下水后,如果水在流动,你该怎样游动呢?你为什么不会被淹死?但是,不被淹死的游泳是可能的,因此,用相对价值进行理性思考也是可能的。事实上,这不仅仅是可能的;我们一直都在这么做。如果承认价值的相对性,那么计算机伦理学的理性思考是否有希望?绝对有!

我的阐述将分为两步。第一,我将讨论非伦理价值的普遍性,强调它们在人类活动各个方面的应用——我们不可能逃避价值决策,即使我们想这么做。我将把计算机科学本身作为一个例子,尽管任何有趣的人类事业都能充当这样的例子。第二,我将讨论伦理决策中价值的应用。我的观点是,理性论证和价值相对性之间的调和是可能的。我们承认人与人之间、文化与文化之间价值的不同,但我们仍可以对计算机技术应用的最佳政策进行理性讨论。

让我首先强调人类生活中价值的普遍性。在每一种相当复杂的人类活动中,做出决策需要进行价值选择,至少是隐含地。厨师要对什么是佳肴做出价值判断。商人要对什么是好的投资做出价值判断。律师要对什么是好的陪审员做出价值判断。所有这些活动都利用事实,但事实常常与价值相伴。每一个专业有它自己的价值簇,该专业的成员利用这些价值做出决策。即使以建立事实引以自豪的科学家也必定至少隐含地利用价值。为了收集事实,科学家必须知道什么是好的证据,什么是好的方法,什么是好的解释。价值在我们的生活中无处不在。我在此主要谈论的不是伦理价值,而是使我们的生活富有意义的日常活动的价值。价值是我们所作所为的一部分,以致我们常常没有察觉到如下事实:在我们做出日常决策时,价值在起作用。任何人在工作或娱乐中都无法逃脱价值判断。价值渗透在我们的决策之中,价值对生命活动的繁荣必不可少。

即使你赞同在日常活动中不可能逃脱非伦理价值,仍存在如下顾虑:价值的相对性使理性争论成为不可能。毕竟,厨师、商人、律师和科学家各自相互之间存在分歧。为了考察价值的相对性问题,让我们把计算机科学的活动作为例子。在计算机科学研究中,像其他复杂的人类活动一样,科学家必须做出决策,而这些决策常常隐含地利用了一组非伦理价值。它们就是该学科中的价值。例如,一个计算机科学家知道是什么使一个计算机程序成为一个好程序。在这里,我基本上是在非伦理意义上使用"好"的。一个好的计算机程序就是能够运行的程序,是已经过彻底测试的程序,是没有错误的程序,是结构好的程序,是文本漂亮的程序,是高效运行的程序,是易于维护的程序,是界面友好的程序。一个好程序的所有这些属性反映了各种价值。它们是使一个计算机程序比另一个计算机程序更好的特征所在。而且,这组相关价值构成了计算机科学内部的一套标准,在计算机科学家当中获得广泛认同。有了这些标准,就可以对如何改进某个计算机程序进行理性讨论。而且,根据这套标准,可以合理地论证有关好的编程技术的政策。例如,人们可能根据目标取向编程技术导致更少的错误,计算机代码更易于维护,来为使用目标取向编程技术的政策进行辩护。

像其他人一样,计算机科学家之间也可能存在分歧,包括关于标准的分歧。但是,可能出现的关于价值的分歧有时不过是关于事实的分歧。如果关于使用目标取向编程技术的政策的论证存在分歧,那么真正的分歧可能在于目标取向编程技术是否真的导致更少的错误,代码是否更易于维护。这样的争论可能要经受经验的检验。在这种情况,这不是一个有关没有错误、代码易于维护之重要性的争论,而是一个关于目标取向编程技术如何很好地实现这些价值目标的争论。因此,最初作为不可调和的价值争论而挑战我们的争论,其实不过是需要经过经验裁决的事实争论而已。

当然,计算机科学家对构成一个好计算机程序的价值也存在分歧。有些人可能认为文本质量是必备的特征,而另一些人可能认为这是不太重要的备选特征。由于对各种不同价值的重视程度不同,关于哪些程序比另一些程序更好、哪些开发计算机程序的政策是最重要的,人们就会做出不同的判断。然而,我想强调的是计算机科学家关于好计算机程序的标准所达成的共识的程度。具体的评级可能在一定程度上因人而异,但是,关于最好的程序类型的共识模式是存在的。没有计算机科学家会认为无效的、未经测试的、有错误的、结构不合理的、文本质量差的、低效的、代码难以维护的和界面不友好的程序是一个好程序。这种情况没有出现过。在某种意义上,共同的标准规定这个学科的性质,决定谁是合格的,以及谁真正属于这个学科。如果一个人喜欢编写错误多的、"意大利面条代码"的程序,那么他就不是在从事严肃的计算机科学工作。

关于价值相对性的讨论有时会涉及"许多/任何谬误"(Many/Any Fallacy)。当人们从"许多选项是可以接受的"这一事实推导出"任何选项都是可以接受的"这一推论时,这种谬误就会发生。对旅游公司来说,在波士顿和马德里之间运送一个人有许多可以接受的路线,但这并不意味着在这两个城市之间运送人的任何路线都是可以接受的。穿越地心和北极的路线就是不可接受的。许多不同的计算机程序可能是好的,但并非任何计算机程序都是好的。

概而言之,非伦理价值在包括计算机科学在内的一切有意义的人类活动的决策中起着重要作用。即使在科学中,试图逃到纯粹事实的安全领域从来都是不可能的。一个学科的价值标准可能是广泛认同的、隐含的或不引人注意的,但它们总是客观存在的。而且,每个学科对从事该学科的标准有足够的共识。如果对什么是有价值的没有什么共识,那么,一个学科的发展是不可能的。

## 核心价值

如果在拥有共同偏好的共同体中存在一些共识,那么,在共同体之间是否存在价值共识的基础呢?道德判断的做出超出了特定利益共同体的狭窄边界。如果共同体之间存在分歧,更不用说文化之间存在分歧,那么,道德判断的共同基础何以可能?关于计算机技术的道德判断可能看起来更含糊不清了。因为计算机技术导致了政策真空,即导致了没有基于习俗、法律或宗教的现成的政策这一状况,我们面临一个艰巨的任务,即论证在一个共同体内计算机技术最新应用的伦理政策。

要讨论这些难题,我们首先必须询问的是:作为人类的我们是否共享一些价值。我们共同拥有什么?我相信,存在一套为我们大多数人——如果不是全部——共同拥有的核心价值。我们所有人都熟悉它们。生命和幸福就是其中两个最显而易见的价值。至少,人们为了自身想避免死亡和痛苦。当然,在某些情况,人们为了达到某些目的,放弃自己的生命,经受痛苦。但是,一般而言,人们不会毫无理由地故意伤害或杀害自己。对人类而言，存在生命和幸福的原初价值。其他人类核心价值（或核心利益）包括能力、自由、知识、资源和安全。这些价值在不同的文化中以不同的方式表达出来，但是，所有文化在某种程度上都重视这些价值。显然，有些文化也许在其成员中不平等地分配这些利益，但是，没有哪种文化完全忽视这些价值。没有哪种文化和哪个人完全忽视这些核心价值还能够继续生存下去。人类需要繁衍，文化需要支持年轻一代延续下去。这些活动至少需要某种能力、自由、知识、资源和安全。人类共享一些基本价值这一事实是不足为奇的。这些价值提供了一些进化优势。完全忽视这些核心价值的个人和文化不可能长久生存下去。

这些核心价值为评价我们的行为和政策的合理性提供了标准。它们为我们提供了支持某些行为而反对另一些行为的理由。它们也为判断他人的行为提供了一个价值框架。当我们越来越熟悉其他文化时，分歧常常迎面而来。其他文化的成员吃着不同的食物，身着不同的服装，住着不同的房屋。但是，在更抽象的层面上，人是极其相似的。最初，我们可能发现他人的习惯是奇怪、可笑或古怪的，但经过研究后，我们发现它们不是难以理解的。最初也许看起来是偶然的和毫无意义的行为，其实是有规律的和有意义的。这并不使他人的行为成为不可批判，成为比我们自己的行为更不可批判，但是，这却使它们成为可理解的。

在伦理学中，关于相对主义的讨论常常涉及"许多/任何谬误"的例子。世上存在许多不同的习俗，因此，正如人们所争论的，任何习俗都可能存在。不是这样的！如果一种文化要生存下去，那么某些习俗可能是要剔除的，而其他一些习俗（以这样或那样的形式）则是必要的。人类核心价值是以大量令人愉快的方式表达出来的，但它们也控制各种可能性的范围。"相对的"并不意味着"偶然的"。

说我们共享一些核心价值，只是为道德判断寻找基础的第一步。最邪恶的恶棍和最腐败的社会也会在个体层面上显示出人类核心价值。具有人类核心价值是有理性的标志，但不是符合伦理的充分条件。要遵循伦理观，你必须尊重他人及其核心价值。所有的事情都是平等的，人们不想遭受死亡、痛苦、残疾、打扰、欺骗、资源损失和侵犯。

如果我们把不无理伤害他人作为一个伦理指导原则，那么，核心价值为我们提供了一套用来评价行为和政策的标准。核心价值为计算机伦理学提供了一个分析框架。使用这个核心价值分析框架,可以论证应用计算机技术的某些政策优于其他政策。作为一个例子,我们来考察一套针对网络浏览器活动的可能政策。

一家网站可能的政策:
1 在用户硬盘上放置定时炸弹,损坏用户硬盘上的信息。
2 在用户不知情的情况下,删除用户硬盘上的信息。
3 不通知用户,在用户的硬盘上放置cookies(关于用户偏好的信息)。
4 在用户的硬盘上放置cookies,并通知用户。
5 不在用户的硬盘上放置和删除任何永久信息。
6 给用户提供接受或拒绝cookies的信息和能力。

如果我们尊重他人及其核心价值,即遵循伦理观,那么,这些政策至少可以进行大致的排序。政策1和政策2显然是不可接受的。上网的人没有哪个希望或指望自己的硬盘被删或信息被盗。硬盘上的信息是需要得到尊重和保护的用户资源。政策3比政策1和政策2好。人们也许可以从网站记录其偏好中获益,当下次访问该网站时,网站可以更加有效地有针对性地做出反应。但是,在用户不知情的情况下,这些信息就驻留在用户的硬盘上。这涉嫌欺骗。政策4比政策3好。在政策4中,把他们的行为告知了用户。政策6更好,用户既拥有接受或拒绝cookies的知识,又拥有接受或拒绝cookies的能力。由于有这些优点,政策6比政策5好,尽管政策5是完全可以接受的政策,没有给用户带来任何伤害。

关于这些政策的优点和弱点的比较分析可以更详细,但是指出这几点就足够了。人们对如何精确地排列这些政策也许不能达成一致。有些人也许相信,盗窃信息比毁坏信息更糟糕,因此政策2比政策1更糟糕。有些人也许相信,由于对在硬盘上放置的东西可能产生误解,因此政策6会产生一些风险,所以政策5比政策6更好。但是,从伦理观的角度,没有人会认为政策1或政策2是可以接受的。大多数人会同意,其他一些政策是可以接受的,有些政策比另一些政策更好。而且,即使对这些政策的排序存在分歧,这种分歧与事实的相关程度和它与价值分歧的相关程度也是一样的。信息的丢失事实上比信息的毁坏导致更大的损失吗?对在硬盘上放置或不放置什么的误解事实上会发生吗？表面上的价值分歧也许有待经验的裁决。

这种情况和评价计算机程序是一样的。计算机科学家对哪些计算机程序是可怕的、哪些程序是非常好的具有实质性的共识。对如何排列程序的优劣则存在分歧。通常可以找到为什么一些程序比另一些程序更好的理由。同样，使用计算机的某些政策在伦理上是不可接受的，而另一些政策显然是可以接受的。人们也许有不同的优劣排序，但是，如果遵循伦理观，那么这些排序具有显著的正相关性。而且，人们可以给出为什么一些政策优于另一些政策的理由。核心价值提供了一套我们可以用来评价不同政策的标准。当我们评价不同政策的优缺点时，这些标准告诉我们要寻找的是什么。它们为我们提供了较之另一个政策我们更喜欢某个政策的理由。它们提出了更好的完善政策的方法。

## 责任、裁决和残余的分歧

在价值判断中，存在许多不同层次的相对性。有些价值是与人类相关的。如果我们是天使和造物主，那么，我们的核心价值可能不同。当然，不同的文化以不同的方式表达人类核心价值。同一文化中的个人进行价值评价时可能是不同的。其实，一个人的某些价值也可能因时而变。我一直在论证这种相对性与伦理问题的理性讨论和某些伦理争端的裁决是相容的。毕竟，我们是人类，而不是天使或造物主。我们拥有共同的核心价值。这为我们提供了一套标准，即使在没有现存政策的情况中，也可以利用这套标准评价政策；分歧出现时，也可以利用这套标准评价其他价值框架。

遵循伦理观，伦理责任就开始出现了。我们必须尊重他人及其核心价值。如果我们能够避免具有明显伤害他人后果的政策，这将是一个走向负责任的伦理行为的良好开端。有些政策显然是有害的，因此我们的核心价值标准将断然拒斥它们。出售明知有错误、很可能导致死亡的计算机软件就是一个明显的例子。其他一些政策很容易达到我们的标准。设计便于残疾人使用的计算机界面就是一个明显的例子。当然，有些管理计算机技术的政策是有争议的。然而，正如我一直强调的，有些有争议的伦理政策也许需要进行进一步的理性讨论和裁决。我一直强调的主要裁决方法是对拟订的政策的实际后果进行经验研究。例如，有些人也许根据自由言论可能给社会带来不稳定或给公民带来严重心理伤害,主张限制互联网的自由言论。自由言论的倡导者则可能诉诸于自由言论对知识传播的重要性及其唤起人们关注政府缺陷的有效性。在一定程度上,它们是可以确证或否证的经验判断,从而它们建议这些政策做出妥协和修正。

另一个裁决方法是,采取公平的立场评价政策。假设你自己是一个外人,该政策既不使你受益,也不使你受损。这是一个公平的政策吗?如果你突然被置于一个受该政策影响的地位,这是一项你会支持的政策吗?也许它对出售瑕疵软件的销售商有吸引力,但是没有人想成为瑕疵软件的购买者。最后,在解决分歧时,类比有时是大有用场的。如果一位计算机专家不同意她的股票经纪人向她隐瞒她正考虑购买的股票的波动信息,类比的话就是她应当与客户共享客户正考虑购买的计算机程序的稳定性的信息。

所有裁决的方法有助于对可接受的政策达成共识。但是,即使充分运用了裁决方法,也许依然存在残余的分歧。即使在这种情况下,也可能存在各方均能接受的备选政策。但是,残余的伦理分歧是不足为惧的。人类的每一项活动都存在分歧,但依然能够取得进步。在这个方面,计算机伦理学没有什么不同。计算机伦理学面临的主要威胁不是在关于什么政策是最好的这个争论解决之后,残余的分歧依然存在,而是对计算机技术的伦理问题完全不进行争论。如果我们天真地认为计算机伦理学问题是常规性的,甚或更糟糕地认为是不可解决的,那么我们就处于遭受计算机技术伤害的最大危险之中。责任要求我们遵循伦理观,针对这项不断发展的技术进行不断的概念分析、政策制订和政策论证。因为计算机革命现在已席卷整个世界,所以至关重要的是计算机伦理问题应当在全球的层面上进行讨论。全球村要求对计算机技术的社会和伦理影响以及如何应对这些问题进行全球对话。值得庆幸的是,计算机技术能够帮助我们精确地进行这种对话。

**基本研究问题**

1. 关于计算机伦理学本质的"常规伦理学"的观点是什么?为什么摩尔认为这种观点"削弱了计算机伦理学发展的可能性"?
2. 关于计算机伦理学本质的"文化相对主义"的观点是什么?为什么摩尔认为这种观点"削弱了计算机伦理学发展的可能性"?为什么万维网的全球性使文化相对主义成为一个无效的计算机伦理学方法?

3. 何谓"许多/任何谬误"？文化相对主义是如何产生这种谬误的？
4. 解释"逻辑延展性"的含义。根据摩尔的观点，为什么计算机技术的这一特性使计算机技术具有革命性？
5. 摩尔认为"信息丰富性"这一术语的含义是什么意思？
6. 金钱概念是如何变成具有信息丰富性的？
7. 战争的概念是如何变成具有信息丰富性的？
8. 在美国，隐私概念是如何变成具有信息丰富性的？
9. 版权概念是如何变成具有信息丰富性的？
10. 根据摩尔的观点，计算机伦理学包括两部分。计算机伦理学的这两个部分是什么？
11. 根据摩尔的观点，何谓政策真空？计算机技术是怎样产生政策真空的？
12. 何谓概念混乱？信息丰富性与概念混乱是怎样联系起来的？
13. 根据摩尔的观点，何谓"核心价值"？列出摩尔提到的核心价值。
14. 根据摩尔的观点，为了做出道德判断，人必定不只是利用核心价值；人也必须"遵循伦理观"。何谓"伦理观"？（参见下面第66页。*）

## 进一步思考的问题

1. 事实的分歧和价值的分歧二者有什么不同？请举三个说明这种不同的例子。
2. 根据摩尔对计算机伦理学本质的阐述，请描述在一个给定的使用计算机的案例中，对什么是正当行为做出计算机伦理决策的分步程序。请务必考虑核心价值的作用。
3. 根据摩尔关于计算机伦理学本质的观点，为什么计算机伦理学是一个特别重要的应用伦理学分支学科？

---

\* 指原版书的页码。——译注。

# 第 2 章 信息技术伦理问题的独特性*

沃尔特·曼纳

## 引 言

计算机伦理学兴起的原因之一在于对如下事实挥之不去的疑虑：计算机专家尚未准备好有效地处理其工作场所涌现的伦理问题。多年来，近乎轶闻趣事般的研究增强了这一疑虑。这种研究似乎表明，计算机专家根本没有意识到何时出现了伦理问题。也许，最早的此类研究工作是唐·帕克（Donn Parker）20 世纪 70 年代在 SRI 国际（SRI International）完成的（参见 Parker 1978）。

1977 年，帕克邀请受过最高教育的不同领域的专业人员，评价 47 个假设案例的伦理内涵。这些案例是帕克根据他对计算机滥用的专业认识杜撰的。讨论会的参加者讨论的焦点是这些篇幅为一页纸的案例情景中担任角色的每一个人的每一个行为或不作为。他们的任务是，针对每一个已执行的行为或没有执行的行为，判断该行为是否合乎道德，甚或根本就没有产生任何伦理问题。帕克发现，即使在对每一个案例的所有问题进行完全彻底的分析和讨论之后，在这些专业人员中仍残留令人吃惊的分歧。

更令人吃惊的是，专业人员中的许多少数派坚信，即使在明显滥用

---

\* 沃尔特·曼纳（Walter Maner），"信息技术伦理问题的独特性"。本章最初作为主题发言在 Leicester 举行的 ETHICOMP95 会上报告。后发表在 *Science and Engineering Ethics*, 2：2（特刊，特雷尔·拜纳姆和西蒙·罗杰森主编，1996 年 4 月），pp. 137-44. 沃尔特·曼纳版权所有，1995 年。重印经过作者允许。

计算机的情况下也不存在伦理问题。例如,在 3.1 案例情景中,一位公司代表经常收到新员工数字化的犯罪记录拷贝。这些记录是一位警局档案秘书帮忙提供的,这位秘书碰巧有权访问包含犯罪信息的多种当地和联邦数据库。

参加分析该案例的 33 人中有 9 人认为,披露逮捕记录根本不涉及伦理问题。帕克的研究没有指明未察觉到伦理问题的专家所在的专业,但这项早期研究的大多数参加者是计算机专业人员。① 这使得帕克的《计算机科学技术的伦理反思》的非专业读者认为计算机专业人员是缺乏伦理敏感性的人。如果他们中有些人甚至在伦理问题出现时也察觉不到,那就难以想象如何指望他们负责任地处理这些问题。帕克认为(1976),怂恿不合乎道德的专业行为或至少不被认为是犯罪的专业行为的计算机教育和培训项目加剧了这些问题。这种对专业缺陷的理解是隐秘的政策议程的一部分,这种政策议程推动了各种计算机伦理学课程的开设。最近几年,准备从事计算机技术职业生涯的人也许需要补修道德教育,这一不言自明的观念似乎对某些资格认证机构产生了影响。因此,他们愿意批准在计算机科学和计算机工程学位课程中开设越来越多的伦理学内容。这或许也是他们对媒体日益关注计算机滥用、欺骗和犯罪等事例所做出的反应。其他人要求开设更多的伦理学内容,则是因为他们认为灾难性的计算机程序故障直接导致了不道德的行为(Gotterbarn 1991c, p. 74)。

这方面的兴趣的增长是令人满意的,特别是考虑到如下事实:在 1976 年,我发现要使人们相信"计算机伦理学"不是一个充满内在矛盾的词汇是很困难的。② 毫无疑问,如果罗伯特·维纳能够看到他的著作孕育了后来的成果他会高兴不已(见 Wiener 1960)。同时,当社会影响和计算机伦理学方面的课程变成良好专业行为标准的灌输工具时,

---

① 数年后有一个后续研究,弥补了原来的研究方法中的一些问题(参见 Parker et al. 1990)。

② 1976 年,我编撰了"计算机伦理学"一词,用来表述计算机技术的出现所产生、加剧和转化的一系列道德问题。到 1977 年秋天,我制订了计算机伦理学教学大纲,不久后开始讲授最早专门讲授计算机伦理学的大学课程。到 1978 年,通过各种全国性会议,我成了计算机伦理学的自觉的倡导者。两年后,特雷尔·拜纳姆帮助我出版了课程体系开发资料,我们称之为"计算机伦理学入门教程"。我们发现我们没能激起学术界对计算机伦理学的兴趣,无论哲学家还是计算机科学家,但是,在我们的努力下,这个尚未浮出水面的运动得以在美国哲学教师协会内生存下来。

我极其失望。例如,唐纳德·哥特巴恩(Donald Gotterbarn)认为计算机伦理学的六个目标之一是把学生"社会化",使之接受"专业"规范(1991a, p.42)。这些规范通常是非常合理的,甚至通过专业组织极力推荐给我们,这一事实并没有减少人们对灌输的反感。其目标不能只是把偏离专业规范的行为视为犯罪或把这些行为视为耻辱。让我们考察一个类比。假设关于人类性关系的一门课程的目标是把大学生社会化成遵守性行为的"最高标准",这一目标通过否定或羞辱违反这些标准的人来实现。大多数人立刻会认识到这一课程的政治含义多于学术含义,这样的方法容易营造偏见压倒平等的课堂气氛。

今天,我们正处于用心良苦的政治动机把计算机伦理学改造成某种道德教育的危险关头。不幸的是,把我们应当向未来的计算机科学家讲授负责任行为的意义这一正确观念转变成我们应当把他们训练成像负责任的专业人员一样行事这一错误观念是很容易的。例如,当特雷尔·拜纳姆说他希望学习计算机伦理学能发展学生的"良好的判断力"时,他并不是在提倡社会化(1991, p.24)。所谓"良好的判断力",他指的是用来推出反思性的道德判断的有理由的、有原则的方法。从这一正确观点到"计算机伦理学应当促使学生做出良好的判断"这一错误观点的转换是吸引人的和微妙的。这一错误观点意味着,他们关于特殊道德问题的观点是与专业规范一致的。由于存在没有觉察到的从强调道德思考的方法到强调道德思考的结果的转变,自我欺骗的错误就产生了。

我的观点是:道德教育的感性需要没有也不可能为研究计算机伦理学提供一个充足的理由。相反,它本身必须作为一个值得研究的领域而存在,而不是因为它当下能为某些崇高的社会目的提供有用的手段。为了能够作为一个单独的学科存在下去,计算机伦理学必须是一个独特的领域,不同于道德教育的领域,甚至不同于其他职业伦理学和应用伦理学的领域。像詹姆士·摩尔一样,我认为计算机是特殊的技术,引发了特殊的伦理问题,因此,计算机伦理学应当拥有特殊的地位(参见 Moor 1985)。

根据表明下面二者之一是正确的观点和例子,我余下的讨论将为计算机伦理学的正当性提供理由。

- 计算机的应用如此急剧地改变了某些伦理问题,以致这些问题本身值得研究;或者

· 计算机对人类行为的影响引发了全新的伦理问题,这些问题是计算机领域独有的问题,在其他领域没有出现过。

我把第一种观点称为"弱观点",把第二种观点称为"强观点"。尽管弱观点提供了充足的理由,但我的主要关注点将集中在论证强观点。这与我 1980 年和 1985 年的观点相似,除了我不再认为只有计算机技术加剧的问题才值得特殊的关注(参见 Maner 1980;Pecorino and Maner 1985)。

## 论证计算机伦理学研究之正当性的几个层面

从弱观点到强观点,至少存在证明计算机伦理学研究之正当性的六个层面。

层面 1:我们应当研究计算机伦理学,因为这样做将使我们像负责任的专业人员一样行事。从最坏的方面来说,这种理由是一种道貌岸然的道德说教的诉求而已。从最好的方面来说,由于必须以正确知识与正确行为之间难以捉摸的关系为基础,因此,这个理由被弱化了。这类似于如下观点:我们应当研究宗教,因为那将使我们变得更加神圣。对某些人来说,也许是这样的,但其理由不是可靠的。

层面 2:我们应当研究计算机伦理学,因为这样做将教导我们如何避免计算机的滥用和灾难。帕克、诺曼(1995)和佛瑞斯特(Forester)、莫里森(Morrison)(1990)的报告留下了一点疑问:计算机应用导致了明显的滥用、狂暴、犯罪、虚拟灾难和真实灾难。问题是:是否仅仅通过揭示专业人员的丑闻,我们就可以获得关于社会责任的平衡观点?当然,冗长枯燥的计算机"恐怖故事"确实为计算机科学和计算机工程研究赋予伦理内容提供了动力。我们应当努力工作预防计算机灾难。即便如此,使用概念休克疗法还是存在一些大问题:

1. 通常使用的案例提出的问题是关于不良行为的,而不是关于良性行为的;它们告诉我们应当避免什么样的行为,而没有告诉我们什么样的行为是值得效仿的。
2. 正如里昂·塔贝克(Leon Tabak)(1988)所指出的,这种方法可能对学生不利,不能使他们发展健康的、积极的和建设性的职业观。

3. 不可否认,大多数恐怖故事是罕见的极端案例,因而这些故事与日常职业生活似乎相距甚远,毫不相干。

4. 滥用计算机的人可能是丧失道德的人——我们从他们身上学不到什么东西。

5. 许多计算机灾难不是故意行为的结果,因而不能为有组织、有目的的行为提供什么指导。

6. 冗长枯燥的故事本身不能提供一个自洽的计算机伦理学概念。

层面3:我们应当研究计算机伦理学,因为计算机技术的发展将不断产生临时的政策真空。例如,长期使用设计糟糕的计算机键盘使文书工作人员遭受痛苦的、慢性的、最终筋疲力尽的、反反复复的损伤。显然,雇主不应当要求员工使用可能导致严重伤害的设备。问题是:我们应当制订什么政策来解决长期使用键盘带来的问题?新的自动识别拨打电话者身份的电话技术引发了类似的政策真空。电话公司应当如何做才能保护要求保持匿名的拨打电话者的隐私,这不是显而易见的。

与我所提到的和反对的层面1和层面2的论证不同,层面3的论证似乎足以建立计算机伦理学,使之成为一个重要的独立学科。当然,仍存在一些问题:

1. 既然政策真空是暂时的,而计算机技术的发展极其迅速,那么,研究计算机伦理学的人就有追踪这个快速发展、不断变化的目标的永久任务。

2. 当政策框架发生冲突时,也有可能引发实际的伦理问题;仅仅通过制订更多的政策,我们将无法解决这样的问题。

层面4:我们应当研究计算机伦理学,因为计算机技术的应用永久性地把某些伦理问题变成了它们的发展需要进行独立研究的程度。例如,我认为,计算机技术的侵入性急剧地、永久地改变了许多有关知识产权的问题。"我拥有什么"这个简单的问题已经变成了这样一个问题:"当我拥有什么东西时,我所拥有的到底是什么?"。同样,廉价、快捷、轻便和透明的加密技术彻底地改变了关于隐私的争论。过去,我们担心隐私的侵犯。如今,我们担忧的是坚不可摧的计算机隐私之墙,每一个拥有一台计算机和半个脑袋的罪犯都可以建起这样的隐私之墙。

层面5：我们应当研究计算机伦理学，因为计算机技术的应用产生了并将继续产生需要特别研究的全新的伦理问题。接下来我会马上讨论这个问题。

层面6：我们应当研究计算机伦理学，因为这些全新的改造过的问题如此之大，如此相关，足以确立一门新的学科。我满怀希望把这看作一个理论性学科的可能性。坦率地说，经过15年，我们还没能汇集起大量自定义的重要核心问题。社会学家约瑟夫·比哈尔(Joseph Behar)认为，计算机伦理学是松散的，没有集中的关注点。1990年，加里·查普曼(Gary Chapman)在"计算机与生活质量"会议的发言中，抱怨计算机伦理学没有取得任何进展(参见 Gotterbarn 1991b)。关于这个显而易见的(真实的)没有任何进展，存在多种解释(Behar 1993；Chapman 1990)：

1. 计算机伦理学只有15年的历史；①其知识范围尚未划定。
2. 到目前为止，还没有人对计算机伦理学的研究对象提出一个完整自洽的观点。
3. 我们错误地把碰巧与计算机有关的不道德行为纳入了计算机伦理学的研究领域。将来，我们必须更加认真地把我们的研究范围限制在与计算机有必然联系而非偶然联系的行为。
4. 由于计算机伦理学与这项不断发展的技术密切相关，因此，计算机伦理学将随着这项技术的发展而发展。例如，使用网络化的计算机提出了不同于使用孤立的计算机所提出的道德问题。使用鼠标界面提出了不同于使用键盘界面所提出的问题，尤其对盲人来说。
5. 效仿聪明的哲学家，我们采取了似是而非的作法，即利用极其人为的、具有两面性的两难案例来揭示有趣而又难以解决的伦理冲突。这导致一个错误的观念：计算机伦理学没有任何进展，没有任何共性。新近的研究也许会使这种观念烟消云散(见 Lev-

---

① 我根据的是曼纳(Maner)对计算机伦理学的学科定义。

enthal et al. 1992)。

6. 长期以来,我们把注意力过分集中在计算机行业中的丑闻。

在一份充满希望的备忘录中,由马丁(C. Dianne Martin)担任主席的 ImpactCS 指导委员会[1995 年]处于国家自然科学基金会资助的为期三年的项目的中期阶段,该项目将很可能勾勒出一幅关于计算机课程体系如何探讨社会伦理问题的非常清晰的画面。ImpactCS 打算发布具体的课程体系指导大纲,以及实施该大纲的具体模式。①

## 计算机伦理学的特殊地位

现在,我转向在层面 5 上论证计算机伦理学之正当性的任务。这将通过几个例子,论证该领域具有独特的问题和难题。

首先有必要做出几点申明。第一,我不是说这些例子在任何意义上都是完全的或有代表性。我甚至不是说我将使用的这类例子是计算机伦理学的最好例子。我不是说这些问题就是计算机伦理学的核心问题。我也不是说计算机伦理学应当局限于这些独特的问题和难题。我只是想说,每一个例子在某种意义上来说,对计算机伦理学而言是独特的。所谓"独特的",我是指那些与计算机技术有着根本的和本质的联系之特征的伦理问题和难题,这些问题和难题揭示了计算机技术的某些独特性。没有与计算机技术的本质联系,这些问题和难题不可能产生。

我有意为使强观点或弱观点成为合适的观点留下了余地。对有些例子,我持强观点:这个问题或难题根本就没有产生。对另一些例子,我则认为,问题或难题不是以它目前高度变化了的方式产生的。

为了找到与计算机技术的本质联系,我将论证:这些问题和难题没有令人满意的非计算机的道德类比。依据我的使用目的,"令人满意的"类比是指(a)基于机器而不是计算机的使用,(b)从供类比的案例到正在分析的案例之间存在道德直觉的转换。在最广泛的意义上,我

---

① 将计算机技术的伦理和社会方面整合到计算机科学课程体系:ImpactCS 指导委员会目录专业委员会的中期报告。参见 Rogerson and Bynum 1996。要获得有关 ImpactCS 项目的进一步信息,请联系恰克·哈弗博士(huff@ stolaf. edu)。ImpactCS 项目于 1998 年完成,项目结果发表在 http://www.student.seas.gwn.edu/~impactcs/pape3/gp1.html

的观点是：某些问题和难题对计算机伦理学而言是独特的，因为它们提出了与流行的计算机技术的某些独特属性密切相关的伦理问题。我的观点旨在适用于冯·诺伊曼架构的离散态存储程序交互网络固定指令集的串行机器。其他设计（例如联网的机器）可能会呈现出一套不同的独特属性。

接下来我将提供一系列案例，但首先从一个简单案例开始，这样我可以阐述我的总体方法。

**范例1：独特的存储**

计算机的独特属性之一是它们必须把整数储存在大小固定的"字"中。由于这一限制，能够储存在16位计算机"字"中的最大整数是32,767。如果我们坚持要准确表达一个大于该数的数，就会发生"溢出"，储存在"字"中的值就会被破坏。这就会产生有趣而有害的结果。例如，1989年9月19日，华盛顿特区一家医院的计算机系统发生崩溃，因为从1900年开始计算日期的日历计数器崩溃了。到9月19日，刚好过了32,768天，用来储存计数器的16位"字"发生溢出，从而导致整个系统的崩溃，医院不得不进行一段较长时间的手工操作（见Neumann 1995, p.88）。在纽约银行，一个类似的16位计数器溢出，结果导致320亿美元的透支。银行不得不为这一天借贷2 400万美元来支付透支款。银行为这一天的贷款利息就花费了大约500万美元。另外，正当技术员诊断问题的原因时，用户在进行转账时，又遭受了代价高昂的延误（见 Neumann 1995, p.169）。

在这个案例中是否存在令人满意的非计算机的类比吗？让我们看一看机械加法器吧。显然，它们很容易溢出，因此，多年来离不开它们的会计师们有时计算出的总数太大，机器难以储存。储存器溢出，就像计算机在硅片中一样，它们是在钢片中产生同样的结果。在广泛且相关的意义上，该"类比"的问题是：加法器就是计算机，尽管是非常基础的一种。加法器和计算机在低层次的逻辑性状上基本相同。

也许，汽车的机械化里程表的读数提供了一个更好的类比。当里程表的读数超过设计上限，如99999.9英里，读数就会溢出并归零。出售二手车的人不公平地利用了这一特性。他们利用一个小型马达，手工操作使读数溢出，这样，买家就不知道他或她买的车是一辆里程数很高的车。

这是一个非计算机的类比,但它是否是一个令人满意的类比?从该类比对计算机溢出是否存在完美的道德直觉的转换?我相信它是捉襟见肘的。如果当里程表溢出时,引擎、刹车、车轮、以及汽车其他每一个部件都停止工作,那么这也许是一个令人满意的类比。事实上,这种情况不会发生,因为里程表与汽车的其他关键系统不是高度协同工作的。计算机"字"的不同之处在于:它们深嵌在高度一体化的子系统中,因而单个"字"的崩溃会导致整个计算机操作的崩溃。我们需要的但我们并不拥有其他类似的灾难性崩溃模式。

因此,在华盛顿特区这家医院和纽约银行的事故符合我所提出的独特问题或难题的三个基本要求。它们的特性与计算机技术具有基本的和本质的联系,它们离不开计算机技术的独特属性。如果与计算机技术没有本质联系,它们不会发生。即使机械加法器值得被认为是一个类比案例,计算机技术已极大地改变了这个问题的形式和范围,这仍然是千真万确的。另一方面,如果加法器不是一个好的类比,那么,我们可能应当得出一个强观点的结论:如果世界上没有计算机,这些问题根本就不会出现。

**范例 2:独特的延展性**

计算机的另一个独特属性是:它们是功能非常通用的机器。正如詹姆士·摩尔所指出的,他们具有"逻辑延展性",因为"它们可以被定制和塑造,完成任何可根据输入、输出和相关逻辑操作来表征的活动"(1985, p. 269)。计算机独特的适应性和通用性具有重要的道德意蕴。为了表明这是如何产生的,我想重复彼得·格林(Peter Green)和艾伦·布莱特曼(Alan Brightman)最先讲过的故事(1990)。

Alan Groverman(绰号是"Stats")是一个体育迷和一个数据天才。

他的老师描述他是一个有"数字头脑"的人。尽管对 Stats 而言,那不过是他的所作所为而已;例如,跟踪记录他喜爱的(旧金山)49 人队每个跑锋所获得的码数。然后,把这些数字平均,加入到季赛的统计数据中。这就是他的数字头脑的所作所为。甚至在他面前没有一张小纸片,他就完成了这一切。

不是因为纸张有什么了不起。Stats 从来就不能移动一个指头,更不用说拿铅笔或钢笔。他从来就不能按计算器的按键。自从他出生之日起,四肢瘫痪使他不可能做这些简单的事情。这就是为什么他开始锻炼他的大脑的原因。

现在,他计算时,他的大脑可以借助一些帮助。由于他越来越酷爱运动,他对精神游戏场地的要求越来越苛刻。

Stats知道他需要一台个人电脑,他把它称之为"心灵的夹板"。他也知道他必须能够不用移动脖子以下任何部位就能操作计算机。

因为计算机不关心它们如何获得输入数据,Stats必须能够使用头部指针或者嘴巴指针来操作键盘。如果必须用鼠标输入,他就会使用一个头部控制的鼠标和一根吸管。为了能够这么做,我们需要安装一个新驱动程序,改进操作系统的性能。如果Stats使用重复键有困难,我们需要对操作系统做另外一个改进,即去掉键盘重复功能。如果键盘和鼠标输入对他来说太单调乏味,我们就要增加一个语言处理芯片、一个麦克风和语音识别软件。我们在类似这样的案例中,有一个提供计算机使用解决方案的明确责任,但是,使这个责任成为合理和必需是因为如下事实:计算机非常易于改造,以适应用户的要求。

是否存在赋予我们帮助残疾人的类似责任的其他机器?我认为不存在。例如,如果Stats想骑自行车,情况就不同了。当然,自行车可以做出许多调整,以适应不同车手的不同身材,但是,它们绝对比不上计算机的适应性。其中一点就是,不能对自行车进行编程,它们也没有操作系统。我的观点是:如果计算机不具有普遍的适应性,那么,我们使计算机技术能够被普遍使用的责任就不会产生。责任的普遍性与机器的通用性成正比。

非常明确的是我们应当努力改进其他机器——例如电梯——以方便残疾人的使用,我们关于改进电梯的道德直觉不能很好地移植到计算机。范围的不同阻碍了这种移植。电梯只能做电梯的事情,而计算机能够做我们可以根据输入、处理和输出来处理的任何工作。即使电梯确实是一个类比例子,具有彻底的延展性的机器也是如此巨大地改变了我们的责任,以致这种改变本身就值得特别的研究。

### 范例3:独特的复杂性

计算机技术的另一个独特属性是它超人的复杂性。人类为计算机编程,因此,在这个意义上,我们是计算机的主人。问题在于我们的编程工具允许我们创造具有任意复杂性的各种功能。在许多情况下,编写出来的程序是该程序的所有性能不能用任何简洁的功能来说明(见 Huff and Finholt 1994, p. 184)。特别是,含有错误的程序因删除了简洁的说明而臭名昭著!事实上,我们常常编写功能经不起验证、难以理解的程序——使我们吃惊、高兴、愉悦和丧气,最终使我们迷惑不解的程序。即使我们理解静态形式的程序编码,也不能由此断定我们能够理解程序执行时的运行机制。詹姆士·摩尔提供了这样一个案例(1985,pp. 274-275)。一个复杂计算的有趣案例发生在1976年,一台计算机在研究四色猜想。四色问题,数学家为之工作了一个多世纪的难题,说的是一幅地图顶多用四种颜色就足以完成绘制,而且能保证相邻的地方不同色。伊利诺伊大学的数学家把这个问题拆成数千个情形,并编写计算机程序让计算机来演算。在多台计算机上经过一千多个小时的运算,四色猜想被证明是正确的。

与传统证明相比,这种数学证明最有趣的地方在于它基本上是无形的。这种证明的总体结构在程序中才能获知和发现,计算机活动的任何部分都是可以检验的,但实际一点说,这种计算对人类来说因计算量太大而无法检验它。

我们应当清醒地思考,我们在多大程度上依赖被我们曲解和滥用的技术。例如,在英国,核电公司(Nuclear Electric)决定主要利用计算机作为它的第一个核电站计划 Sizewell B 的保护系统。该公司希望尽可能地消除人工错误的来源,以降低核灾难的风险。因此,核电公司安装了一个极其复杂的软件系统,包括由程序模块控制的 300~400 个微处理器,这些程序模块又包括 10 万多行代码(见 Neumann 1995, pp. 80-81)。

尽管飞机在计算机出现之前已经存在了,但飞机确实很复杂,它们表现出来的性能难以理解。但是,航空工程师知道飞机的工作原理,因为飞机是根据已知的物理学原理设计的。数学函数描述了冲力和升力,这些力的作用服从物理学规律。没有相应的规律左右计算机软件的设计。在我们通常使用的机器中,计算机软件缺乏这样的规律,这是独一无二的。这种缺乏就产生了独特的义务。特别是,这给软件工程师设定了彻底检测和验证程序性能的特定责任。我认为存在发现更好的测试方法和更好的校正程序的机制的道德义务。无论怎样高估这个挑战的艰苦性都不为过。测试一个简单的输入程序，例如输入一个20个字符的名字、一个20个字符的地址和一个10位数字的电话号码，需要大约1 066次测试才能穷尽所有的可能情况。假如诺亚曾经是一名软件工程师，从他离开方舟那一刻开始测试这个输入程序，那么，即使他每秒测试一万亿次，他到今天也至多完成百分之一（见McConnell 1993）。实际上，软件工程师只测试一些临界值，对其他值，他们则使用数值范围内具有代表性的各种等价值。

**范例4：独特的快速**

1986年9月11日，星期四，道琼斯平均指数下跌86.61点，跌至1792.89点，创造了237.6百万股成交量的纪录。第二天，道琼斯指数又跌了34.17点，成交量为240.5万股。三个月后，《发现》杂志上的一篇文章问：是计算机导致股票价格的大跌吗？这篇文章说：

> 许多分析家相信，计算机辅助套利加快了（尽管不是启动）下跌。套利者从所谓的差价中获利：股票期货价格的短期价差，这是在某个时间内以某个价位购买股票的小利，以及优先股票的小利。套利者的计算机不停地监视差价，告诉他们何时差价已足够大，他们可以把所持的股票换成股票期货，或者相反，以获得超出交割费用的利润……有了计算机，套利者总是知道从哪里可以获利。然而，大量套利者利用最新的信息可以造成市场动荡。因为套利者都可以获得同样的基本信息，有利可图的差价可能会即时显示在许多人的计算机上。由于套利者利用小的差价，所以他们必须以很大的交易额来使这种操作有利可图。所有这些因素在短期内放大了交易量，导致股票市场价格的波动。（Discover 1986）

不久，普通投资者开始注意到套利者使所有股票价值跌落，因此他们也开始卖出股票。卖出引起了导致更多卖出的卖出。NYSE主席认为，仅当市场相对寂静时，计算机化的交易才是一个稳定的影响因素（Science 1987）。如果市场动荡不安，程序化的交易将放大和加快已经开始的波动，也许20%左右的幅度。目前的问题在于套利，但在将来，普通投资者也可能导致市场的不稳定。可以想象这是可能发生的，因为大多数投资者将使用同样的计算机化的股票交易程序，这些程序有非常相似的算法，能够预测几乎同样的卖出/买入价格。这里的问题是：没有计算机，这些不稳定的影响会发生吗？毕竟，套利只需要初等数学。我们任何一个人在便笺上就可以完成这些所有必要的计算。但问题是：等我们完成这些必要的投资计算后，期货价格和股票价格可能已经发生变化。本来存在的机会将擦肩而过。

**范例5：独特的便宜**

因为计算机每秒钟可以执行千百万次的计算，所以每一次计算的成本趋近于零。计算机这一独特属性导致了有趣的伦理后果。

让我们想象，我在办公室忙了一整天，很晚才回家，现正坐在纽约城的地铁上。由于这已经错过了我的晚餐时间，我很快就发现，除我之外，车厢内的每一个人都在吃意大利香肠。对我来说，车厢的气味就像纽约市一家熟食店内的气味，永远都没法让我忘记我有多饥饿。最后我决定，我必须终止这种芳香气味带来的没完没了的折磨，于是我请求车厢内每一个人给我一片香肠。如果每个人给我一片，那么我就可以收集到一整条香肠。所以我提出从每一条香肠中切出一片。我发现，这仍然没有打动心怀狐疑的乘客，于是我提出随便薄薄的一片都可以，薄得每个人都不在乎。"你告诉我多薄你才不在乎，"我对他们说，"我只要那么多，决不多一点点。"当然，也许我只能得到像餐巾纸那么薄的薄片。没关系。因为我正在收集几打这么薄的薄片，所以我仍将拥有一个可口的纽约熟食店三明治的原料。如果扩大范围，例如曼哈顿每一个人都有一条意大利香肠，我甚至都不必要求一整片香肠。所有意大利香肠爱好者献出一丁点香肠就足够了。他们失去一丁点香肠对他们来说微不足道。但是，对我来说，我将收集到数百万的"一丁点"，这意味着我的餐桌上将拥有丰富的佳肴。

这个疯狂的计划从来没有用来收集意大利香肠。它的成本太高，将花费太长的时间把数百万的"一丁点"集中到某个中心位置。但是，如果我的工作碰巧与银行计算机系统的编程有关，那么就可能使用类似的计划。我可以从每个账号中"切下"无穷小的数目，数目之小，以致账户的所有者都不在乎。如果我每个月从十万个银行账户中每个账户中仅偷窃半分钱，那么一年中我的口袋将积攒6 000美元。这种机会肯定吸引了智力罪犯的头脑，但是很少报告这样的案子。在一个报告的案例中，一个银行职员利用上面提到的香肠伎俩从加拿大安大略一家银行的储户账户中窃取了 7 万加元。① 从程序上讲,要对数百万的微不足道的盗窃案进行传讯非常困难。帕克(Donn Parker)认为,"意大利香肠伎俩在可以调查的盗窃金额范围内常常难以被完全发现。通常,受害者失窃的金额太少,他们不愿意花太多精力去追究"(1989,p. 19)。即便如此,意大利香肠切片伎俩在约翰·福斯特(John Foster)的乡村歌曲"硅片之歌"中是不朽的:

> 在寂静的夜晚,他潜入每个储户的账户,
> 从每个账户中窃取一丁点儿。
> 因为从来没有人意识到这是一种犯罪,
> 他偷走了四千万美元——每次一分钱!

不管这是不是传奇,至少有三个原因使这种计划不同凡响。第一,单个计算机结算现在非常便宜,把半分钱从一个账户转移到另一个账户的费用远少于半分钱。对所有实际目的而言,这种结算费用是零。因此,如果转账的次数足够多,即使每次转帐的数目趋近于零,也可获得可观的利润。第二,这个计划一旦实施完毕,就不会再引起人们的注意。因为它是完全自动化的,钱又是存在银行的。最后,实际上,没有人被剥夺什么有可观利息的东西。简言之,我们似乎发明了一种没有窃取的偷窃术——或者至少没有窃取任何具有可观价值或引起人们注意的东西。这是一种无须偿还的偷窃。

这个计划是否是一个非计算机的类比呢?假如一家燃油分销商在每一次销售中扣取顾客一杯油。经过一个春季,分销商也许因此为自己的用油积攒了许多额外的油。但是,这也许不值得这么麻烦。他兴许没有足够多的顾客。或者他也许不得不购买足够灵敏的能够精确地从每位顾客扣取一杯油的新油表。他也许不得不承担清洁、校准和保持新油表精确度的费用。所有这些原因将使整个操作的利润不高。另一方面,如果分销商扣取的油量足够补偿他的花费,那么他就会冒超出顾客在意的底线的风险。

---

① 科克·马丁(Kirk Makin)在为 1987 年 11 月 3 日的 *Globe and Mail* 撰写的一篇文章中报道,安大略省警局 Ted Green 警官知道这样的案件。

**范例6：独特的克隆**

也许是历史上第一次，计算机赋予人类精确复制某些人工作品的能力。如果我制作了一个校验过的计算机文件拷贝，那么，这个拷贝每一个字节与原件一模一样。普通的磁盘应用程序如 DIFF 可以轻易地制作出逐位匹配的拷贝。由于磁道位置、扇区大小、簇的大小、字的大小、块因子等的不同，也许在低级物理层面上存在差异。但是，在逻辑层面上，拷贝是完全一致的。无论读取原文件还是它的拷贝，字节次序完全一样。实际上，拷贝与原件是无法区分的。在我们以前使用原件的许多情况中，我们现在可以用完全一致的拷贝来代替，反之亦然。我们可以制作许许多多校验过的拷贝，最终结果在逻辑上与原件一样。

这使得人们在不剥夺原所有者的情况下"盗窃"软件成为可能。这种盗窃可以获得完全有用的拷贝。即使他拥有原件，他也不能比这更好了。同时，所有者也没有损失任何财产。拷贝和原件在功能上完全一样，同样有用，也不存在财产的转移。有时，我们没有充分意识到这种犯罪的特殊性。例如，布朗大学计算机中心的副总裁助理曾报告说，"软件盗版在道德上是错误的——事实上，在道德上它无异于在商店偷东西或盗窃"（引自 Ladd 1989）。他的观点是错误的。这不像盗版。它不像在商店偷东西或简单的盗窃。无论人们的财产是否被剥夺，它都具有道德意义。想一想如果拷贝文件的操作自动损害了原件，情况将会怎样不同。静电复印看起来也许是一个非计算机的类比，但是，复印的复本不是无可挑剔的。无论视觉上的质量如何，无论分辨率如何，无论墨粉的纯度如何，静电复印的复本与原件不是一模一样的。第五批和第六批的复本与第一批和第二批的复本的差别是显而易见的。如果我们通过制作一个复本"盗窃"一幅图像，那么这对于某些目的是有用的，但是，我们并没有因此获得与原件可以获得的同样的全部利益。

**范例7：独特的离散性**

在一篇激动人心的论文"论真正讲授计算机科学的残酷性"中，艾乔·迪克斯特（Edger Dijkstra）考察了一个统摄性的核心假说的意义：计算机在世界历史上是全新的。承认这样的假说，由此可以断定给这些独特的机器编程根本不同于其他实际的智力活动。迪克斯特认为，这是因为我们对大多数物品和人工作品的性能所作的连续性假设不适用于计算机系统。对大多数物品,小的变化导致小的结果,较大的变化相应地产生较大的结果。如果我把加速器的踏板踩至更接近地面,车子就会跑得快一些。如果我重重地把踏板压向地面,车子就会跑得更快一些。在机器运转这一点上,计算机是非常不同的。

程序作为一种机制,它完全不同于我们成长过程中所熟悉的所有类比的装置。像所有数字化编码的信息一样,计算机程序不可避免地具有如下令人不安的属性:最小的可能的波动——例如一个比特的变化——可能导致最急剧的结果(同上,p. 1400)。

数字化计算机这一本质的独特属性引发了一系列导致独特伦理难题的特殊问题,至少对支持后果论伦理学观点的人来说。不妨举一个例子来说明小的"波动"会产生巨大后果。看看水手18号太空行动。在这个案例中,有一个大型程序的一行少了一个"NOT",结果导致任务中止(见 Neumann 1995, p. 26)。在一个类似的案例中,正是擎天神火箭导航程序中少了一个连字号,导致控制器损坏了价值1 850万美元的维纳斯探测器(见 Neumann 1995, p. 26)。正是重新配置命令中少了一个字符,导致苏联"火卫一"火星探测器无可奈何地在太空中解体(同上,p. 29)。我不是说,在火箭数字化之前,它们很少失灵。我是说,相反的观点是正确的:过去它们没有像今天这么容易出现各种级别的失灵。这并不意味着,德国V-2火箭是一个令人满意的非计算机的道德类比。作为一个类比的装置,V-2的性能对它的所有参数来说具有连续性的功能。它失灵的方式与类比装置失灵的典型方式一样——局部问题导致局部失灵。然而,一旦火箭被计算机软件控制,它们就变得更加容易发生其他方式的失灵,即使是局部的问题也可能导致整体的失灵。

"在计算机技术的离散世界里,"迪克斯特总结道,"不存在任何有意义的度量标准,即小的变化与小的结果相伴而行,永远都不存在"(1989, p. 1400)。这种原因和结果之间不连续的和不对称的关系对计算机而言是独特的,并给后果论伦理学理论带来了特殊的难题。功利主义(一种后果论)普遍遵循的决策程序要求他们对特定情况中可能的行为的可能后果做出预测。如果某个行为产生好的后果,或至少好的后果大于坏的后果,那么这个行为就是好的。如果迪克斯特的观点是对的,那么功利主义面临的基本难题是,行为与行为的后果之间通常可预测的联系,由于计算机技术的介入而被严重扭曲了。简言之,我们不能仅仅根据我们的行为对其他机器所产生的结果,来类推同样的行为对计算机将产生什么结果。

**范例8:独特的编码**

计算机是通过编写不同层次的代码来运行的——簇位于磁道的上层,磁道位于扇区的上层,扇区位于记录的上层,记录位于字段的上层,字段位于字符的上层,字符位于字节的上层,字节位于最基本的二进制数字的上层。TCP/IP等计算机"协议"由晦涩难懂的代码规则层的上层所构成,这些代码规则告诉计算机如何解析和处理每一个二进制数字。对数字计算机而言,这是平常之事。在非常真实的意义上,所有数据在普通的计算机运行过程中被多重"加密"。

根据 *Raleigh News and Observer* 记者彩妮·哈特(Charlie Hart)(1990)的观点,编码的卷入使美国历史像罗塞塔石碑(Rosetta Stone)一样难以读懂。历史的、科学的和商业的数据面临消解在没有意义的字母、数字和计算机符号的混杂之中的危险。例如,200盘有着17年历史的公共健康部的磁带在1989年不得不被销毁,因为没有人能够判断其中的姓名和数字的意思。过去30年间用最原始的或已被淘汰的系统记录在计算机磁盘上的许多信息处于进退维谷的境地。例如,许多第二次世界大战老兵的记录被储存在1 600盘废弃的缩微胶片图片上,甚至比霍尔瑞斯(Hollerith)打孔卡还要古老。

问题与日俱增的原因是:某些介质的降解性,输入输出设备过时太快,介质格式的层出不穷,以及程序员没有保存他们如何打包数据的永久记录。具有讽刺意味的是,在计算机处于流行的短时间内,最新的计算机技术极大地加快了信息的传输,但当它过时时,它却会产生更大的负面效应。不是每一个记录值得保存下来,但公正地说,计算机似乎很可能促进有意义的信息和文化的代代相传。计算机用户显然不会合谋不把历史记录下来留给他们的孩子,但由于计算机代码的层级和储存方式具有独特性,因此,结果很可能如此。数据考古学家将设法保存我们已编码的零零碎碎的数据,但是,许多数据将永久失传。

这就产生了一个如文明本身一样古老的道德问题。剥夺人类未来世代所需要和珍视的信息,损害人类未来世代的利益,这无可争辩是错误的。这将阻碍商业和科学的发展,使人们不能从他们的祖先那里获知他们起源的真相,可能迫使国家重复历史上的惨痛教训。当然,这个问题没有任何独特之处。经过文明历史的长久冲刷,整个文化已经被摧毁,宏大的图书馆已被洗劫一空和捣毁,书籍已被禁止和焚烧,语言已经衰退消亡,墨水在阳光下已经褪色,成卷的纸张已经腐烂,变成支离破碎的神秘古董。

但是,世界历史上是否存在过能以计算机那样的方式埋葬文化的机器?差不多所有的现代介质记录装置具有吞没文化的潜能,但其过程不是自动化的,而且信息不是隐藏在晦涩难懂的编码层的背后。另一方面,由于计算机储存和处理信息方式的独特性,计算机更有可能埋葬文化。依赖计算机存档数据所带来的与日俱增的危险改变了围绕文化的保存和传承的道德问题的实质。这个问题不是"某些在文化上具有重要意义的信息会消失吗?"当数字媒体成为信息的基本存储器时,这个问题将变成"任何已储存的记录在未来都是可读的吗?"没有计算机,这个问题不会以如此急剧变化的方式产生。

因此,正如前面所解释的,这类案例最终成为计算机伦理学正当性的"较弱的"但却充足的理由。对这个案例是否可以采取"较强的"观点呢?我们将会看到。随着加密术的不断改进,计算机科学家可能提出如此有效的加密算法,以至于在任何机器能够成功地破解这个密码之前太阳就爆炸了。这样的技术将埋葬未来历史的历史记录。当我们等待发明这种理想的技术的时候,我们可以利用现有的128位国际数据加密算法(IDEA)。要破解一个经IDEA加密的信息,我们需要每秒可以测试十亿次的芯片,用它来解决这个问题,然后在下一个$10^{13}$年重复这个循环过程(见Schneier 1993, p. 54)。也许1 024块的芯片组可以在一天内做到,但是,这个世界有足够的硅片来生产这些芯片吗?

## 结　论

我试图阐明存在独特的计算机伦理学问题和难题。所有这些问题与计算机技术有着本质的联系。没有这项技术,这些问题不可能产生,或者不可能以如此剧变的方式产生。没有找到令人满意的非计算机类比来检验这些问题的独特性。因此,缺乏独特的类比就产生了有趣的道德结果。当我们面临生疏的伦理问题时,我们常常利用类比,建立与我们以前碰到过的类似情况的概念之桥。然后,我们试图通过这座桥,从类比案例到当前案例移植我们的道德直觉。没有有效的类比,将迫使我们寻找新的道德价值,提出新的道德原则,制订新的政策,找到新的方式思考我们所面临的问题。由于所有这些理由,我所阐述的这类问题值得与其他初看起来有些类似的问题分开来研究。至少,计算机技术改变了这些问题,改变的形式值得特别关注。

我将以唐纳德·哥特巴恩(Donald Gotterbarn)提出的可爱的小测验作为结尾(1991b, p. 27)。显然,有许多发明几个世纪以来对我们的社会产生了重要影响。印刷术的发明是文化传播史上至关重要的事件,却不存在印刷术伦理学之类的学科。火车头变革了交通业,却不存在火车头伦理学之类的学科。电话前所未有地改变了我们相互交流的方式,却不存在电话伦理学之类的学科。拖拉机改变了世界农业的面貌,却不存在拖拉机伦理学之类的学科。汽车使我们在远离近邻的地方工作成为可能,却不存在像汽车伦理学之类的学科。

因此,为什么存在像计算机伦理学这样的学科呢?

## 基本研究问题

1. 曼纳认为计算机伦理学是一个重要的研究领域有两条理由。其中一个理由他称之为"弱观点",另一个称之为"强观点"。请陈述这两个理由。
2. 曼纳提出了计算机伦理学研究之正当性的六个"论证层面"。请简要描述每个层面。
3. 根据曼纳的观点,真正的计算机伦理问题对计算机伦理学领域而言是"独特的"。哪三个特征一起使这些问题成为曼纳所指的"独特的"?
4. 简要描述曼纳的"独特的储存"的例子。
5. 简要描述曼纳的"独特的延展性"的例子。
6. 简要描述曼纳的"独特的复杂性"的例子。
7. 简要描述曼纳的"独特的快速"的例子。
8. 简要描述曼纳的"独特的便宜"的例子。
9. 简要描述曼纳的"独特的克隆"的例子。
10. 简要描述曼纳的"独特的离散"的例子。
11. 简要描述曼纳的"独特的编码"的例子。

## 进一步思考的问题

1. "道德灌输"和"伦理指导"的区别是什么?这一区别对计算机伦理学教育有何意义?
2. 讨论类比推理的本质和价值。曼纳是如何利用这些观点论证计算机伦理学某些问题的"独特性"的?

3. 在本章结尾部分,曼纳问道,为什么计算机伦理学应当是一个研究领域,而其他许多技术没有类似的研究领域。摩尔在本书第 1 章是如何回答这个问题的?你怎样回答这个问题?

# 第3章 计算机伦理学案例分析与伦理决策

特雷尔·拜纳姆

## 图式识别与伦理决策

大多数人具有非凡的图式识别能力。例如,想象一下在人群中或画册中认出某个人的能力吧。如果你非常熟悉某人,例如你最要好的朋友或最亲密的家人,那么你很可能能够在相册中认出那个人的脸,即使相册中包含数以千计的他人照片。当然,有些人比其他人更擅长这一点,但是,绝大多数人都非常擅长这一点。同样,大多数人能够"阅读"他人的脸部表情和肢体语言,以确定他人的感觉。而且,有些人对于这些线索比其他人"更加敏感",但是,即使普通人在大多数情况下,也擅长仅仅通过瞧瞧他人的脸部、看看他人的行为方式,就能"感觉"他人的感觉如何。

这些图式识别能力包括一种知识,但这不是那种典型地体现在描述句中的知识。例如,你显然知道你最要好的朋友的模样,因为你能够从人群中认出你的朋友;然而,你也许不能用语言来描述你朋友的脸部,使他人能够在人群中认出这个人。因此,图式识别很像感觉——你只是"看到了"你朋友在人群中。你一开始就没有用词语造出一个复杂冗长的描绘你朋友脸部的描述句,然后把这个描述句和人群中的脸进行比对。

我之所以提及这种图式识别能力,是因为我认为它们为理解人们通常如何做出道德判断、为什么他们能够迅速而正确地做出大部分判断提供了一条线索。洞察伦理情景并做出适当的道德判断的能力显然是图式识别的另一个例子。通常,人可以"看出"这里有一个伦理问题,能够"看到"拟订的解决方案是否充分。有人倾向于把这种能力叫做"道德直觉,"尽管它一点也不神秘,但它肯定需要进一步的解释和提炼。事实上,我在下面将论述计算机伦理学家提出的许多应用伦理学工具和案例分析方法将有助于提高计算机专家、政策制定者以及其他关注"信息时代"伦理问题的人的伦理分析能力。

在本章,我利用上述思想,提出并阐述一种计算机伦理学案例分析方法。我的目标是提供一种自然的、有效的分析方法——说它是"自然的",是因为它把人们日常生活中实际上做出伦理决策的方式进行模式化;说它是"有效的",是因为它受到许多计算机伦理学家和应用伦理学家的洞见和良方的启迪及影响。

## 四大重要问题

计算机伦理学最有用的一个定义可以在詹姆士·摩尔1985年的论文"何谓计算机伦理学?"中找到。在这篇论文中他写道:

> 之所以产生典型的计算机伦理学问题,是因为存在关于计算机技术应当如何应用的政策真空。计算机为我们提供了新的能力,而这些新的能力为我们的行为提供了新的选择。通常不存在关于这些情况中的行为的政策,而现有的政策似乎也不够用。计算机伦理学的中心任务就是决定在这些情况中我们应当做什么,即制订指导我们行为的政策。(p. 266)

摩尔认为,计算机技术是真正革命性的,因为它具有"逻辑延展性":

> 计算机具有逻辑延展性,因此,它们可以被塑造和定制以完成任何工作,只要这些工作能够用输入、输出、与逻辑操作相连……因为逻辑适用于任何地方,所以计算机技术应用的前景似乎没有止境。计算机几乎是我们所拥有的通用工具。实际上,计算机的限度就是我们自身创造力的限度。(p. 269)

因此,摩尔的观点是:计算机技术是强大的和革命性的,因为它具有逻辑延展性。它为人们创造了做以前从未做过的新事情的机会,因此,"我们是否应当做这些事情"的问题就应运而生。现有的"行为政策"还适用吗?如果答案是"是",那么,我们理所当然应该遵循现有的政策。但是,如果答案是"否",那么我们必须制订新的政策,并对它们进行伦理论证。这是计算机伦理学研究过程的一个重要阶段。我相信，如果我们想得到自然的、有效的案例分析方法，我们需要更好地理解这一过程的四个重要方面：

1. 何谓"行为政策"或"指导我们行为的政策"（摩尔的语言）？
2. 如何判断是否存在足以解决所面临的问题的现有政策？
3. 如何制定新的政策以应对现有政策无法应对的新情况？
4. 如何在伦理学上论证新制定的政策？

## 指导个人行为的政策

通常，当一个人做出伦理决策或道德判断时，他或她并没有寻求专业哲学家的建议，或试图利用一般的哲学原则，如康德的"绝对命令"、边沁的"功利原则"或佛陀的"四圣谛"。事实上，大多数国家的普通人对"伟大哲学家"的复杂理论知之甚少或全然不知。不管怎样，大多数人当他们想做出道德判断和决策时，他们能够十分成功地做到这一点，因为他们把握了他们所在社会关于正确和错误的惯用标准，他们能够迅速采取传统的解决办法。

伦理原则和实践是由复杂的社会过程产生和维持的社会现象。个人没有必要为自己重新创建伦理学，或记住长长的规则和法律清单。相反，他们一出生就降生在具有复杂的现有"行为政策"的社会之中。正如亚里士多德在《尼各马可伦理学》中所指出的，人类是习惯的造物。经过适当的养育和教育，人习得了与他们所在社会的规则和价值一致、并被这些规则和价值所强化的行为模式。如果他们所做出的行为与这些规则相左，他们将在母亲的跟前遭到谴责，并得到纠正，或者遭到同伴、老师、上司、政府部门的施压和惩罚，在极端情况下，会遭到司法官员的施压和惩罚。这是极其有效的传授价值、塑造行为的方式，因为避免冒犯他人和避免遭受谴责和惩罚的愿望是人类行为的强大激励因素。避免冒犯他人的能力可能是经过进化和适者生存而获得的"选择性的"特性。毕竟，与人为敌不是有效的生存之道！因此，人通常对批评和警惕冒犯他人非常敏感——"我的朋友和家人会说什么？""我的邻居会怎么想？""我的同事还尊重我吗？"。上面提到的阅读脸部表情和肢体语言的能力与冒犯他人的敏感性密切相关。

由于这些原因,大多数人变得非常擅长识别社会所允许和鼓励的行为模式;他们利用图式识别能力判断自己的行为以及他人的行为。这解释了人们如何可能迅速而正确地做出大多数伦理决策。这也解释了为什么人们做出道德判断的能力通常看起来是一种"感觉"或"直觉"。有时,一个行为"感觉是错误的"或"似乎是正确的",尽管难以说出其所以然。(即使故意冒犯他人的反社会的"叛乱者"也利用这些与伦理学有关的图式识别能力。)

主要的伦理决策者,包括主要的计算机专家,不是诉诸著名哲学家的抽象理论,而是利用不太冠冕堂皇的"行为政策"。他们常常利用源自家庭或当地社会的个人价值或标准。如果决策者是某个行业的成员,他或她可能利用公认的"优良实践的标准",或专业伦理准则,或雇主制订的行为准则。当然,也许同时会涉及大量国际性的、全国性的、地方性的和当地的法律,人们通常尽力在法律的范围内行事。

在一个法律似乎是公平的、社会制度和传统似乎是公平的"相当公正"的社会里,这是极其有效的做出良好道德判断的方式。在这种情况下,违法行为以及公然违反常规实践的人可能是不合乎道德的。因此,为了指导你的行为,为你的道德判断提供信息,你可以利用各种各样的"行为政策"——多层次的、结构丰富的由法律、准则、原则和实践交叉构成的体系。1997年,我和我的同事佩特拉·舒伯特(Petra Schubert)在题为"怎样进行计算机伦理学研究"的一文中,试图提供一个详尽的包括此类"行为政策"的清单(参见 Bynum and Schubert 1997)。该清单包括如下所有内容:

1. 国际条约和协议。最广泛的指导行为的政策(在地理意义上)是国际准则和协议,如国际法、政府间的协议、全球商业惯例和协议,等等。例如,与计算机技术有关的协议包括调节知识产权、安全和数据加密的条约。

2. 法律。国家、州、省、城市和当地政府都制订了数以千计的法律,其中有许多适用于与计算机相关的问题,如医疗信息隐私、软件所有权、"黑客行为和骇客行为"、恶意代码(如计算机病毒)的编写和传播,等等。

3. 法规。除了法律,各种各样的机构和部门制定了数以千计的政府法规,来解释和实施法律。当然,其中许多法规与计算机技术有关。

4. 良好实践的标准。有时,整个专业团体能够就"良好实践的标准"达成一致,希望该行业的每一个执业者都遵守这些标准。仅列举两个例子,在计算机界就有软件工程良好实践的标准和数据加密的标准。

5. 专业伦理准则。除了条约、法律、政府法规和良好实践标准,还有专业组织制定的伦理准则。例如,这样的准则可能适用于作为这类组织(如计算机协会、英国计算机协会和信息系统管理协会)成员的计算机专家。

6. 企业政策。有时,一些大型公司和组织给员工制定了行为规则。例如,这些规则可能包括使用公司计算机的规则,以及软件测试和质量保证的标准。

7. 社区价值和个人价值。除了上列正式的规则和法规,伦理决策者在社区中能够正常发挥作用,是因为该社区拥有一系列不成文的"常规"等。当然,家庭标准和个人价值也常常影响道德判断。

在一个相当公正的社会里,这些"指导行为的政策"具有道德约束力。当这些政策与图式识别能力结合起来时,这些政策使人能够在大多数必须或要求做出道德判断的情况下迅速而正确地做出道德判断。

当然,这种方法也有风险和局限,因为法律可能是不公正的,个人或家庭价值可能是有偏见和成见的,企业政策是无情的或有损社会的。另外,正如摩尔所指出的,信息通信技术的威力和灵活性可能导致传统政策的捉襟见肘或缺失(政策真空)。由于这些原因,"典型的"或"惯常的"伦理决策方式不是完全可靠或有效的,尽管对大多数伦理决策通常是足够的。幸运的是,有许多资源和方法帮助人们弥补了这些缺陷,并提出严谨的伦理分析。正如沃尔特·曼纳(Walter Maner)(2002)所指出的,一个有效的案例分析方法可以提供一系列好处:它能够有助于保证我们的伦理思考不出现重要的遗漏,确保仔细考虑有关事实和问题,必要时提供解释和论证,唤起关注,增强敏感性,加深理解,帮助教授和传播专业文化。

## 提高道德判断力

为了做出好的伦理分析,我们必须有"良好的道德判断力"。很多世纪以前,亚里士多德认为,良好的道德判断力的发展取决于经验(参见《尼各马可伦理学》)。他指出,非常幼小的儿童对伦理学一无所知,他们主要受快乐和痛苦、欲望和激情的驱使。亚里士多德认为,父母、老师和社区负责向儿童灌输正确的习惯,教导他们善恶观念。到了十几岁的时候,他们应当有了与道德和公正相符合的成熟的习惯和行为模式,他们至少应当习得了对善恶本质的初步理解。然而,十几岁的人仍然受激情和欲望的驱使,他们太容易屈服于诱惑。亚里士多德认为,即使年轻的成年人的道德判断能力也没有发育完全。他们需要另外二三十年的阅历,才能获得卓越的伦理之"眼"。亚里士多德的观点在一些名言中得到佐证,如"智慧与年龄俱增",也在一些惯常作法中得到佐证,如在许多文化中依靠社区的老者做出明智的伦理决策。

所有这些与我们的假设是一致的。这个假设是:良好的道德判断和决策与图式识别能力和"辨别"好坏的能力有关。为了提高这些能力,人们需要拥有广泛的经验;他们需要经历过和思考过多种多样的伦理难题和问题。因此,正如曼纳(2002)正确指出的,希望提高伦理分析能力的人应当珍惜向经验学习的机会,与值得信赖的朋友、同事、老师和导师进行相关对话。他们应当尝试各种经历,在这些经历中培养道德觉悟和敏感性,澄清价值系统和世界观,体察人性,身体力行合乎道德的行为,学习伦理学理论。当然,"不存在可以确保伦理沉思之有效性的一般算法。"不管怎样,"非算法的'启发式'方法可以指导和激活这一过程,使它更加强大和可靠"(Maner 2002;参见下面由 N. Ben Fairweather 撰写的第 7 章)。

## 一个值得推荐的案例分析方法

清晰地记住了上述观点,我们现在可以考察一个值得推荐的伦理学案例分析的"启发式方法":

预备阶段——保存"伦理分析记录"强烈建议你在进行案例分析时,创建一个"伦理分析记录",详细记下你的观察、交谈、发现和建议。这样的记录对学生和信息通信技术执业人员等非常有用。学生在考试和家庭作业中很可能被要求这样做；信息通信技术执业人员将发现这样的"伦理审查记录"在他们做出决定、并向同事、客户和上司论证这些决定的合理性的时候极其有用。

**1. 遵循伦理观**

任何伦理分析的第一个重要"步骤"是从有时被称为"伦理观"的视角来考察境况和问题。这就要采取平等、公正和尊重在其中都起着重要作用的视角。

**平等**  所有人都可能经历痛苦和悲伤，经历快乐和喜悦。我们都拥有可以得到满足和发展或者被搁浅和损害的需要、兴趣和计划。这些是"伦理关怀"，是我们共同"人性"的组成部分。（所谓的"动物解放运动"的支持者认为，至少在某种程度上，动物王国的其他成员与人类共同拥有这些特征，因此，它们应当受到一定的伦理关怀。）

**公正**  平等待人是公正的一个重要方面。这就是为什么在使用女性的"公正天平"时，作为女性特征的"公正"常常被描绘成遮着眼睛的形象的缘故。如果她不知道具体是哪些人将从她的决定中获益，那么她就不可能以怀有偏见的方式行事。"平等待人"的要求体现在常见的短语中，如"公正是盲目的"、"法律面前人人平等"、"上帝面前人人平等"。它解释了功利主义哲学家边沁为什么坚持认为，运用功利主义算法时，每个人的份量是一样的；为什么约翰·洛克认为每个人拥有同样的不可剥夺的生命权、自由权和财产权；为什么康德认为人们必须"普遍化"自己的伦理"准则"；为什么亚里士多德利用同样的善恶观在伦理上论证所有人的生命和行为，而不管他们在社会中的地位；为什么任何人都可以学习佛陀的"四圣谛"，遵循"八正道"。

几乎所有人都有极其强烈的公正感。如果认为他人获得了不公平的优势和机会，他们就会迅速进行反击。如果同胞或朋友受到他们不喜欢的特殊待遇，即使年幼的儿童也会大喊"不公平"！当人们试图找出伦理问题或思考可能的解决方案时，这种对不公正和偏见的敏感性非常有用；在我们的案例分析方法中，我们将有效地利用这种敏感性。

**尊重**  无论怎样高估尊重人类生命的意义都不为过。个人之间或文化之间相互尊重的缺乏可能导致仇恨、愤怒、暴力和战争。缺乏尊重可能严重损害爱情、家庭、友谊。在有些文化中，缺乏尊重甚至是导致自杀的原因。人需要朋友和爱人的尊重,并珍视这些尊重;如果他们得不到同伴、上司和邻居的尊重,他们就不能有效地在工作或社区中发挥作用。自尊以及相伴而来的诚实是道德成熟和人格力量的组成部分,缺乏自尊可能是摧毁幸福生活的一大灾难。德国哲学家康德把尊重人作为他的伦理学理论的核心,这不足为奇。

**伦理观** 为了判定一个行为或政策在道德上是否可以接受,或者道德上是否必要,第一个"步骤"就是要"遵循伦理观",把所有人看作"在公正面前都是平等的",尊重每个人的需要和权利的伦理意义。

## 2. 详细描述拟分析的案例

在做出公正的道德判断之前,清晰而详尽地描述相关事实和疑虑是很重要的。如果你正在处理的案例是在课本中或论文中描述的,请确认你理解了用于描述案情的关键词和短语。应当澄清模棱两可或模糊不清的术语;应当注意当事人及其行为、角色和相互关系。

把你的思考集中于案例描述中实际描述的或强烈暗示的事实。把常识预设为背景信息是明智的,但是请注意不要"捏造"案例描述中没有提到或没有强烈暗示的不平常或特殊的"事实"。这种对案例不适当的添枝加叶可能戏剧性地改变了案例的伦理背景,对你的结论产生不适当的影响。

当处理日常生活而非课本练习中的真实案例时,困难在于收集和澄清关于当事人及其行为、角色和相互关系的与伦理相关的事实。(与伦理相关的事实是可能导致不同伦理结论的事实,如果忽略它们的话。)你需要估计收集事实和思考案例背景所必需的时间和资源。如果时间和资源有限,你可能不得不做出合理的假说,来弥补没能收集或验证的事实和信息。

## 3. 尝试"看"伦理问题和适合该案例的"传统"解决方案

获得了关于案例的清晰详尽的描述之后,请使用你的伦理之"眼"识别关键问题,判定现有"指导行为的政策"是否适用。如果它们适用,你只要挑选一个传统的解决方案。因为所提出的解决方案"感觉是对的"和"正好适用",可以轻而易举地分辨哪些政策适用,所以不需要进行伦理分析。

人们所做出的绝大部分伦理决策,包括与信息通信技术有关的决策,无需进一步的伦理分析就可以用这种方式做出。然而,如果情况不平常,你似乎面临政策真空——或者如果需要对境况进行更深的或更彻底的伦理理解——那么你可以采取如下进一步的步骤。

### 4. 调动你自己的伦理知识和技能

任何在社会中能相当好地发挥作用的人都会利用相当多的伦理知识,也许多于他或她所意识到的。因此之故,如果你面临"政策真空",或者如果你希望对伦理情景有更透彻的理解,你可以运用如下几种方法调动你自己的伦理知识和技能。

**思考先例和类比**。正如上面所解释的,人特别擅长图式识别。通过思考你所知道(或者能够想象)的类似案例、可能有助于解释你正在分析的案例的先例、类似例子和不类似例子、正面例子和反面例子,利用这种能力发挥你的优势。与从前处理过的案例是怎样相似的?该案和其他案例的相似之处和不同之处在哪里?该案是否因为与先例不同,因而先前的解决方案不适用?

**利用你对冒犯的天生的敏感性**。因为大多数人对冒犯他人极其关注,所以你可以充分利用你的敏感性。尽力想象谁——如果有的话——可能反对所讨论的冒犯,为什么。反对者很可能是感到处于危险的人,也可能是对所讨论的情况负有相关责任和义务的人。想象的反对者的身份,加上想象的反对意见的理由,能够使你迅速集中到可能是该案例核心的关键问题。你处理此类案例的经验越多,对所讨论的各方和政策的了解就越多,就越容易集中到问题的核心,想出可行的解决方案。(这是下面在第 70 页*将阐述的更系统化的"利害关系人分析方法"的一个简短的非正式版本。)

**模拟角色扮演和运用天生的同情能力**。想象你是案例中的当事人。对每一个重要的当事人,把你自己"放在他人所处的位置"。你的感觉将如何?你希望如何解决这个案例?从你的立场出发,什么是一个公正的解决方案?如果当事人之一是你的朋友,甚或你的小孩,又会怎么样?——你会提出什么建议?对你来说,什么样的解决方案是公平的?对于每一个可能采取的备选行动,面对可能反对它的人你将如何论证这个行动?你能自豪地把这个行动告诉你的家人和朋友,或者

---

\* 指原版页码——译注。全书同。

在电视上布告这个行动吗？

### 5. 获得他人的建议

请利用他人的伦理知识和观点。伦理规则和实践是社会现象，人不是孤岛。既然其他每一个人与你有不同的经历，从不同的视角观察世界，那么你可以从与值得信赖的朋友、导师、同事和上司的交谈中获益。尽力理解他们的观点，把他们的观点与你自己的观点进行比较。

### 6. 利用一种或多种系统化的分析方法

在采取上述所有伦理分析的五个"步骤"后，你可能对案例的伦理背景有了很好的理解——各种各样的当事人及其行为和相互关系、相关的主要伦理问题，做出过的（或应当做出过的）各种各样的选择、采用过的（或应当采用过的）做出道德判断和决策的政策。在许多案例中，对拟定的目标而言，这种分析足够了，你可以得出有用的伦理结论，也许可以提出一些有益的建议以避免或解决将来出现的类似案例。（关于这一点，在下面的"步骤"7 和 8 中将详细讨论。）

如果需要进行更有力的伦理分析，这里还有许多你可以利用的其他分析方法，例如包括下列方法（这里仅简要地解释这些方法，更详细的解释在与本书配套的网站上（参见前面的序言））：

a. 进行"专业标准分析"。如果所讨论的案例涉及信息通信技术专业人员的行为和决策，你很可能要通过系统化地运用专业伦理准则中的伦理原则来得出伦理结论，例如《软件工程伦理准则和专业实践标准》、计算机协会（ACM）、澳大利亚计算机协会（ACS）、英国计算机协会（BCS）和信息系统管理协会（IMIS）（很少的几个例子而已）等组织的伦理准则。（所有这五个准则，加上 IEEE 准则，都包含在第三部分的附录中。）这些准则的制订已经认真考虑到了良好实践的专业标准和相关的法律和道德原则。

良好的处理方式就是选择一个合适的伦理准则，然后根据包含在所选准则中的每一个伦理原则系统性地考察案例。你应当问这样的问题：有人违反该准则的伦理原则吗？如果有的话，这种违反可以得到辩护吗？你为什么这么说？该案例是否显示存在需要给该准则增添新的原则才能填补的"政策真空"吗？如何表述和论证这个新的原则？

b. 进行"角色和责任分析"。人们在生活中所扮演的每一个角色都伴随一套义务和责任,许多角色还与权利相联系。例如,教师有责任教授学生和评价他们的操作;教师通常有权在期末给学生评分。医生有责任诊断和治疗病人,有权开处方和制订治疗方案。

通过系统化地思考案例所涉及的各种人物的角色,你可以利用关于角色和责任的事实。每个人的角色是(曾经是)什么?与这些角色相应的责任和权利是(曾经是)什么?它们被(曾经被)适当地履行或尊重吗?如果信息通信技术使人们可能承担前所未有的新角色(政策真空),那么,与这些新角色相关联的权利和责任应该是什么?为什么?

c. **进行"利害关系人分析"**。案例所涉及的行为和政策主要影响各种各样的人的利益和福利。受明显影响的每一个人,不管是直接地还是间接地,都可以看作是一个"利害关系人"——即显著受益或受损的人,或其权利得到伸张或损害的人。(关于利害关系人定义的详细讨论参见下面由西蒙·罗杰森撰写的第6章。)

通过系统化地考察每一个利害关系人及其相关利益、损害和权利,你可以更好地理解案例中的伦理问题。利益和损害是公平分配的吗?人的权利是得到伸张和尊重,还是遭到践踏和违反?如果信息通信技术已经产生了前所未有的新的可能性,那么随之而来的利益和损害应当怎样公平分配?人的权利怎样才能得到适当的尊重?如果有新政策的话,新政策应当如何实施?为什么?

d. **进行"系统化政策分析"**。上面已经指出,在任何社会背景中都存在一系列"行为政策",这些行为政策组成了一个"多层次的由法律、规则、原则和实践交叉构成的结构丰富的体系"。这包括国际条约和协议、全国性的和地区性的法律、政府法规、良好实践的专业标准、行为准则、企业政策、社区价值和个人价值。

通过系统化地思考每种政策及其与所讨论案例的意义,你可以利用这一系列"行为政策"。什么法律、法规和协议可以适用?它们能够被正确地遵守吗?存在适用于该案例的良好实践标准和伦理准则吗?涉及什么社区和家庭价值?如何评价和协调各种政策?如果信息通信技术已经产生了政策真空,那么什么样的新"行为政策"应当实施?为什么?

e. **进行"伦理学理论分析"**。在大多数情况下,面临需要做出伦理决策和需要分析的案例时,人们并不寻求专业哲学家的建议,或阅读

"伟大哲学著作"。尽管如此,如果人们想寻求对案例背景的更好的伦理理解,有许多著名的伦理学理论供选择。因此之故,进行案例分析时,你可以利用这些理论的某些核心思想。下面简要介绍几种典型的理论。(关于这些和其他理论的详细解释参见与本书配套的网站。见前面的序言。)

1. **功利主义思想**。边沁是"功利主义之父",密尔是他最著名的信徒。这些哲学家及其追随者认为福利和损害是伦理思考的关键。两大伦理原则反映了其观点的精髓:

功利原则:如果某事有助于增进福利(包括快乐、幸福、好处,等等),那么它在伦理上是好的;如果它倾向于增加损害(包括痛苦、不幸、短处,等等),那么它在伦理上是坏的。

平等原则:伦理学不允许人们支持富人胜过穷人,或者支持强者胜过弱者,或者支持男性胜过女性,或者支持白人胜过有色人种,或者支持身体健全者胜过残疾者,等等。不管一个人的生活状态如何,当福利和损害增加时,每个人的分量是一样的。

功利主义总的原则是尽力为最大多数人带来最大福利和最小损害。重要的是要注意计算风险和概率,因为损害风险的增加是坏的,而福利概率的增加是好的。

通过考察每个人(不管他或她的生活状态)可能得到的福利和损害,你可以利用这些思想分析你的案例。最好的行为将是可能为最大多数人带来最大福利和最小损害的行为。

2. **亚里士多德思想**。亚里士多德及其追随者的伦理学理论的核心思想是美德和恶德。美德指积极的品德特征,如勇敢、正直、诚实、忠诚、可靠、慷慨、负责、自律、节制、中道、不懈(举例而已)。亚里士多德认为,由家庭和社区正确培养的人通常养成了与美德一致的行为模式。有了适当的经验,他们就能够识别美德和恶德的行为。

亚里士多德把伦理美德描述为理性的品德特征,居于非理性两极之间适当的中间地带。例如,勇气是一种与理性控制恐惧相关的积极特征。它居于与恐惧行为相关的极端怯懦和与无所畏惧相关的极端蛮勇之间。好脾气是一种与理性控制愤怒相关的美德;而脾气暴躁之恶德是不理性的易怒,对错误行为漠不关心之恶德是对不公正缺乏愤怒的不理性之举。

为了对案例进行亚里士多德主义分析,你应当系统性地辨识当事人的德行,以及屈从于恶德的行为。

  **3　康德思想**。哲学家康德把尊重人作为他的伦理学理论的核心观点。康德指出,因为人是理性的存在,他们本身具有价值,不需要任何外在之物给他们赋予价值。因此之故,康德伦理学的基本原则——他称之为绝对命令——可以这样表述:

  绝对命令:总是把每一个人,包括你自己,作为自身具有价值的、决不仅是促进他人目标的存在来对待。

  因此,康德认为,人必须总是尊重人的价值和尊严,决不只是利用他或她。例如,说谎和欺骗就是不道德的,因为这涉及利用他人达到自己的目的。不维护某个人的权利是不道德的,因为这表明没有适当地尊重这个人,没有承认这个人是一个对自己的生活负责的责任主体。

  在案例分析中,你可以利用康德伦理思想,看看案例中的每一个当事人是否受到与绝对命令相符的方式的对待。

### 7. 做出相关伦理结论

  经过上述全部或大部分分析"步骤"之后,你很可能获得了一套深刻的关于伦理问题和备选方案的观点,使你到了可以做出相关结论的好时候了。关键的伦理问题是什么?是否有人做了不道德的事?你为什么这么认为?如果案例涉及可能的未来行为,这些行为应当是什么,可以论证这些行为的相关伦理观点是什么?如果存在与之竞争的价值和观点,你将如何权衡它们?为什么?

### 8. 对于未来的有关教训

  如果案例中有些当事人的行为不合乎伦理,那么在未来如何预防和减少类似的行为?如果你发现了需要填补的"政策真空",那么你建议的新政策是什么?可以论证这些新政策的伦理理由是什么?值得指出的是,如果你所建议的新政策与现有的政策非常相似,那么它们最有机会被有关社区采纳。一项"不同寻常的"公然违反良好实践的常规标准的政策,则需要有极具说服力的伦理论证才能被接受。

## 一个示范性案例:募捐软件机器人

  有了上述"启发式案例分析方法",我们现在可以考察一个示范性

的案例(虚构的,但具有现实性),并进行示范性的案例分析。我们想象的案例如下:

### 募捐软件机器人案例

软件机器人(softbot)一词是"software robot"的缩写。软件机器人寄居在计算机或计算机网络中,并在其中从事各种各样的"活动"。

Planner 软件机器人是一种接受用户下达的任务、利用人工智能制订并执行一项计划来完成用户任务的"智能者"。Planner 软件机器人能够通过计算机网络(如国际互联网)收集信息,并利用这些信息完成各种各样利用软件完成的任务。

CharityBot.com 是一家软件公司,编制了 Planner 软件机器人帮助慈善组织募捐。他们最成功的一件产品是叫做 EMAILFUNDER 的"软件机器人模板"。慈善组织利用它可以生成他们自己的定制化的软件机器人,用来在国际互联网上募捐。EMAILFUNDER 是集成了执行各种任务的软件"者":

E_RESEARCHER 这个研究者在互联网上爬行,收集各种个人信息——来自网页、数据库、新服务、信用卡公司、聊天室等的信息。

E_PROFILER 利用 E_RESEARCHER 收集的信息,这种个人信息归档者制作个人档案——他们的电子邮件地址、雇佣记录、经济状况、信用等级、休闲活动、社交活动、朋友和伙伴,以及其他许多信息。

E_MAEL_WRITER 用户给这种电子邮件编写者提供一个电子邮件内容模板,然后,利用 E_RESEARCHER 生成的信息,产生要求人们捐款的电子邮件请求。E_MAEL_WRITER 具有人工智能,它利用个人档案文件中的信息,替代相关词汇,可以生成对电子邮件内容模板进行少许改动的电子邮件。CharityBot.com 认为这是 EMAILFUNDER 的最大卖点,因为定制化的电子邮件可以根据收件人的兴趣进行定制,使他们更愿意向慈善组织捐款。

MESSAGE_TESTR 这种统计数据测试者保存电子邮件内容模板每一次改动的成功率的统计数据。在 E_MAEL_WRITER 生成基于内容模板的新邮件,把它们 E-mail 给一千个收件人之后,MESSAGE_TESTR 将判断募捐请求成功的百分比。如果某个电子邮件作为募捐信证明是特别有效的, E_MAEL_WRITER 就会接到指令发出数千份这个电子邮件。E_MAEL_WRITER 和 MESSAGE_TESTR 协同工作,每周可以生成和测试数十个改动过的电子邮件。

E_BANKR 这个电子银行家接收信用卡方式的捐款,并电子化地把它们存入该慈善组织的银行帐号。它也可根据新到账的捐款自动更新该慈善组织的银行信息。

EMAILFUNDER 投放市场数周内,产生了许多定制化的软件机器人,这些软件机器人被证明是许多慈善组织的相当成功的募捐者。当一家儿童癌症慈善组织的首席募捐者乔·彼格哈特听说这一消息后,他决定利用 EMAILFUNDER 进行一项大型的募捐计划。

乔从 ChairtyBot.com 购买了一份 EMAILFUNDER 软件,并参加了如何使用的培训班。在培训班期间,乔对 E_MAEL_WRITER 编写的电子邮件内容的质量和适当性表示担忧。他也对可能侵犯与个人档案相关的隐私表示担忧。培训班的领导们似乎对乔的提问感到恼火。令乔吃惊的是他们会恼火,于是他马上改变了话题。

培训班之后,乔打消了担忧,开始他的募捐计划。他给软件机器人提供了一份电子邮件内容模板,并把它放在互联网上。乔的电子邮件内容模板是这样开头的:

  亲爱的{收件人},
   我们最近获悉您对儿童与健康感兴趣,因此我们正在给您写信,希望您能考虑向儿童抗癌基金会捐款。我们希望你能够慷慨捐款。如果你有可能捐献 1 000 美元或更多,我们将把您的名字列在我们的"杰出人士网站"上,以表达对您对儿童与健康的贡献的敬意。

三天后,乔查看了儿童抗癌基金会的电子账户,非常高兴发现已有差不多 1 000 美元的捐款。

由于家里出事,乔不得不离开办公室近一周。当他返回办公室,他惊奇地发现在他外出时有许多捐款,他迫不及待地阅读计算机修改后的募捐信,想看看为什么会这么成功。下面是他读到的内容:

  亲爱的{收件人},
   我们最近获悉您对儿童与色情感兴趣,因此我们正在给您写信,希望您能考虑向儿童抗癌基金会捐款。我们希望你能够慷慨捐款。如果你不可能捐献 1 000 美元或更多,我们将把您的名字列在我们的"杰出人士网站"上,以表达对您对儿童与色情的贡献的敬意。

乔·彼格哈特得知利用 EMAILFUNDER 生成的软件机器人已经把这封计算机生成的"敲诈勒索信"发给了数千名经常浏览色情网站的有钱人后感到不寒而栗。其中几位已经给儿童抗癌基金会捐献了几大笔钱。另外,乔发现他的电子邮箱塞满了愤怒的邮件。

乔立即和 CharityBot.com 联系,告诉他们这封灾难性的邮件。快速的内部调查表明"色情"一词被错误地排除在 E_MAEL_WRITER 所使用的"禁止使用的词汇"列表之外。另外,CharityBot.com 一名软件工程师的初步调查表明,很可能是 E_MAEL_WRITER 的一个"错误"导致把"有可能"替换成"不可能"。

在接下来的几天里,乔和儿童抗癌基金会遭到十几起起诉,三个国家想引渡乔等人,起诉他们敲诈勒索和违反隐私法。一周后,儿童抗癌基金会停止营运。

## 一个示范性的案例分析

### 1. 遵循伦理观

对这个想象的案例开始进行伦理分析,我们应当从"遵循伦理观"着手,尽量避免判断中的任何偏见或成见,以公平、不偏不倚的方式看待所有相关人员。

### 2. 做出详尽的案例描述

案例描述应当"贴切事实",是实际提到或强烈暗示的事实;我们应当避免添加额外的"事实",这可能极大地影响道德判断。我们的描述应当识别出案例中的重要当事人及其角色。下面的描述似乎是恰当的:

**当事人及其角色**

(1) 人物

**乔·彼格哈特**　乔从 CharityBot.com 购买了一份 EMAIL-FUNDER,利用 EMAILFUNDER 产生了一个软件机器人,给这个软件机器人提供了一份电子邮件内容模板,并把这个软件机器人放在互联网上。尽管他有些担忧"E_MAEL_WRITER 编写的电子邮件内容的质量和适当性"和"可能侵犯与个人档案文件相关的隐私",但是,当 CharityBot.com 培训班的领导恼羞成怒,并向他担保他是杞人忧天时,他打消了这些顾虑。

**电子邮件收件人**　有些人收到"勒索"信后,给儿童抗癌基金会捐了许多款;许多人给乔·彼格哈特发送了愤怒的邮件;有些人则对乔及其慈善组织提出诉讼。

**CharityBot.com 的软件工程师**　在 EMAILFUNDER 面市之前,他们创造性地编制了 EMAILFUNDER。后来他们发现"色情"一词被错误地排除在 E_MAEL_WRITER 所使用的"禁止使用的词汇"列表之外。其中一名工程师也断定 E_MAEL_WRITER 可能含有一个程序"错误",导致把"有可能"一词替换成"不可能"。

**CharityBot.com 培训班的领导者**　他们在培训班教授如何使用 EMAILFUNDER,后来对乔的担忧恼羞成怒,并斥之为没有根据。

**外国的起诉人**　他们试图引渡乔·彼格哈特及其慈善组织的官员,以控告他们敲诈勒索和侵犯隐私。

**(2)非人当事人**

**E_RESEARCHER**　该软件当事人在网上收集经常访问色情网站的人的信息。

**E_PROFILER**　该软件当事人利用 E_RESEARCHER 收集的数据,创建个人档案文件。

**E_MAEL_WRITER**　该软件当事人把"健康"一词改为"色情",把"有可能"替换成"不可能",从而生成了"勒索"邮件;然后把这封邮件发给了数千名经常浏览色情网站的有钱人。

### 3. 尽力"看出"伦理问题

既然我们对案例做了描述,那么我们可以利用我们的"伦理之眼"找出难题和可能的问题。立即进入我们大脑的伦理问题是什么?即使你还说不出所以然,该案例的哪些方面使你感到"不舒服"或"担忧"?

**伦理问题**

1 乔的软件机器人生成了一封对许多人导致严重伤害的电子邮件。谁对这种情况负责?有人故意导致伤害,或这是无意的吗?

2 如果这种伤害不是故意的,有人要为不负责任或疏忽大意受到指责吗？或者，这只是一个无法预料或无法预防的不幸意外吗？

**担忧**

1 乔使用 CharityBot.com 编制的产品，现在他却面临严重的问题。他不过是想做善事而已。要乔独自承担所有指责似乎是不公平的。

2 E_RESEARCHER 和 E_PROFILER 协同工作，可以收集和列出人们以及他们生活的所有各种信息。这似乎是不正确的。

3 除了本国法律，乔还必须担忧外国的法律，这似乎是不正确的。

**4. 运用伦理推理能力**

在这一"步骤"中，你应尽力考虑先例和类似的情况；尽力想象谁可能被冒犯了？为什么？并尽力把你自己"置于他人的位置"。

**先例和相似** 这初看起来像一桩敲诈勒索案，因为发出的邮件似乎对收件人构成了威胁，如果他们不掏钱的话。然而，这里有一个很重要的区别，因为我们没有理由相信 E_MAEL_WRITER 知道它写的是什么或者它完全具有意识能力。而且，如果乔被这封邮件吓坏了的事实存在，那么我们就有充分的理由相信他没有恐吓他人的故意。

**异议者** 所有被伤害的人都可能提出异议，包括收到"勒索"电子邮件的人、所有为儿童抗癌基金会工作的人、想从该基金获得帮助的癌症患儿、乔·彼格哈特、以及所有这些反对者的家人和朋友。CharityBot.com 的老板和雇员也可能面临损失。异议者很可能向司法官员、儿童抗癌基金会和 CharityBot.com 的老板和经理表达他们的异议。

关键问题很可能是(i)是否有人故意导致伤害，(ii)是否违反了什么法律，(iii)是否有人疏忽大意，(iv)是否有人应当被处罚，如何处罚，(v)如何公平地赔偿受害者的损失。

**站在"他人的立场"** 从未染指儿童色情或恋童癖的软件机器人式的电子邮件收件人必定大发雷霆，迫不及待想维护自己的名声，并且很可能因为他们所遭受的折磨而要求赔偿。涉足过儿童色情或恋童癖的收件人可能感到释怀，因为电子邮件有误，因此他们将不会被认定为这类人。乔很可能感到 CharityBot.com 出卖了他，他曾相信该公司为他提供了安全可靠的软件产品。他可能千方百计把一切归咎于 CharityBot.com，自己逃之夭夭。儿童抗癌基金会的支持者，加上癌症患儿及其家人，可能把这项慈善工作移交给他人继续开展下去；他可能要求政府找到办法防止将来发生类似问题。

### 5. 与他人讨论案例

他人可能从不同的视角看待世界,他们有着与你不同的经历。因此,与他人讨论案例是一个不错的主意。例如,律师和法律系学生可能会看出被你忽视了的法律问题,计算机安全专家可能就使用软件机器人的风险提供有益的建议,惹过疏忽大意官司的朋友可能提出一些有用的看法。

# 暂时结论

根据需要和情况的不同,许多案例分析到此就可以做出相关结论而告终。例如,我们可以做出如下结论:

乔·彼格哈特想为癌症患儿做善事,他没有伤害他人的故意;乔曾担忧风险和隐私,但是他过于轻易地打消了这个担忧。他应当对此穷追不舍。

CharityBot.com 的员工没有足够严肃地对待使用软件机器人的风险。软件工程师可能没有足够关注这些风险,培训班的领导者似乎太草率地忽视了这些风险,公司显然没有把使用其产品或其他公司类似产品的风险告知客户。这些问题可能导致受害者对 CharityBot.com 的起诉。

当然,还有更多的事情可以谈论,通过进一步的分析还可以提出更多的观点。

除了做出这些初步的道德判断之外,我们也触及了一些重要的尚未解决的计算机伦理问题,社会将来不得不面对这些问题。例如,

软件机器人对它们的所作所为没有伦理意识,它们只被赋予了完成各种"活动"的能力。社会必须弄清楚如何使软件机器人的行为像是道德主体一样,尽管它们并不是。存在软件机器人的"伦理规则"吗?(参见 Eichmann 1994)显然,我们在这里发现了一些重要的"政策真空"。

当一个国家的人们(和软件机器人)在互联网上从事活动时,他们可能违反了其他国家的法律法规。由于没有哪个人知晓世界上所有国家的所有法律法规,那么一个人怎么知道他或她(或软

件机器人)在网络上的行为是否符合道德?这里似乎暗藏着一大堆"政策真空"。

对于希望进一步揭示该案意义的人来说,还有许多其他分析方法,其中有些将在下面阐述。[因为篇幅有限,这里仅提供少许解释,更完整的案例分析在与本书配套的网站上可以找到(见前面的序言)。我所知道的关于案例分析方法最具权威的解释出自曼纳的杰出论文及其相关的网站"启发式计算机伦理学方法"(2002)。]

**6a. 进行"专业标准分析"**

从我们的临时结论不难看出,几个关键伦理问题与CharityBot.com的专业行为有关。因此之故,选择相关的伦理准则,把合适的原则应用于本案,这是大有裨益的。让我们利用《软件工程伦理准则和专业实践标准》(见本书第三部分的附录A1)来分析编写EMAILFUNDER的软件工程师的行为。

> 根据《软件工程伦理准则和专业实践标准》之原则1.03,软件工程师应当"仅当他们确信软件是安全的,符合技术指标,通过适当的测试,不会损害生命质量、侵犯隐私或破坏环境时,才能验收软件。工作的最终结果应当是为了公共利益。"从我们的上述分析不难看出,CharityBot.com的软件工程师没有足够重视或忽视了质量问题和隐私风险,因而违反了这一原则。
>
> 根据原则1.04,软件工程师应当"把任何对用户、公众和环境实际的或潜在的危险告知合适的个人和机构,并确信这些信息附在软件或相关文件上。"如果CharityBot.com的软件工程师不知道产品使用的风险,那么他们疏忽大意了;如果他们确实知道,而没有通知上司和客户,那么他们就违反了这一原则。

**6b. 进行"角色和责任分析"**

除了编写EMAILFUNDER的软件工程师,其他几个人在本案中也扮演了重要角色。例如,这些人包括首席募捐人乔·彼格哈特和CharityBot.com培训班的领导者。让我们考察一下他们各自的角色和责任:

> 乔·彼格哈特的角色和责任 作为儿童抗癌基金会的首席募捐

人,乔负责选择和执行安全合法的募捐计划。如果他担心软件生成的电子邮件内容的适当性,担心侵犯隐私的可能性,那么他应当更加坚持和更加彻底地调查这些疑问。当培训班的领导者对他发怒时,他却反而这么快就打消了这些疑虑。

  **培训班领导者的角色和责任**  CharityBot.com 培训班的领导者不仅负责教授客户如何使用公司的产品,而且应当对乔在培训班上提出的可靠性和隐私等问题更加严肃认真地对待。

  此案的一个重要事实是:非人主体(如 E_MAEL_WRITER)是本案的重要"演员"。它们有自己的角色和"责任",但是,它们不是通常意义上可以承担责任的道德主体。如上述所表明的,这引发了许多关于软件主体的"伦理"的问题。

### 6c. 进行"利害关系人分析"

  在本案中没有明显的受益者,但是有许多人遭到严重伤害。这些人包括乔·彼格哈特、电子邮件收件人、癌症患儿及其家人、CharityBot.com 的员工和股票持有者、儿童抗癌基金会的员工。让我们在这里考察其中两种利害关系人。(完整的利害关系人分析通常需要对案例进行深入的解读,但由于篇幅有限,这里不可能这么做。欲了解更完整的利害关系人分析请见与本书配套的网站。)

  **电子邮件收件人**  显然,"勒索"邮件的收件人遭到了伤害。他们的隐私遭到侵犯,大部分人震呆了,或者至少愤怒不已,有些人因为揭露了他们的色情兴趣委实尴尬不已。一些收件人感到害怕,结果给该慈善组织寄了大笔钱,有些收件人气愤不已,向法院起诉。

  **癌症患儿**  正在接受儿童抗癌基金会的帮助或将获得帮助的儿童是受到最大伤害的人群。其中有些人可能会因此寻求其他地方的帮助,有些也许不会;有些儿童可能因为缺乏适当的医疗而死亡。

### 6d. 进行"系统性的政策分析"

  上述讨论提出了多种与本案相关的"指导行为的政策"。举例来说,这些政策有国际引渡条约、有关敲诈勒索和过失的法律,以及包含在专业伦理准则中的伦理原则。让我们再考察其他两种政策。

  **国际协议**  除了上面提到的引渡条约之外,还有一些相关的国际"政策"。例如,国际隐私协议,如美国和欧洲国家之间的"安全港协议"(Safe Harbors Agreement),它能够帮助解决 E_RESEARCHER 和 E_PROFILER 所生成的个人档案文件的隐私侵权问题。

**企业政策** CharityBot.com 和儿童抗癌基金会都应当实施处理软件使用的隐私和安全问题的政策。如果在这封灾难性的电子邮件发出之前严肃认真地考虑了这些问题,这两个组织都会受益,就会避免许多损害。

### 6e. 进行"伦理学理论分析"

我们可以把"伟大的哲学家"的传统伦理学理论看作理解和系统化道德实践诸多重要方面的努力。(这类似于"伟大科学理论"的作用,这些理论用于理解和系统化科学实践。)因此之故,传统的伦理学理论常常可以很好地分析正在被分析的案例。看一看下面的功利主义、亚里士多德主义和康德主义的观点。

**功利主义的观点** 根据功利主义,要以道德的方式行事,CharityBot.com 的员工和儿童抗癌基金会的员工,应当认真考虑在互联网上使用软件机器人的风险,尤其使用 EMAILFUNDER 的风险,以及可能的获益。所有这些当事人似乎对可能的利润和获益关注有加,而不太关注风险。在"禁止使用的词汇"列表中没有包括与性有关的常用词,以及可能存在严重的软件"错误",这些都表明 CharityBot.com 软件工程师疏忽大意。而且,如果乔·彼格哈特担忧软件生成电子邮件的适当性,那么他应当建立一套在邮件发送之前检查邮件内容的措施。例如,他可以设法把每一个新版本的电子邮件发送到自己的邮箱,经他核准后,才允许软件机器人把这封邮件发送给数以千计的目标人群。

**亚里士多德主义的观点** 如前所述,CharityBot.com 软件工程师很可能没有达到源自可靠、负责和坚持不懈等美德的专业卓越。相反,他们沉溺于不可靠、不负责任和缺乏坚持不懈等恶德之中。另一方面,乔·彼格哈特显示了慷慨和同情等美德品质,但他显然也缺乏足够的坚持不懈和负责。另外,他应当有勇气对自己的担忧穷追不舍,不管这些担忧如何惹怒了培训班的领导者。

**康德主义的观点** CharityBot.com 的员工似乎对客户和受其产品影响的人缺乏适当的尊重。当乔·彼格哈特对软件生成的电子邮件可能侵犯隐私表示疑虑时,他们没有严肃对待他的担忧。他们编写和销售的软件可能全面而有效地侵犯他人隐私。他们关心自己的利润远胜于关心客户和受其产品影响的人的尊严和价值。另一方面,乔·彼格哈特显示了对其慈善组织所服务的儿童及其家庭的尊重和关爱;尽管他(可能愚蠢地)太相信 CharityBot.com 的员工;对募捐的专注和对冒犯他人的惧怕蒙蔽了他对软件机器人电子邮件收件人的尊重和关爱。

### 7. 做出关键的伦理结论

有了上述所有的分析,我们现在到了可以做出结论的时候了:

A. 这场灾难的主要原因似乎是 CharityBot.com 存在大量伦理缺陷。软件工程师、培训班领导者以及公司其他人似乎关心利润胜于关心产品和服务的质量。他们没有适当地尊重客户和受其产品影响的人。他们情愿编写严重侵犯他人隐私的产品并从中获利。他们似乎没有制订要求卓越、可靠、负责和关心人的尊严和价值的公司政策。他们把公司赢利放在公共福利之上。

B. 这场灾难的一个原因似乎是儿童抗癌基金会的员工缺乏足够的关爱和注意。该组织既缺乏要求履行自己的职责时追求卓越和责任的政策,也没有执行这样的政策。特别是,尽管乔·彼格哈特非常关爱癌症患儿及其家庭,但是,在处理由他负责的计划的可能风险时,他的态度似乎太随意。并且,他没有勇气或诚实地坚持自己对质量和隐私的疑虑。

### 8. 得出对未来的一些教训

上述 A 和 B 两条是本案例分析的主要伦理结论。另外,还有一些应当吸取的教训:

· 隐私将继续是计算机伦理学的一个主要问题。软件机器人在网上容易收集个人信息,并把它汇编成个人档案文件,这表明信息时代隐私的必要性。(见下面第 11 章詹姆士·摩尔的"走向信息时代的隐私理论"。)

· 由于软件机器人以及其他软件主体变得越来越尖端,它们有能力为它们自己做出越来越多的"决定",也能不请求软件的编制者就可以完成越来越多的"活动"。似乎迫切需要制定"代理主体的伦理"来帮助规范计算机化的主体的行为(见 Eichmann 1994)。

· 因为互联网是真正全球化的,把大多数国家连接起来了,因此,在一个人的家用电脑或办公室电脑上"本地"工作,却可以在世界范围内产生影响,这已经成为现实。当一个人(或机器人)在网上活动时,应当适用谁的法律、尊重谁的价值观?网络空间的每一个人是否应当遵守世界上所有国家的所有法律法规?是否存在"全球伦理"之类的东西?(见下面第15章克里斯提娜·格尼娅科-科奇科斯卡的"计算机革命与全球伦理问题"。)

**基本研究问题**
1. 何谓"图式识别"?为什么拜纳姆指出它很像感觉?
2. 当拜纳姆说他想使他的案例分析方法成为"自然的和有效的"时,他的意思是什么?
3. 在讨论摩尔的"何谓计算机伦理学"一文时,拜纳姆提出了四个关键问题。这些问题是什么?
4. 根据拜纳姆的观点,为什么人们对冒犯他人非常敏感?
5. 根据拜纳姆的观点,人们通常用来决定他们应当做什么的不同类型的"行为政策"是什么?
6. 亚里士多德关于人们如何做出良好道德判断的观点是什么?
7. 根据拜纳姆的观点,"伦理观"是指什么?
8. 根据拜纳姆的观点,当对一个案例进行详细描述时,人们应当避免杜撰"没有明确提到或没有强烈暗示的事实。"为什么?
9. 根据拜纳姆的观点,哪三个策略可以帮助你"调动你自己的伦理知识和能力"?
10. 什么是"专业标准分析"?
11. 什么是"角色和责任分析"?
12. 什么是"利害关系人分析"?
13. 什么是"系统性的政策分析"?
14. 什么是"伦理学理论分析"?
15. 当制定填补"政策真空"的新政策时,什么样的新政策最有机会被大家接受?

**进一步思考的问题**
1. "机器人伦理"(包括软件机器人)的想法有意义吗?如果有的话,机器人必须是在"有意识的会思考的存在"时,才能有道德吗?
2. 如果世界上有许多具有非常不同的价值系统的不同文化的话,"全球伦理"这一概念有意义吗?这个问题与摩尔的"核心价值"的观点或者格尼娅科-科奇科斯卡(Gorniak-Kocikowska)的观点是如何关联的?
3. 何谓隐私?为什么这个问题在伦理学上很重要?

# 第二部分　专业责任

　　默默无闻者的工作就像地下的潜流，于无声处使大地变成绿洲。

　　　　　　　　　　托马斯·卡莱尔(Thomas Carlyle)

COMPUTER
PROFESSIONAL
ETHICS
RESPONSIBILITY

# 编者导读

计算机执业者——设计、制造、编程和维护计算机相关设施的人，以及规划和管理此类活动的人——拥有巨大的力量，既能以好的方式也能以坏的方式影响整个世界。因此，总体上来说，计算机执业者对社会担负着重大责任，特别是对那些直接受计算机系统、网络、数据库以及其他由计算机执业者创造和控制的信息技术设施所影响的人们来说，更是如此。例如，开发用于控制飞机、核电站、医疗设施和太空站的计算机程序的软件工程师对这些与千千万万的生命休戚相关的程序负有责任。由于肩负如此重大的责任，计算机执业者显然应当做出既合乎道德又具有专业可靠性的判断和决定。

但是，成为一个专业人员意味着什么？专业人员这个词让我们联想起受过良好教育的执业者，如律师、医生、教师、会计师和工程师，他们通常都拥有与其专业身份相称的特殊资格和技能。举例来说，这个词意味着：

1. 掌握大量的知识和技能，这些知识和技能通常经过正规教育和在"学徒期"获得。例如，医生、律师、教师、会计和工程师，他们一般在大学学习几年，然后再花一段时间与资历较深的同行一起工作以获取实际工作经验。

2. 提供某种重要的服务，以促进或保护某种特殊的社会价值。例如，医生保养生命和维护健康，律师维护正义，教师传承和传播知识，会计监控财务的合法性，而工程师则建造安全的房屋、桥梁以及其他建筑。

3. 垄断性地控制某项社会服务。这种垄断通常依靠取得执业证书或执照来维持。例如，只有拥有执照的医生才可以施行手术或开具处方；只有获得执照的律师才能从事法律方面的工作；只有获得执照的教师才能在学校里教书，等等。

4. 遵守阐明职业责任的职业规章。例如，医学界有全球大多数医生遵守的《希波克拉底誓言》，法律界有《美国律师协会专业行为示范规则》。

约翰逊（Johnson 2001）和斯皮内洛（Spinello 1997）正确指出，这些界定专业人员的规范标准并不完全适用于计算机执业者。大多数以计算机执业作为谋生手段的人在正规大学学到了大量相关专业知识，并且许多人在高年资同行的指导下工作，从中获得了丰富的实践经验。但另一方面，就"促进或保护特殊社会价值"来说，似乎没有与计算机行业密切相关的特殊社会价值，就像健康之于医药行业、公正之于法律行业、知识之于教育行业等类似的价值。摩尔已经注意到（见本书第1章），计算机技术可以被改变和塑造，几乎可以完成任何一项工作，从这个意义上来说，计算机技术具有"逻辑延展性"。因此，计算机技术可以用来保护和促进（或损坏和毁灭！）社会所珍视的一切价值。而且，一般来说，目前计算机执业者不需要执照（但德克萨斯州最近已经采用软件工程师证书），所以，他们不像医生和律师那样在大多数国家拥有垄断性的控制权。

当然，各种计算机组织已经为其成员制订了行为准则，如美国计算机协会（ACM）、英国计算机协会（BCS）、电气电子工程师协会（IEEE）（见第三部分的附录）。制订这些准则是为了指导成员的行为，尽管这些行为准则没有像剥夺律师资格或吊销医师执业证书那样强有力的制裁措施。从这个意义上来说，计算机执业者并不受这些行为准则的强烈约束，即使他们经常违反专业协会颁布的行为准则，他们仍然可以继续执业。

哥特巴恩（Gotterbarn）认为，我们需要更强硬的措施：

计算机已经发展成熟到这样的阶段，它已拥有自己的标准、方法和技术，如果使用这些标准、方法和技术，将减少许多计算机灾难发生的可能性。这个世界不再接受病毒是在程序中自发产生的观点。Bug（错误）是知识丰富的人留下的。不能提供合格的产品是不道德的，即使是在计算机行业也不例外。（Gotterbarn 1992）

尽管当今的计算机执业者不完全具有如医生和律师一样的规范特征，但是，他们确实具有许多类似的特征，他们常常被视为专业人员。此外，他们也确实拥有自己的专业组织，如计算机协会（ACM）、英国计算机协会（BCS）、电气电子工程师协会（IEEE）。

## 专业环境

约翰逊指出,计算机专业人员通常在涉及各种法律、规则、政策和人际关系的复杂环境中工作。

> 计算机专业人员在一个特殊环境中工作,这种环境主要涉及与雇主、客户、同事以及公众的关系,这种环境也涉及法律、政治和经济方面的制约。例如,计算机专业人员常常受雇于以盈利为目的的私人公司,在许多方面受到法律的约束,处于激烈的竞争环境中工作,等等。这种环境通常十分复杂,在分析伦理决策问题时不能忽略这一点。(Johnson 1994, p.40)

专业环境的复杂性之所以重要,是因为伦理决策需要的不仅仅是遵循规则。例如:一个人在某一特定情况中所担任的角色通常是一个重要的伦理问题。角色伴随相应的伦理责任和义务。不妨举一些司空见惯的例子:医生、父母、巴士司机或校董事会成员等角色赋予其相应的责任和义务,不扮演这些角色的人则不负有这些责任和义务。例如,父母对子女负有责任,但不为人父母的人则没有这样的责任;巴士司机对车上乘客的安全负责,有义务尽可能地维持这种安全;校董事会成员对学生的安全和教育负有特殊的责任和义务,而普通市民却没有这种责任和义务。

计算机专业人员所处的复杂工作环境通常涉及角色的多样性。例如,一个人可能同时扮演雇员、顾问、小组成员和市民等角色。每一角色都负有一定的职责、责任和义务:

**雇主与雇员** 雇主与雇员的关系是一种合同关系。一方面,雇员同意完成雇主分配的工作,另一方面,雇主同意支付雇员报酬。雇主的责任是提供合适的工具和安全的工作环境,以及不得要求雇员做任何非法的事情。雇员的责任是保证其资格和资历的真实性,自觉完成雇主分配的工作。雇员应该对雇主忠诚,即自觉服从指令,乐于合作、勤奋完成工作,不向竞争对手泄露公司的商业机密。另一方面,正如约翰逊正确指出,"雇主不得(以忠诚为名)要求雇员的一切行为都必须服从公司的利益"。(Johnson 2001, p.69)

**专业人员与专业人员** 如今大多数计算机专业人员都是作为团队

成员相互合作的。显然,非常重要的是,所有团队成员都应当完成自己的份内工作,并与其他成员合作,提供有益的建议和帮助,等等。专业人员之间的责任来自团队成员的身份。另外,当然很可能有其他专业人员不得不维护和升级团队所创造的东西。这里就出现了专业人员与专业人员之间的其他责任。

计算机专业人员通常隶属于各种各样的组织,如英国计算机协会(BCS)、澳大利亚计算机协会(BCS)、计算机协会(ACM)、信息系统管理协会(IMIS)或电气电子工程师协会计算机学会(IEEE-CS)。只要这些组织制订的伦理准则体现了计算机专业的价值、目标和伦理责任,成员就有责任遵守这些准则。同行之间常常在找工作、争取合同和升职等方面互相帮助。同行之间的忠诚有益于整个行业,但是,如果这种忠诚导致合同竞标失去竞争性、不公平对待求职者,等等,那就太过分了。

**专业人员与客户** 许多计算机专业人员(或他们所在的团队)都有自己的客户,即与之签订合同,为其提供计算机相关产品或服务的个人或组织。客户之所以寻求计算机专业人员的帮助,是因为计算机专业人员拥有客户所需要的专业知识。伴随这种"专业人员—客户"关系而来的责任是什么呢?答案依赖于我们怎样定义这种关系。

贝勒斯(Bayles 1981)曾指出,"专业人员—客户"关系可以使用多种不同的模型来解释。约翰逊(2001,ch.3)使用三种贝勒斯模式描述了一系列可能的关系。一个极端是"代理"模式。在这个模式中,客户做出所有重要决策,计算机专业人员只是执行这些决策而已。这种模式的缺陷在于,专业人员的专业知识没有得到有效的利用。正如约翰逊所指出的,"专业建议不只是用来执行决策的,而且有助于做出决策"(2001,p.71)。

另一个极端是"家长主义"模式。在这种模式中,专业人员作出所有决策,客户则像小孩,受专业人员支配。这个模式忽略了客户关于如何使用计算机产品或服务的特殊知识。计算机专业人员需要与客户紧密合作,共同承担做出重要决策的责任。这就引出了第三种——中庸的——"客户—专业人员"关系:"委托"关系。正如其名称所隐含的,在这种工作关系中,信任是绝对重要的:

> 在这种模式中,双方都必须相互信任,客户必须相信专业人员会发挥其专业知识,相信专业人员会从客户的利益出发来思考问题,但是,专业人员也必须相信客户能够提供专业性的相关信息,

相信客户会听取专业人员的建议,等等。在这种模式中,决策是共同做出的(Johnson 2001,p.71)。

**专业人员与用户** 为雇主或客户工作时,计算机专业人员通常会设计出一些硬件或软件,供许多人使用,而不只是供委托其工作的个人或组织使用。例如,一家飞机制造厂可能雇用一家软件公司编写一个帮助驾驶飞机的航空控制系统软件包。显然,计算机产品的用户——在这个例子中是指机组人员——将深受产品的影响。如果产品可靠有效,则用户将得到良好的服务;但是,如果产品有缺陷,用户可能遭受伤害,若产品不能按计划工作,甚至会导致用户死亡。因此,计算机专业人员显然对产品的用户负有责任,而不只是对雇主和客户负有责任。这些责任包括:仅当自己能够胜任工作任务时才接受任务,谨慎而勤奋地工作,在把最终产品交付给客户之前进行全面的测试,等等。

**专业人员与社会** 上述航空控制系统软件的例子,进一步表明了计算机专业人员的责任:他们的工作极易影响到成千上万的人。例如,飞机上的乘客,航线下面生活和工作的人们的安全,都有赖于软件性能的可靠。如果软件失灵,飞机坠落,那么乘客可能死亡或受伤,位于航线下面的人也可能难逃厄运。

这个例子的要点可归纳如下:计算机技术已广泛应用于生活的各个方面,从医药到教育,从通信到生产,从国防到娱乐行业,完成各种各样的工作,提供形形色色的服务。由于对世界和未来有着如此巨大的影响,计算机专业人员应当对社会承担责任——提高对计算机专业的社会影响的认识,制订行为责任准则,对未来的专业人员进行社会责任教育。

"专业人员—社会"关系可以看作是一种合同关系。一方面,社会授权专业人员执业,提供必要的教育,制订必要的法律,提供警察、消防以及其他保护措施。作为回报,计算机专业人员同意为社会服务。在这个急速压缩的世界里,随着因特网的全球联通,计算机专业人员为之服务的"社会"也正在迅速全球化。环境保护主义者甚至提出,计算机专业人员不仅应该为其产品和服务对人类所产生的影响负责,而且也应该对整个地球所产生的影响负责,包括植物、动物、森林、海洋以及其他生态系统。因此,计算机伦理学已经变成了一个全球性的重要学科(见 Gorniak-Kocikowaska 1996,第 15 章中有节选)。

## 结　论

本书这一部分探讨应用于计算机专业中的"专业责任"的概念,同时也研究计算机执业者能更有效地识别和履行其社会责任和道德责任的途径。

恰克·哈弗在"计算机系统设计中的无意识力量"一文中,研究了计算机系统产生设计者最初未能预见的负面效应和后果的方式。同时,他也提出了防范这些后果的方法。

在"信息科学和专业责任"一文中,唐纳德·哥特巴恩扩展并阐明了哲学家约翰·莱德(John Ladd, 1989)所提出的"消极"责任和"积极"责任的区分。哥特巴恩例举了计算机专业人员消极地、"被动地"理解专业责任可能导致的种种损害。然后,他提提倡一种更积极、主动的责任意识,并阐述了提倡这种意识的优势和益处。

西蒙·罗杰森(Simon Rogerson)在"软件开发管理伦理学"一文中,研究了几种典型的软件开发行为。他指出,这些行为通常不能有效地处理相关伦理问题。他提出了适用于软件开发项目的八个伦理原则,以确保运用合适的伦理思想指导软件开发。

本书这一部分最后分析了著名的伦敦救护车中心案,以及劣质软件开发引起的不良后果。我们欢迎读者使用前面第 3 章介绍的案例分析法分析这个臭名昭著的软件开发灾难的案例。

# 第4章 计算机系统设计中的无意识力量*

恰克·哈弗

> 智慧蕴藏悲伤:增加知识的人增加痛苦。
> 　　　　　　　　　　　《传道书》(Ecclesiastes 1:18)
> ……设计和开发系统的计算机专业人员必须警惕,并提醒他人警惕任何潜在的危险。
> 　　　　　　　　　《计算机协会(ACM)伦理准则》1992

## 引　言

　　为什么希伯来学者和《传道书》的作者如此怀疑知识的价值?至少在当今时代,不难发现知识的增长是令人振奋和充满希望的。随着知识的增长,我们能治愈更多的疾病,与更多的人保持联系,消除更多的贫困。知识的增长推动了技术工业,使"更快、更好、更多"几乎成为这一进程的颂词。

　　读到像上面那样的引语,你一定会感到惊讶。这些语句带有蒙昧、障目和无知的味道。确实,这种思想只可能来自顽固守旧的技术恐惧者。其隐含的忠告是,只有阻止知识才能避免痛苦——重新回到无知。当你读完本文时,我希望能够使你相信,与知识相伴而来的是日益增长的责任。如果我成功了,你也许与古代学者的厌倦有同感,你也许仍然拒弃其隐含的忠告。

---

\* 恰卡·哈弗(Chuck Huff),"计算机系统设计中的无意识力量"。本文最初在英国莱斯特 ETHICOMP95 会议上宣读,并刊发在西蒙·罗杰森和特雷尔·拜纳姆主编的会议论文集,计算机与社会责任研究中心出版。重印经作者许可。恰卡·哈弗版权所有,©1995年。

## 第4章 计算机系统设计中的无意识力量

什么样的知识会增加痛苦呢？至少就我们讨论的目的而言，那是这样的知识，它使我们能够预见我们所设计的产品的可能后果。这种知识使我们至少应对产生或避免这些后果承担部分负责。这类知识使我们的生活更加复杂，因为它将带了涉及更多责任的各种"麻烦"。知道危险和困难的人有责任考虑这些问题。计算机协会（ACM）准则在本章开头的第二段引文中承认这一点。计算机专业人员有责任设计安全的、并能够很好地执行所设计的功能的产品。

例如，Therac-25 放射治疗仪的设计者（Jacky 1991；Leverson，Turner 1992）知道，其产品产生的放射线可能以危险的剂量射出。然而，他们生产的仪器在繁忙的医院正常状态使用时，会出现严重的剂量错误。关于本案例中的设计过程的多数分析一致认为，设计者在初始设计和功能异常的跟踪报告两个方面都存在粗心大意，结果造成了数人死亡，多人受伤。

Therac-25 的一大进步是，它的所有控制都是由软件完成。操作者仅仅通过计算机终端与仪器互动。防止致死剂量水平的安全联锁装置从硬件中移去了，全部整合在软件中，这样便于剂量的重新设定，简化仪器的维修和升级。这也意味着，安全联锁装置的可靠性依赖于软件的可靠性。技术人员操作的除了软件还是软件。结果是，如果技术人员给仪器设定了一种剂量（低强度电子束），然后改变为另一种剂量（插入金属靶，高强度电子束就会变成低强度的 X 线），仪器就会切换到发射高强度电子束，但没有迅速插入金属靶——因此，将致死量的电子束直接误照到患者身上。当这种情况发生时，计算机屏幕仅仅显示"功能异常 54"，表示剂量错误。但是，由于完全无害的缘故（如电子束轻微"失调"），"功能异常 54"每天出现的次数高达 40 多次，那么技术人员对此就会变得熟视无睹。当功能异常的情况在繁忙的医疗机构里如此常规地出现时，技术人员就忽略它，而不会停下来去校准（因为这样会导致患者等待），就不足为奇了。

如果设计者对产品的使用条件考虑周全的话，他们就会做出更大的努力，避免致死剂量或有害剂量的射出。如果他们考虑到了其产品将被广泛使用，他们就会设计一个反馈程序，向这些分布广泛的网点发送"补丁"。但是，他们没有这么做。他们忽视这么做，部分原因是他们把自己的工作狭隘地理解成技术性的专业设计（Leverson and Turner 1992）。

## 软件工程的制约因素的层级

难道软件工程师的工作不就是专业技术性的吗？不是在预算内及时做出最佳技术决策吗？诚然，技术的专业性是极其重要的。因为技术精湛难以达到和保持，所以我们常常认为专业技术应该是衡量工作的唯一标准。如果真是如此，那么至少生活会变得更简单。

但是，完全由数学和物理学决定的技术决策极为罕见，这些理论（如排队论的一些问题）仍然可能只是大型项目的一部分，这些项目还有其他一些决定因素。其他决定因素是什么呢？表1列出了其中一部分。这包括从完全检测过的设计标准到计算机的社会"价值"问题。许多因素显然属于人们普遍认为的"工程"领域。有些显然与工程领域相距甚远。层级1的制约因素通常出现在作为进入该领域的入门培训项目中。但是，即使在这一层级也涉及大量的价值判断：哪个标准？怎样权衡？通常，这些决策不是建立在数学证明或物理学的制约因素的基础之上的。相反，它们是建立在某个标准的基础之上的，至少，这个标准的适用性是争论的焦点。而这些争论又是建立在关于我们应当更珍视什么的分歧的基础之上。这就是价值判断。

**表1　系统设计的制约因素**

| | |
|---|---|
| 层级1 | 系统设计问题，标准，设计和性能的权衡 |
| 层级2 | 公司政策，规范，预算，项目时限 |
| 层级3 | 预期的用途和效果；与其他技术和系统的互动 |
| 层级4 | 更广泛的"对社会的影响"问题（如隐私、产权、权力、公正） |

例如，把Therac-25的所有安全联锁装置都设计在软件中，在硬件中没有任何的安全联锁装置，这一决策（至少部分）基于如下方面价值判断：使机器具有可重新编程的驱动程序。重新编程的便捷之所以具有价值，是因为它降低升级的成本。并不是非这样做不可，但是，如果你重视灵活性和升级的便捷性，你就应该这么设计。在这个案例中，设计者错误地低估了其他同样重要的价值判断，如与可能伤害患者有关的价值判断。

在本案例中，设计者低估了在繁忙医院的放射治疗室里控制剂量的难度。他们忽视这一困难是由于他们忽视了发生在这些场所的紧张和繁忙的情况。从极其重要的意义上来说,如果设计者调查了其产品的使用环境,他们应该"有能力"设计出安全的产品。现在,后续的设计已经把这些困难因素考虑进去了(Jacky 1991)。

另一个较少悲剧性的例子或许有助于我们理解这一点。在美国,计算机科学领域中的性别失衡问题引起了广泛关注(Martin and Murchie-Beyma 1992),绝大部分毕业生(甚至绝大多数教授)是男性。如今报名参加计算机课程学习的女大学生越来越少,这种失衡似乎很可能还将延续。研究者们已达成一些共识:女性不选择计算机科学或相关领域作为职业的一个主要原因,是从少年时代开始,计算机行业就被定义为男性的职业,计算机的使用大多也被描绘成只有男性才感兴趣(Martin and Murchie-Beyma 1992)。

我和一个同事对这一现象产生了兴趣,并设计了一项研究,以确定男性主宰计算机专业的观念在多大程度渗透到了学生们在学校所使用的软件中。我们要求老师分别为男孩、女孩或(不确定性别的)"小孩"设计教育软件(Huff and Cooper 1987)。然后,我们要求设计者和独立评价者就时间压力、语言互动、用户控制权限等性能对这些程序进行评价。我们发现,为男孩设计的程序看起来像游戏(时间压力、手眼的协调性、竞争等非常重要),而为女孩设计的软件则像学习"工具"(会话和目标学习)。仅此而言,不足为奇。然而,为"小孩"设计的软件看起来却像为男孩设计的软件。由此可见,为"普通学生"设计的软件其实是为男生设计的。有趣的是,我们的研究项目中,80%的设计者是女性,其中许多人表达了对教育软件男性化的担忧。因此,设计者不经意间深深地把男性主宰计算机专业的观念编进了软件,即使善意的女性教育工作者概莫能外。

这一现象常常在更一般的层面上重复出现。软件设计本身受设计者的社会期望的影响。无论对设计中的性别偏重所造成的比较微妙的影响,还是对Therac-25设计者的期望所造成的明显错误(显然是致命性错误),都是如此。

然而,即使价值判断出现在系统工程的这一低级层级,仍有可能使软件设计者的工作仅限于选择规则或标准时进行相对简单的价值判断。不幸的是,即使只有一点点关于如何使用计算机系统的知识都会增加那些希望增加知识的人的痛苦。再看看我们刚刚提到的两个案例。这两个案例中,问题是从约束因素表中较高层级发展到系统设计这一层级的。应当根据放射治疗繁忙的工作环境,选择在何处安装安检装置。在设计程序的基本性能之前,应当确定谁可能是软件的使用者。这样,尽管我们希望可以简洁地描绘软件工程师的工作,但这显然是不可能的。在系统设计的基础层级,良好的工程必须考虑更多层级的制约因素。

因此,如果你只考虑"工程"这一层级显而易见的制约因素,那么你可能对社会产生你本希望避免的后果。对上述两个案例来说,这或多或少是事实。因此,产品设计者的权力多多少少凌驾于产品的使用者之上。他们没有意识到他们的设计可能带来的后果。他们确实不希望他们的设计有任何负面后果。但是,不管怎样,这样的后果还是产生了。

## 有意识的力量

我把这种难以预料的伤害他人的力量叫做无意识力量。① 显然,软件工程师所作的设计决策将影响产品的功能,因此,这种决策也会影响到产品的用户。其中许多后果是有意识的:如产品运行的速度更快,更易于维修,容量更大。有些后果则是无意识的:产品更难维修,使用户感到迷惑或疲惫,甚至导致用户死亡。就像一个大个子扛着一个大包走在街上可能无意中把人挤到一边一样,软件设计者处于良好目的设计的产品也可能无意识地伤害了产品的用户。两者都在行使力量。软件设计者和扛包者都在有意识或无意识地影响他人。

为了理解无意识力量的问题,首先我们必须把握这种力量的最佳定义。我们从无意识力量与物理学中"力"(做功的能力)的定义和公众对"力量"(影响他人的能力)的定义的相似之处谈起。在这一层面,这两种定义都表明,有意识无关紧要。在一种情况下,有意识与后果不相干,而在另一种情况,我们发现,人们对他人的影响既可能是意识的也可能是无意识的(还记得扛包者吗?)。

因此,只要我们的行为带来了无意识的后果,我们就都拥有与我们的行为相关联的无意识力量。于是,问题就变成:我们应当意识到这些后果发生的可能性吗?我们可以预见后果吗?我们应当更谨慎吗?这

---

① 在本文中,我仅讨论无意识力量的负面后果。显然,其正面后果也是存在的。

里有一个关于无意识力量的重要原则,它要求我们承担与我们的行为相伴而来的责任:尽可能理性地意识到我们行为的后果。

## 无意识力量的问题

计算机系统中无意识力量的一个难题是,设计者通常远离其力量发挥作用(在这里,由他们设计的软件发挥作用)的环境。在美国芝加哥设计的软件可能在印度加尔各答使用。软件或软件的一部分可能用于与原设计者所设想的不同的目的,软件可能用于比最初设计的使用环境更复杂更危险的环境。因此,拥有力量的人或人们与受其影响的人被隔离开了。这就使设计者难以预见可能的后果。

这种隔离使用户难以认识到,其实正是设计者在影响他们。软件产品不好使用,人们常常责怪自己,而不认为这是设计糟糕的问题(Huff et al. 1991)。不管怎么说,用户离伤害最近,而且他们不知道他们所使用的软件是谁设计的。因此,导致伤害的责任难觅其属,且易于推卸。

这种隔离的另一后果是,对于任何一个具体的应用领域,解决问题的手段无法标准化。从一种应用到另一种应用,其后果的变化太大。为解决类似的问题,人机互动的计算机专家开始采取实地测试、重复审核、用户测试以及其他方法,提高他们为适应某一具体领域所设计的产品的使用几率(Borenstein 1991;Shneiderman 1992;Landauer 1995)。但是,可能的后果确实太多了,(在预算之内及时地)无法全部把握它们。

## 应对无意识力量

这样,问题就来了:设计者避免无意识力量产生负面后果的"合理"行为是什么呢?显然,现在任何设计放射治疗软件的人都应该考虑产品的使用条件。我们现在知道这一点,是因为有人死于Therec-25放射仪的使用。我想提议并希望你们也赞同:避免这类"以用户做试验"的事情。我们可以从中吸取的教训是,"安全攸关"系统的设计者必须考虑更多的制约因素,而不仅仅考虑设计的低层级的制约因素。但是,我们确实不能指望,在设计任何系统之前进行大规模的调查,核查表1所列的所有层级的制约因素。

但是,有些事情我们能够做,并且也是应当做的。关于计算机技术后果的研究已经发展到足以指明忽视本章前面所列出的制约因素将造成的危险。软件设计已不再处于初始阶段,应该研发出能够应对这些制约因素而又不使设计者或其雇主破产的办法。以下是关于我们应该怎样处理这些问题的初步建议。

**识别问题,限定范围**　显然,我们不可能处理我们忽视的问题。有些设计者喜欢夸大关注这些问题的成本(如,你是指我们应该关注每一个可能的应用吗?),声称问题太大太可怕而难以解决,然后就忽视这些问题。忽略问题并不会使问题烟消云散。更好的方法是认清问题的产生因素,尝试限定导致问题产生的范围,然后在限定的范围内解决问题。制订标准(针对计算机关键技术、计算机界面、数据交换,等等)是限定范围的一种方法。

**使用已有方法获知应当预知的后果**　目前已经有了全面质量管理(TQM)的软件设计方法(Arthur 1992;Dunn 1994)。除了这些方法,运用 SIS(社会影响报告)(Shneiderman 1990;Huff 1996;Shneiderman and Rose 1996)也能够帮助你确定你应该关注哪些后果,找出将指导你解决问题的制约因素。不管是 TQM 方法还是 SIS 方法,都不会为你做出决策。做出这样的决策有赖于计算机专业人员对具体环境中具体项目的判断。这就是专业所在。

**预定软件使用寿命周期,预见后果**　在计算机系统发布之前,你不可能确定其所有可能的后果。因此,你应该做好准备在发布后确定这些后果,发布后越早确定这些后果越好。目前,软件设计方法已经吸收了寿命周期设计哲学,把社会影响报告的某些方法引入寿命周期模型相对来说比较容易。

## 结　论

我推荐的方法不是软件工程标准中的巨大变革,但却是革命性的一步。这些标准的制订是为了考虑到最新产生的后果,使设计者注意到软件与某些环境问题之间的相互影响。优质的设计要求我们拓宽视野,关注我们在设计中应当考虑到的制约因素。

你不可能使所有设计在任何情况下都安全,但是,你能够使它们在更多的情况下更安全、更实用、更公平。在实际情况中,软件工程师不

第 4 章 计算机系统设计中的无意识力量

能评估或测试性能的时候,新出现的方法使软件工程师能够且应当对保证软件性能完美的能力保持谦虚,此时软件工程师应当担起责任。通过增加关于软件社会后果的知识,采用能使我们预知这些后果的方法,我们也许能够减少悲伤,这样,我们就能挫败预言家的预言。但是,这样做是以牺牲软件设计方法的便捷为代价的。

**基本的学习问题**

1. 根据哈弗的观点,知识越多,责任越大。这个观点对计算机硬件和软件的设计者来说意味着什么?
2. 简述 Therac-25 放射治疗仪案例,事情发生的经过和原因是什么?
3. 简述哈弗提出的关于计算机设计制约因素的四个"层级"。
4. 当哈弗和库珀要求教师为"孩子们"设计教育计算机软件时,让人震惊的偏向性结果是什么?
5. Therac-25 案例和教育软件案例二者表明了关于计算机设计与无意识后果的一个重要事实。请解释。
6. 哈弗的"无意识力量"是指什么?
7. 请解释为什么"无意识力量"会带来"伴随而来的责任",Therac-25 案例是如何表明这一点的?
8. 请解释为什么"隔离"会导致"无意识力量的问题",并增加无意识伤害的可能性。
9. 为了应对"无意识力量"的危险,哈弗提出了三项具体建议,它们是什么?

**深入思考的问题**

1. 为了满足伦理要求和责任要求,一个计算机新产品要经过多少次测试才算"足够"?
2. 专业伦理准则能够帮助计算机产品设计者创造出更好的计算机产品吗?你为什么会这样想?
3. 请比较哈弗"仅解决工程层级的问题"的观点(见前面第 102 页)和哥特巴恩的软件工程"字谜游戏法"(见下面第 110 页)。

# 第5章 信息科学与专业责任*

唐纳德·哥特巴恩

## 引 言

1991年夏天,美国发生了一起重大的电话中断事故,原因是在一个有上百万条信号线的程序中,三条信号线交换时发生了错误。因为过去认为这三条线的交换不重要,所以没有检测。软件系统的这种中断太常见了。软件问题不仅导致系统中断,有时甚至导致死亡事故。一位处于计算机监控下的新泽西州囚犯取下了他的电子脚镣,"一台计算机检测到了这一情况,然而,当它呼叫另一台计算机报告事件时,这台计算机接到的是忙音,之后就再也没有回叫(Joch 1995)"。越狱之后,逃犯犯了谋杀罪。在另一案例中,根据计算机的错误报告而采取行动,法国警方枪杀了一位无辜的受害者(Vallee 1982)。1986年,由于一台计算机控制的X线仪器发生软件错误,两名癌症患者死亡。这种事例不胜枚举,因此,信息科学和计算机技术不具有正面形象,就不足为怪了。

有道德的软件开发者的行为怎么会导致这样的后果?这些案例的存在本身就是一个问题,但这不是本文我要讨论的主要问题。相反,我所关心的是导致这些灾难的狭义的责任概念。我认为,尽管信息科学经历了一个快速发展的过程,但是,适用于计算机执业者的责任概念并没有得到相应的发展。计算机行业是一个正在兴起的专业,如果不提高责任感,它是不会成功的。我将阐述的是一个适合计算机专业的广

---

\* 唐纳德·哥特巴恩(Donald Gotterbarn),"信息科学与专业责任"。该文最早发表在《科学技术伦理学》,7:2(2001年4月),第221-230页。唐纳德·哥特巴恩版权所有,2001年。重印经作者许可。

义的责任概念。

上述所引案例的焦点都是计算机错误。在计算机技术发展的早期，计算机执业者就为自己开发的软件不可靠寻求开脱责任的借口。计算机程序的错误不是程序员编程的错误，而是程序本身的"bugs"。关注的焦点是怎样发现"bugs"，而不是确定 bugs 怎样进入程序或怎样采取预防措施避免类似"bugs"进入未来的软件。计算机执业者喜欢的另一托词是"计算机错误"。"我不应该受到责备，那是一个计算机错误"。为了推卸恶性事故的责任，开发者有时把责任转嫁给不能充分指明其"真正"所需的客户。如果说明书十分精确，客户也不被当作开发者的替罪羊，那么"没有一个程序没有错误"这一事实便成为推卸系统致命错误责任的挡箭牌。作为最后一招，开发者可以把责任直接归咎于系统的复杂性。复杂的系统是可能失败的。这类似于"不可避免的，或正常事故"等技术观念。这种观念认为，随着系统复杂性的增加，事故发生的可能性也增加。事故的发生不应归咎于人的行为的错误或失败。所有这些借口的意思是，这些事件的责任应该由计算机或者系统的复杂性来承担，而不是由计算机系统的开发者来了承担。软件开发者逃避责任是源于计算机科学的不精确性。这里的问题比坏科学更糟。用这些借口来为那些有害于社会的软件开发作辩护。这些借口阻碍了计算机技术作为一种专业的发展。

新闻媒体喜欢强调软件开发的灾难性事件。这种强调有时误导我们忽视更常见的软件开发情况中的责任问题。让我们考察一个计算机行业中的常见案例，这个案例可以阐明一个更完全的、更积极的责任概念。

## 不完善的界面

弗莱德（Fred Consultant），一位计算机顾问，为 Newland 国家政府开发了几套优质的计算机系统。他认为，他开发的系统之所以品质优良，是因为他与未来的系统用户建立了良好的作关系。Newland 政府有一个过于复杂的会计系统。这个系统的管理费过高，浪费了纳税人的大量金钱。吉姆（Jim Midlevel），会计系统的一名区域经理，知道该系统的浪费所在。尽管他不明白该系统的日常程序，但他能够对该系统进行改进，以显著减少该系统运行的管理费。吉姆说服他的上司把他的改进应用于该系统。鉴于弗莱德以前所取得的成绩,他的公司获得了编写效率更高的会计系统的第一阶段程序的合约,这个系统将被政府采用,以节省纳税人的大量金钱。弗莱德与吉姆见面,讨论系统问题,并仔细研究改进后的系统所需要的输入和输出。弗莱德指派公司最优秀的软件工程师乔安妮(Joanne Buildscreen)设计系统的用户界面。乔安妮研究系统所要求的输入之后,为新系统设计了一个界面。系统完成后拿给吉姆看。会计系统和界面包括合约所要求的全部功能,吉姆表示满意。系统通过了验收测试,证明所有列出的要求都已达到。系统安装后,用户界面却难以使用,吉姆的下属纷纷抱怨,并传到了吉姆的上司的耳中。由于这些抱怨,上司决定不再给会计系统的改进投入任何资金。为了平息员工的抱怨,他们只好回过头来重新使用原来更昂贵的会计系统。

本案例中所描述的开发工作的最终后果是什么呢?现在,大家对弗莱德的公司普遍没有好感,Newland 的官员不再给他的公司任何合同。原来的会计系统重新使用。继续使用这个程序是纳税人的沉重负担。现在的情况比改进项目进行之前更糟了,因为现在连改进系统、减少费用的机会都微乎其微了。

## 逃避:避免或避开责任

就这种窘境,要问的第一个问题是"谁的责任?"一般而言,这个问题就是要寻找该受责备的人。"责备游戏"之所以如此流行,其中一个原因是,一旦确定某人该受责备,那么其他人就不再需要感到要为这个问题承担责任了。为所有其他涉嫌人员寻找替罪羊,是计算机行业的一种流行做法,正如在文学作品中流行一样。

我相信,计算机职业者逃避责任的归属有两个基本理由,尤其发生系统崩溃或计算机灾难之后。这两个理由都是错误的,是对责任的误解。这些错误的理由是:相信软件开发是道德中立的活动,以及相信玩忽职守的归责模式。

### 道德中立

第一个错误是认为责任与计算机执业者无关,因为许多计算机执业者把计算机行业理解为道德中立的行为。导致这个错误的原因有很多。计算机执业者希望把自己的责任归咎于其他某个地方某个人,其中一个原因在于他们在大学所受教育的方式。他们接受教育是为了解决问题;用于教学的例子,如为给定的一组数字找最小公倍数,把计算机专业塑造成仅是解决问题的练习而已。这种练习的首要目的是准确地解决摆在计算机执业者面前的问题。所有的精力(和责任)都集中在几乎以一个模式寻找解决问题的方法上。这类似于玩字谜游戏的方法。猜字谜是一项有趣的训练,但通常缺乏有意义的结果。除了猜出字谜,除了适当处理掉写有字谜的纸,没有任何责任。对解决计算机问题而言,也有同样的想法。

以解决字谜游戏的方式解决计算机问题,使人们认识不到计算机专业是为计算机产品的用户提供服务。认识不到这一点,很容易把责备转嫁他处。没有责任,就没有责备或义务。看不到一个人的责任,还会导致其他严重后果。当我们考察下面这个关于一个程序员的真实案例时,就会发现这种字谜游戏观的后果。这个程序员被指派编写一个程序,这个程序能够控制 X 线治疗床上方一个大型 X 线照射机头的升降,使 X 线机头可以在垂直支撑杆上移动到各个固定的位置。程序员编写并测试了他对这个问题的处理程序。该程序能够成功地、准确地把机头移到从支撑杆顶端至治疗床床面之间的任何一个位置。然而,这种狭隘的解题方式的问题在机器安装后暴露无遗。X 线技术员在拍完 X 光后,要患者下床,然后技术员把机头的高度设定到"床面高度"。这个患者没有听到技术员的话,结果这个患者被夹死在机头和治疗床之间。程序员解决了一个问题,但没有考虑到他的解决方案对用户的后果。如果程序员考虑更全面一点,而不只是把注意力局限在支撑杆上 X 线照射机的移动,那么当照射机头移向治疗床面的时候,他肯定会增加一个确认程序。

对责任的第一种误解是危险的,因为它是用来为没有关注任务书之外的情况作辩护的。在下面这个真实的案例中,这种逃避责任的荒唐程度展现得淋漓尽致。一个国防承包商承担开发一种便携肩扛式防空系统的任务。任务书要求这个肩扛式系统能够在 1 000 码内摧毁一种特殊型号的战斗直升机,精确度要达到 97%。承包商开发的系统确实能把有效地击毁飞行而来的直升机,杀伤率高于 97%。但它有一个问题。由于一个软件错误,肩扛式导弹发射器偶尔会过热,烧伤肩扛发射器的操作人员身体的致命部位。烧伤的程度足以导致导弹发射者死亡。政府对这个产品当然不满意，并拒绝把最后的款项付给承包商。这家公司因此把政府告上了法庭。公司老板宣称，他们应该得到货款，他们对操作者的死亡没有负责，因为他们开发的系统"与用户提供给他们的任务书完全吻合"。承包商把这个问题看作一个字谜游戏。当字谜问题摆在他们面前时，他们准确地解决了这个问题，所以他们拒绝承担除此之外的任何责任。

## 分散责任

第二种逃避责任的错误基于这样一种观念：利用把责任与法律谴责、义务联系在一起的玩忽职守的归责模式，可以最好地理解责任。为了施行法律行动，找到应该受到谴责的正确对象是很重要的。一般来说，谴责与引起不良后果的直接行为紧密相连。确定谴责的典型方法是，把当时发生的事件孤立起来，建立它与不良后果的因果联系，然后谴责引起当时发生的事件的一方。在 Newland 不完善界面的案例中，乔安妮的界面设计是引起用户对系统不满的直接原因。因为乔安妮的界面是引起不满的直接原因，所以，倾向性的意见是谴责她。如果谴责是严厉的和公开的，那么其他人就会觉得自己对这件不愉快的事情没有责任了。

乔安妮不愿意承受责备，并指出其他人也难辞其咎。这引出了一种看法：如果责备因广泛分摊而被分散，那么这个人就可以逃避责任。第二种逃避责任的理由是，软件开发者个人与引起问题的事件毫不相关。也由于责任的分摊太广泛，责任变得可以忽略不计，或者难以明确地分摊责任。

这种逃避责任的方式对责任的抵赖是自相矛盾的，因为它从一开始就认定是多处失责，即开发团队每一个成员都有各自的失责行为。这种分散方法可以用在不完善的界面这个案例中。弗莱德没有尽到责任，是因为他没有充分理解任务的性质。由于缺乏专门的系统知识，吉姆没能协调好系统用户和开发工作之间的关系。乔安妮本该把初步的界面设计展示给用户。每个人都没有尽到其责任。然后，失责的分摊可以用来抵赖法律责任。这里的荒唐之处在于，认定多人没有尽到系统开发责任的理由，也被用作抵赖每一个人的责任的理由。就像逃避责任的第一种方式一样，这种分散责任的做法也是非常危险的。通过分散责任而逃避责任会导致这样的情况：无论何时只要是多人参加的项目，就没有一个人为自己对这个项目的所作所为承担责任。如果我没有责任的话，那么我也就不必承诺做好工作，或者也不必担忧整个产品的质量。

责任分散方法有一个推论，约翰·莱德（Ladd 1989）称之为"任务责任"，即把责任归结于某个狭义界定的任务。揭示不完善的界面这个案例更多的细节，可以得出一个关于任务责任的例子。导致界面无法使用的问题究竟是什么？新会计系统中使用的多重输入界面确实包括了所有所需数据的字段。但是，界面上的输入顺序与职员的数据表格的结构不一致。为了把仅仅一张表格的数据输入到系统，职员不得不在几个界面之间来回输入。如果利用"任务责任"这一推论，那么乔安妮可以坚持认为，获取数据表格不是她的任务。如果"他们"希望界面上的数据顺序与表格中的数据顺序一致的话，"某个人"应当给她提供数据表格的样板。获取表格不是她的任务。

把责任和责备联系在一起，引出大量开脱责任的借口。这些借口包括：

1　与不良事件缺少直接的、即时的因果关系（Dunlop and Kling 1991）。

2　因为负责任的行为与某个人的自身利益相冲突而否认责任（Harris et al. 1995）。

3　责任要求有行为能力，但是，计算机执业者的大部分工作是以团队形式为大型机构做出的。（Johnson 1994）。

4　缺乏做自己认为正确的事的意志力（Harris et al. 1995）。

5　怪罪计算机（Dunlop and Kling 1991）。

6　认为科学是道德中立的。

7　微观视角（Davis 1909）。

这些逃避责任的手段与使计算机科学技术的专业化的努力格格不入。任何专业都应当有为社会谋福利的强大动力。应当明白服务社会是其首要职能。所以，为了计算机技术的专业化，我们有必要重新审视责任的概念，把它与惩罚的法律概念区别开来，把它与不良后果的直接原因和即时原因区别开来。什么样的责任意识才能达到这些目的，并能抑制逃避责任的欲望呢？

## 积极责任与消极责任

"责任"这个哲学概念含义非常丰富,常常与像"自由意志"这样的哲学问题联系在一起。哲学家们长期以来一直十分关注个人责任与自由意志的关系。这种关系部分源于责备概念与责任概念之间隐含的联系。如果人们没有自由意志,那么就很难因为他们的行为而责备他们。与这种把"责任"建立责备和义务概念基础之上的观点相反,莱德区分了传统的责任观——他称之为"消极责任"和"积极责任"。消极责任所讨论的是什么可以使一个人免受责备和免责。免受责备是指免除道德责任,免责是指免除法律责任。消极责任不同于积极责任。

积极责任的概念与许多哲学思想是一致的。我们可以扩展莱德的积极责任的概念,大多数哲学理论认为这是合理的。积极责任可以在各种经典理论或现代理论中找到根据。可以把这些理论编进一个由以下两个维度交叉组成的矩阵:规则/后果,集体/个体(见表1,也参见Laudon 1995)。积极责任强调的是考虑或必须考虑自己的行为给他人带来的后果的德性。我们可以把这种积极责任观放入矩阵的每一象限中。这种责任观可在下列情况中找到:基于境遇逻辑的集体规则伦理、基于适用于所有人的共同义务的个体规则伦理(Ross 1969)、像密尔的"为最大多数人提供最大好处"的集体后果论者、或像亚当·斯密认为社会福利的提高源于个体有益于社会的良好行为的个体后果论者。无论用哪一种伦理学理论来论证积极责任,积极责任的焦点都在于应该做什么,而不是因为失责行为而责备或惩罚当事人。

表 1

|  | 规则 | 后果 |
| --- | --- | --- |
| 集体 | 集体规则 | 集体后果论者 |
| 个体 | 个体规则 | 个体后果论者 |

积极责任不是排他的,它不寻求单一的责任者。相反,消极责任寻求某个单一的责任者,一旦找到这个责任者,其他人就免除责任了。根据积极责任的观点,说乔安妮负有责任且应为她的失误承担责任,这并没有免除弗莱德的责任。积极责任的优点就在于,几个人可以不同程度地承担责任。我们不仅可以把责任归咎于弗莱德,而且我们也可以

说他在这个案例中负有更多的责任,因为他知道吉姆的计算机系统知识有限。

这一点表明了第二个且更重要的积极责任的优点:积极责任既不管最近的原因,也不管直接原因。这种对因果影响的扩展,即不管直接原因和最近原因,与计算机技术灾难的责任划分更为一致。在关于导致多人死亡的 Thersc-25 X 线照射机的技术难题的一文中,莱夫森(Leverson)和特纳(Turner)(1993)得出结论:因为有太多人手介入,Thersc-25 事故的责任难究其属。莱夫森和特纳使用了狭义的消极责任的概念,并且在认定多名软件工程师的失职行为后,把死亡看作"事故"的结果。尼森鲍姆(Nissenbaum)(1994)正确地批评了这种责任认定方式,她说:"如果我们不追究复杂案例中的责备和责任,我们其实是在欣然接受无责任人的灾难和责任感的普遍丧失。"积极责任观主张把责任分摊给软件开发团队、设计者等等,甚至还可以把责任这个概念应用于庞大的开发团队。在 Thersc-25 案例中,也许没有唯一的责任者,但根据积极责任的观点,开发者们仍然负有责任。

责任的初步定义都是从以下假设开始的,即其他人都受到计算机执业者的特殊行为或失败行为的后果的影响。这个假设体现在许多计算机协会制定的伦理准则中。这类准则倾向于根据人的角色来划分责任。大多数准则一般谈到的是计算机执业者对其他专业人员、对客户或雇主、对整个社会的责任。只有少数准则涉及计算机执业者对学生的义务。尽管这些准则试图确认这些关系,但大多数准则犯了没有区分雇主、客户和用户的错误。在乔安妮一案中,她的雇主是弗莱德,客户是吉姆,用户则是会计人员。因为她处在与各方所形成的不同关系中,所以她对他们分别担负不同的或许相互冲突的责任。最近一些准则,如《软件工程伦理准则和专业实践标准》,为计算机执业者提供了协调相互冲突的责任的办法。

在所有这些可能的关系中都存在两种责任。一种积极责任是以技术为基础的,另一种积极责任是以价值为基础的。对专业责任这个概念而言,这两种积极责任都是必不可少的。

积极责任同时指向未来和过去。当它确定没有相匹配的义务和人们应该做什么时,它是指向过去的。弗莱德有义务会晤职员,了解他们所需要的界面的结构。这种责任观超越了玩忽职守的归责模式。责任不只是责备。我们应该从失责中吸取教训。因此,我们应该从这个不完善的界面一案中吸取教训。作为这个案例要吸取的教训，弗莱德有责任在将来防止开发类似系统的失误。从这种失误及其后果中所吸取的教训，也可以使其他计算机执业者乃至整个计算机行业负起责任。例如，前瞻性地认识到计算机执业者的积极责任和计算机专业的责任，可以论证制订计算机行为标准的活动是合理的。

## 应对逃避责任

积极责任的概念可以用来应对前面提到的几种逃避责任的办法。广义的责任概念可以应对分散责任的避责办法，而积极的责任概念可以应对玩忽职守的避责办法。

计算机技术是一个正在形成的专业，实际上，它已经具有作为一种专业的一些特征。为了使计算机技术成为一种专业，在其成员之间必须就计算机专业的目标、目的或思想观念达成共识。共识有两种，一种是技术层面的，一种是道德层面的。它们与技术积极责任和道德积极责任相对应。根据玩忽职守的归责模式，计算机执业者有责任遵守本专业的良好标准和操作规程。这些通常是最基本的标准，体现在软件开发模式和示范性的软件工程课程中。这种技术知识和技能无法区分技术人员和专业人员。要进行这一区分，就必须超越单一的技术积极责任的视野。

## 广义的责任观

在一个专业中，成员们宣誓运用其专业技能为社会服务，而不仅仅充当满足客户要求的工具。这种承诺一般体现在专业组织的伦理准则中。作为一个专业人员，除了承担积极责任所规定的责任，还要承担另一层责任。专业人员对受计算机产品影响的人们负有"更高程度的关怀"。大多数职业把"适当关怀"原则作为一个准则。例如，一个水管工有责任保证他的工作后果不会伤害他的客户和水管系统的使用者。但是，水管工没有责任向客户提出关于新水管系统可能对客户的生意、生活质量或环境造成负面后果的忠告。考虑为受计算机产品影响的人带来最大化的积极后果，已不只是"适当关怀"，即不只是避免直接伤害。为积极责任增添这一层责任，就是把计算机执业者转变成计算机专业人员所必需的因素。不完善的界面符合合同规定的指标，但不符合用户的要求。尽管这个系统在技术上能实现所有要求的功能，并符合吉姆的要求，但是，计算机专业人员有责任保证系统符合用户的要求。前瞻性的积极责任观也意味着，为了说服上层管理人员将新会计系统恢复原状，计算机专业人员有义务去面见他们。计算机专业人员对客户、用户以及纳税人都负有责任。

广义的责任观超越了玩忽职守的归责模式，它整合了道德责任和伦理价值。这种专业责任的概念可以用来解决上述推卸责任的种种方法。这种责任观为解决责任的分摊和集体责任的分散提供了一种方法。处理集体责任的能力是很重要的，因为它能够启动意义深远的讨论，即关于软件设计单位的"专业责任"和代表计算机专业人员的机构的"专业责任"的讨论。显然，如果计算机执业者理解并接受积极专业责任观，那么本章开头提到的那些计算机灾难就不会发生。最近由软件工程师制订的伦理准则和专业实践标准（Gotterbarn et al. 1999），就是为了帮助软件工程师树立专业责任观。

## 基本的学习问题

1. 在本文的引言中，哥特巴恩描述了几个导致严重损害的计算机故障案例。他认为是"狭义的责任概念"导致了这些失职事件。请解释他的意思。
2. 哥特巴恩描述了几种"逃避责任"方法，这些方法是计算机执业者以前为逃避计算机损害责任而使用的方法。请简述这些逃避责任的方法。
3. 哥特巴恩认为，尽管新闻媒体只喜欢报道灾难性的计算机故障案，但是引起重大损失的轰动一时的案例并不多。试述他用来说明这一观点的例子。
4. 哥特巴恩认为，关于软件开发，有两种错误认识导致计算机执业者推卸对其工作后果应负的责任。这两种错误的认识是什么？
5. 什么是解决计算机问题的"字谜游戏法"？为什么它会导致有危害性的对专业责任的理解？
6. 为了揭示"字谜游戏法"可能带来的损害，哥特巴恩列举了两个案例：X 线照射机压人案和肩扛式导弹发射器案。请简述这些案例。
7. 什么是"分散责任"逃避责任策略？希望逃脱责任的人是如何利用它的？为什么哥特巴恩称它是"自相矛盾的"？
8. 哥特巴恩认为，把责任的概念和责备的概念联系得太紧密容易产生多种逃脱责备的理由。这些理由是什么？
9. 哥特巴恩建议计算机执业者坚持积极责任观，以使自己的行为"更专业"。这种积极责任观的基本特征是什么？这些特征与消极责任的相关特征有何不同？
10. 哥特巴恩区分了两种积极责任。他认为这两种责任"对专业责任这个概念而言是必不可少"。请简述这种积极责任。
11. 哥特巴恩区分了"纯粹的技术人员"和真正的专业人员。根据哥特巴恩的观点，其区别是什么？

**深入思考的问题**
1. 什么是专业？为什么会存在专业？专业和专业化有何不同？
2. "计算机专业人员"是医生、律师、教师意义上的专业人员吗？是否存在重要的不同之处？
3. 对一个专业而言，伦理准则有什么作用？

# 第6章 软件开发项目管理伦理*

西蒙·罗杰森

## 引 言

人们似乎普遍认为,软件开发最有效的方法是利用以项目为中心的组织结构,这样的组织结构能够激励个人加入到以达到某个共同目标为目的的团队中。有关软件开发项目管理的论述已经有很多,毫无疑问这样的论述仍将层出不穷。本文的目的是考察典型的项目管理行为是否有效地处理软件开发过程中的伦理问题。为简明起见,我们只讨论一种项目管理方法——结构化项目管理(SPM)。这种方法可用于阐明技术领域中项目管理的伦理优势和劣势,目的是揭示基本的问题,而不是停留在某个具体方法的细微差别上。为此,我们从他人以前的工作中总结出一套计算机专业人员的伦理原则,然后把这些原则纳入 SPM 的方法框架,从而突出伦理问题的领域。我们详细考察了 SPM 的两个步骤,阐明如何运用相关伦理原则来保证合乎道德的行为。

我们将在下面几节更详细地讨论这一方法。下一节简要考察我们所选的项目管理方法——SPM;接下来的一节提出一套计算机专业人员的伦理原则;第 4 节用这些伦理原则分析 SPM;第 5 节考察项目管理中关键的伦理问题;最后以结语形式结束本章。

---

\* 西蒙·罗杰森,"软件开发项目管理伦理"。本章是"软件项目管理伦理学"的修订本。"软件项目管理伦理学"发表于 C. Myers,T. Hall 和 D. Pitt 主编的《软件工程师责任制》(Springer-Verlag,1996),第 11 章,第 100—106 页。西蒙·罗杰森版权所有,2002 年。

## 项目管理方法的一个范例

《如何运行成功的项目》是英国计算机协会执业者丛书中的一本书,作者奥科勒尔(O'Connell)(1994)在该书中详细阐述了 SPM 方法。他认为,SPM 是一个实用方法,正如德·马可(De Marco)和李斯特(Lister)(1987)所指出的,它是一个"用来完成工作的基本方法。"我们选择 SPM 进行讨论,是因为它是实践性的,而不是纯理论的,它为计算机执业者完成极其复杂的项目管理活动提供现实的指导。SPM 包括十个步骤(见表1)。前五个步骤涉及计划的确立,后五个步骤涉及计划的实施和目标的实现。奥科勒尔指出,大多数项目的成败取决于在计划阶段所做出的决定。这就证明了一个事实,SPM 方法中所付出的一半努力是放在准备阶段。

表1 结构化项目管理(SPM)十步骤

| 步骤 | 描述 |
| --- | --- |
| 1 | 设想目标 |
| 2 | 列出需完成的工作清单 |
| 3 | 确保有一位领导 |
| 4 | 分配工作 |
| 5 | 目标管理,允许小差错,但有挽回余地 |
| 6 | 合适的领导风格 |
| 7 | 掌握项目动态 |
| 8 | 公布项目动态 |
| 9 | 重复步骤1—8,直至实现步骤10 |
| 10 | 实现项目目标 |

正是这种项目管理的计划要素为项目的目标奠定了基础。于是我们可以确立考虑因素的范围,无论是模糊的还是明确的。然后,我们依次确定考虑因素的边界,看哪些因素影响项目,哪些因素受到项目的影响。如何完成项目在很大程度上依赖于已认识到的目标。

目标的设想在步骤1进行。奥科勒尔提出的设想阶段的两个要点是:

当项目完成时,项目的目标对所有参与项目的人来说意味着什么?

项目将实际产生什么产品？这些产品将流向何处？对产品来说,将发生什么事情？谁将使用这些产品？用户会受到这些产品怎样的影响？

这些问题之所以重要,是因为通过回答这些问题可以提出合适的项目目标,确定考虑因素的范围。但问题是,在实践中这些基本问题常常被忽视了。人们很可能会采用一种狭隘的观点,只考虑与项目最相关的显而易见的问题。上述两个要点所提出的整体观念,要求我们视野更宽广,分析更深入,反思更深刻。然而,项目经理一般都处在交付产品的压力之下,因此,他们倾向于缩小范围,从而设立一个人为的项目边界。

步骤2—5 主要是细化和优化,从而提出一个可行的、合适的计划。步骤6—8 主要是实施计划实施和监督操作,使项目相关人员知晓项目的进度。步骤9 建立反馈机制,确保计划精力集中、创新和现实。最后,步骤10 是把项目的产品交付给客户,并反思有何得失。

## 伦理原则

为了辨别软件开发项目管理尤其 SPM 的伦理问题,我们必须建立相关的伦理原则。

伦理学包括实践和反思两个方面(van Luijk 1994)。实践是指有意识地提出指导人们行为的规范和价值,而对实践的反思是指对规范和价值的思考或辩护。规范是指对某一特定行为的共同期望,而价值则是关于良好社会构建要素的共同理想。具有调控机制的计划是项目管理的一个可以接受的规范,而项目管理本身是软件开发的可以接受的价值。就本文的目的而言,仅考虑伦理实践(而不是对伦理理想的反思)就已经足够了,因为项目管理主要涉及的是行为,而不是概念反思。例如,概念反思本身可能在行为准则中体现出来了,这些行为准则是指一个团体可以接受的、普遍化的工作方式。(例如,见 IEEE 计算机学会和 ACM 1998 年制订的《软件工程伦理准则和专业实践标准》。)这个团体包括所有潜在的软件开发项目的利益关系人。换句话说,项目管理关注的是怎样运用和何时运用这些规范和价值,而不是关注这些规范和价值的建立。

约翰·麦克里奥（John McLeod）（见 Parker et al. 1990）设计了一个实用的一般问题的列表，以帮助确定计算机专业行为的伦理属性。这个列表见表2。这些问题体现了影响项目管理程序的规范。

**表2　质问行为的伦理属性**

* 值得尊重吗？
~ 是否存在你想对他隐瞒这个行动的人？

* 诚实吗？
~ 是否会违背实际的或隐含的协议，或背信弃义？

* 避免利益冲突的可能性了吗？
~ 是否存在其他因素使你做出不公正的判断？

* 在你的能力范围之内吗？
~ 你最大的努力是否可能还不够充分？

* 公平吗？
~ 是否有损其他人的合法利益？

* 考虑周全吗？
~ 是否会侵犯秘密或隐私，或伤害人或物？

* 它适度吗？
~ 是否会不必要地浪费时间或其他宝贵资源？

要符合伦理要求，行为应当对所有适用的主要问题（*）得出肯定回答，而对每一个细化的问题（~）得出否定回答。

软件开发涉及供应商按照协议把产品交付给客户。是在机构内部进行还是在两个独立机构之间进行，这是无关紧要的。根据维拉斯奎兹（Velasquez）(1992)的观点，这种协议涉及产品的质量和道德责任。双方达成开发软件的协议，这种协议常常是不平衡的，客户处于不利地位。维拉斯奎兹认为，适当关怀原则和社会成本原则必须在这种情况中发挥作用。除合同中已有的条款之外,开发者还必须对其他事项给予适当关怀,这样才能采取充分的手段防止软件使用过程发生任何可预见的损害后果。社会成本是运用社会损害最小化和社会利益最大化的功利主义思想来衡量的。

结合麦克里奥和维拉斯奎兹的观点,我们可以得出一套伦理原则,如表3所示。尊重原则用来保证行为不受谴责。该原则也被称为"保护伞"原则,其他原则都与之有关。尊重原则要求专业人员诚实。无偏见原则关注的是保证决策和行为是客观的,而不是主观的。专业胜任原则与完成委派任务的个人能力有关。适当关怀原则与软件质量保证的观念相关联,它要求采取措施防止不良后果的发生,这可能需要提供合同正式约定之外的照顾。公平原则关注的是确保项目能够考虑到所有受影响的各方。这就引出了社会成本问题。社会成本原则认为,不能推卸专业责任和义务。最后,效果和效率原则关注是以最小的资源消耗完成任务、实现目标。

表3 计算机专业人员的伦理原则

| 原则 | 相关问题 |
| --- | --- |
| 尊重 | 该行为不会遭受谴责吗? |
| 诚实 | 该行为会违反违背实际的或隐含的协议,或背信弃义? |
| 无偏见 | 存在可能导致你所采取的行为不公正的外部因素吗? |
| 专业胜任 | 该行为在能力范围之内吗? |
| 适当关怀 | 该行为是处在最佳质量保证水平吗? |
| 公平 | 所有利益关系人关于该行为的意见都被考虑到了吗? |
| 社会成本 | 与该行为相关的适当责任和义务可以接受吗? |
| 效果和效率 | 鉴于既定目标,该行为合适吗?该行为是通过最小的资源消耗完成的吗? |

这些伦理原则不是相互排斥的。提出这些原则是为了建立一个伦理因素的列表,当与计算机系统相关的行为出现时,可以应用这个列表。行为这个词用来表示过程或完成的任务,它通常包含人的因素,即任务的实施者或受益者,或两者。

## 合乎伦理的项目管理

以道德概念为根据的这些指导原则很容易用于实践中。它们可以用来分析、了解和论证整个计算机行业的行为。在此,我们用它们来思考怎样才能进行合乎伦理的项目管理。为了确认每一个步骤中最突出的伦理问题,我们分析了 SPM 十个步骤(见 P124 页表 1)中每个步骤的行为。分析结果如表 4 所示。可以说,八个原则大多会对每个步骤都产生影响,但重要的是要确认那些有显著影响的原则。表 4 列出了非常重要的关系。现在,我们将进一步详细讨论步骤 1 和步骤 8,以阐明这个表格的意义。

表 4  SPM 步骤中的主要伦理原则

| 原则 | SPM 步骤 | | | | | | | | | |
|---|---|---|---|---|---|---|---|---|---|---|
| | 1 | 2 | 3 | 4 | 5 | 6 | 7 | 8 | 9 | 10 |
| 1. 尊重 | x | | | x | | x | | x | | x |
| 2. 诚实 | x | | | x | x | | | x | | |
| 3. 无偏见 | x | x | x | x | | | | x | | x |
| 4. 专业胜任 | | | | x | x | | x | | | |
| 5. 适当关怀 | x | | | | x | | | x | x | |
| 6. 公平 | x | | | | | x | | | x | |
| 7. 社会成本 | x | | | | x | x | | | | x |
| 8. 行为 | | x | x | x | | | x | x | x | x |
| 每步之间的关系 | 6 | 2 | 4 | 5 | 4 | 4 | 1 | 5 | 2 | 4 |

## 步骤 1:设想目标

如前所述,这个步骤建立了项目目标,因此,有几个伦理问题需要牢记在心。这是项目的开端,一开始就诚实是至关重要的,这样才能与客户建立良好的工作关系。尊重原则和诚实原则可以解决这一点。正如表 4 所示,在整个项目过程中,包括步骤 1,决策和行为的无偏见都是一个主要问题。对经济、技术和社会信息采取平衡的观点非常重要。通常阐述的观点往往倾向于技术和经济方面,这可能产生灾难性后果,导致重大的系统崩溃或拒绝服务。这样的案例有伦敦救护车案(1992年发生重大的系统崩溃,见下面第 129—131 页)和伦敦证券交易所案(1991 年飞升新计算机系统拒绝服务)。这就引出了其他三大原则,即适当关怀原则、公平原则和社会成本原则。计算机系统直接地或间接地影响许多人,因此,在做出影响项目实施方法的决策时,把所有各方都考虑进去是很重要的。软件开发项目涉及许多利益关系人,每一利益相关人都应该得到公平对待。适当关怀原则和社会成本原则将保证有更长远、更宽广的眼光。

### 步骤8:公布项目动态

项目是动态的,并且存在于动态的环境之中。步骤8必不可少,这样才能使每一个人都清楚正在发生的变化,这样才能使他们对自己承担的任务做出相应的调整。对进度过于乐观、过于悲观或不诚实,不仅会给项目带来损害,而且会给客户和供应商造成损害。与信息交流有关的主体可能包括项目团队、计算机各级管理部门和客户。最好的做法是,在考虑有关各方的要求和感觉的基础上,对进展做出诚实而客观的报告。借助尊重原则、诚实原则、无偏见原则、适当关怀原则和公平原则,可以做到这一点。

### 伦理结论

SPM为项目管理提供了实践指导,但它并没有明确地包含伦理问题,尽管我们承认这个方法的某些方面隐含了一些伦理问题。我们必须更有力地、更明显地强调伦理问题。上述列表为项目管理过程增添伦理视角提供了一个框架。

### 项目管理的伦理焦点

把伦理原则与项目管理方法的步骤对应起来的列表,为在整个项目周期中如何实施项目管理过程提供了一个总的指导方针。然而,在项目中还有许多的行为和决策,其中大多数涉及伦理问题。对每一个细小的问题都进行非常详细的考察,且希望实现总的项目目标,这是不切实际的。我们应当聚焦在可能影响项目成败的关键问题,这就是项目管理的伦理焦点。在罗杰森和拜纳姆的文章(1995)中,他们把伦理焦点广义地定义为:行为和决策涉及相对高层次伦理问题的关键点。

更具体地说，伦理焦点是指那些在任何涉及面广的人类行为中存在相对很高的伦理错误风险、且这些伦理错误对社会及其组织或公民会造成重大后果的点。在项目管理中至少有两个重要的伦理焦点：即考虑因素的范围的界定（在 SPM 的步骤 1 中）和向客户通报信息（主要在 SPM 的步骤 8 中）。

## 考虑因素的范围

在软件开发项目中有一个常见的问题：系统一旦可以运行，那些与可行性、功能性及和应用性有关的决策就不再考虑受系统影响的各方的要求。这一点体现在大部分项目在起始阶段所进行的典型的成本—效益分析活动中。这种分析只考虑所涉及到的各方的利益，而常常不考虑受该系统影响的所有各方的权利和利益。这种观点主要是技术—经济型的，而不是技术—社会—经济型的。除非为考虑因素的范围确立一个伦理敏感边界，否则很可能把许多人的潜在利益置于危险境地。如果在整个分析过程中普遍使用适当关怀原则、公平原则和社会成本原则，那么这种情况就不太可能发生。这样，项目管理过程从一开始就会考虑所有受项目影响的各方的观点和担忧。例如，对工作不称职、员工过剩和社会群体分裂的担忧就会趁早表达出来。必要的话，项目目标可以得到调整。

## 向客户通报信息

第二个伦理焦点是通报客户。没有人喜欢听到突如其来的消息，因此，及早发出问题警告和问题范围的提示是非常重要的。项目经理没有必要把向客户通报信息看做向敌人通报信息，但在某些组织中就是如此。关键是要用不带情感的语言提供事实性的信息，这样，客户和项目经理就能以平和、专业的方式来讨论任何必要的变动。对抗性的会谈不会取得任何成果。采取诚实原则、无偏见原则、适当关怀原则和公平原则，将有助于保证与客户的良好工作关系。

## 结　论

毫无疑问,软件开发的项目管理过程能够与伦理视角相适应。这一点在八个伦理原则与结构化的项目管理方法的对应列表中已经显示出来了。对目前这种做法的主要批评是:伦理因素应当是隐性的而不应是显性的,这种批评显然贬低了伦理问题的重要性。通过运用伦理原则和确认伦理焦点,就有可能保证关键伦理问题得到妥善解决。

很简单,项目管理应该受到正义论、利益负担平等分配观、机会均等思想的指导。这样,软件开发项目管理才能受伦理调节。哥特巴恩和罗杰森(见 Gartterbarn 2002)的最近一项工作促成了《软件开发影响声明》(SoDIS)程序的开发,该程序旨在实现这样的伦理调节。这个程序已经嵌入到名为"SoDIS 项目审核者"的项目软件工具包中(见 http://www.sdresearch.org)。

### 基本的学习问题

1. 何谓软件开发项目,为什么罗杰森只选择其中一种方法进行讨论?
2. 根据罗杰森的观点,为什么软件开发项目的计划阶段对项目的伦理问题而言至关重要?
3. 软件开发 SPM 方法的十个具体步骤是什么?哪些步骤构成了项目的计划阶段?
4. 为什么罗杰森非常关注 SPM 的步骤1?
5. 根据罗杰森的观点,规范和价值的区别是什么?
6. 罗杰森是怎样归纳出一套指导软件开发项目的原则的?罗杰森总结出的这八个伦理原则是什么?
7. 罗杰森是怎样归纳出表4的?这个表的意义是什么?
8. 根据表4,与 SPM 步骤1密切相关的六个伦理原则是什么?
9. 根据表4,与 SPM 步骤8密切相关的五个伦理原则是什么?
10. 罗杰森的"伦理焦点"是指什么?在软件开发项目管理中的两大伦理焦点是什么?

### 深入思考的问题

1. 根据你的个人观点,保证将合适的伦理考量运用于软件开发项目的最佳方法是什么?
2. 为什么软件工程师对其编写的软件的相关伦理问题保持敏感非常重要?

3. 为什么现有的用于软件开发的风险管理程序和质量保证程序还不足以有效地解决相关伦理问题？

## 案例分析：伦敦救护车案

一个臭名昭著的劣质计算机系统开发案 1992 年发生在英国伦敦的救护车中心。这个著名的案例如下所述。欢迎读者运用前面第 3 章介绍的案例分析方法分析此案。

伦敦救护车中心计算机辅助排班项目（LASCAD）使用计算机试图提高伦敦救护车中心（LAS）的效率和反应次数。伦敦救护车中心是世界上最大的救护车中心，覆盖 600 平方英里，所覆盖的居民人口有 680 万，而白天所覆盖的人口更多，尤其是在伦敦市中心。1992 年，它日平均处理大约 2 300 个医疗急救呼叫（Beynon-Daviel 1995）。

LASCAD 计算机系统的主要任务是替代现行救护车服务的手填表格和人工排班，因为人们认为这些工作太耗时，而且容易出现人为的错误。LASCAD 系统可以使用更快更可靠的计算机技术接听急救电话，收集重要信息，识别急救方位，确定最近的合适的救护车资源，然后指派一辆救护车前往急救地点。

新计算机系统技术参数的制定，基本没有听取救护车司机或可能实际使用该系统的其他人的意见。技术参数非常详细，几乎没有给在项目进行过程中增添新想法留下余地。

这个项目进行公开招标，出价最低的投标者获得合同，虽然这家公司以前没有设计救护车排班系统的经验。只有出价最低的投标公司符合伦敦救护车中心的要求，而这家公司是否有能力在预算内按时完成任务，从来就没有调查过。一些更有经验的投标者指出，在伦敦救护车中心设定的不可协商的成本和时间框架要求内，他们所需的系统是不可能完成的；其中一家富有竞争力的公司把该项目描述为"完全的、致命的错误。"

1992 年 10 月 26 日，LASCAD 投入使用，并带来了灾难性后果。很多事情都出现了错误。系统中错误的救护车信息导致救护车的错误分配。有时几辆救护车被派往同一地点，或者没有派出最近的车辆。呼救电话没有记录在合适的计划单上，而被搁置在等待单上，使得这个单子急剧增大。重要的信息在屏幕上滚动消失了。没有经过训练的救护车员工按错了键。当救护车没有迅速出现在事故现场时,失望而又惊慌的病人及其家属又拨打了更多的呼叫电话。电话应答和无线电通信很快慢了下来,这又给病人、救护车员工和伦敦救护车中心员工带来了更多的失望和惊慌。到第二天,整个系统崩溃了。有很多人因为没有被及时送到医院而丧命(Beynon-Davies 1995)。

LASCAD 灾难发生之后,对事故原因进行了许多调查。总的结论是许多不同的失灵和错误导致了崩溃。例如,西南泰晤士地区卫生局对 CAD 系统的调查结果如下:

- 1992 年实施的计算机辅助系统(CAD)的雄心过大,它是在一个不可能完成的时间表内进行开发和应用的。
- 伦敦救护车中心管理层忽视了或没有接受来自外部关于时间表过紧或者系统要求过全的高风险等方面建议。
- 西南泰晤士地区卫生局的中标规则得到了完全遵守,但是,这些规则强调的是公开招标和中标的数量方面(获得最好的价格),而不是质量方面(把工作做得最好)。
- 项目团队没有向伦敦救护车中心董事会递交,也没有与董事会讨论关于 CAD 承包商的独立评估意见,这引起了对该项目团队完成如此重大项目的能力的质疑。
- 把 CAD 合同交给一个以前没有工作经验的小软件公司,伦敦救护车中心管理层冒着巨大风险。
- 整个开发和应用过程中的项目管理不到位,而且有时很含糊。伦敦救护车中心没有采用 PRINCE 项目管理方法。像 CAD 这样的大型系统集成项目要求全职的、专业的、有经验的项目管理。本案缺乏这一点。
- 在一个阶段就完成了整个 CAD 的实施,这个为时过早的决定误入歧途的。像 CAD 这样一个影响深远的项目应该逐步实施;充分确认每一个步骤后,再进行下一个步骤。
- 该系统的大多数用户对系统具有不完全的"所有权"。前几个月里已确认的系统部件问题在员工中引起了一种对系统不信任的气氛,在这种气氛中,员工们指望着系统失败而不是指望它成功。
- 系统令人满意地运行需要改变许多现有的工作习惯。高级管理层认为，系统运行本身会带来这些改变。事实上，许多员工发现系统操作像一件"紧身衣"，穿着它，他们仍希望局部操作具有灵活性。这就进一步导致系统内部的混乱。

·对救护车控制中心员工和救护车员工的培训不完整，不连贯。

·CAD系统离不开随时可以获得的近乎完美的车辆方位和状况的信息。该项目团队全然没有意识到极不完善的信息对系统可能造成的影响。

·该系统在1992年10月26日全面投入运行之前，完全没有对系统是否达到了令人满意的质量水平和适应水平进行测试。

·系统离不开一套技术通信基础设施，这套基础设施负荷过重，不能自如地处理CAD提出的要求，尤其处于像伦敦这样一个通信环境不好的地方。

·伦敦救护车中心管理层不断地把CAD的问题归咎于一些救护车员工对系统的故意误用。没有直接证据证明这一点，但是间接证据确实存在，这些证据表明这只是导致CAD崩溃的多个归咎因素的一个因素。

·从紧急事件或运送的病人来说，1992年10月26日和27日并不如预期的那么繁忙。那几天电话数量增加主要是没有得到确认而重复拨打的电话，以及因救护车延误公众重新打来的电话。

·1992年10月26日和27日，从技术意义上来说，计算机系统本身没有崩溃。虽然反应次数有时变得不理想，但总的来说系统实现了设计目标。然而，这些设计大部分含有致命的错误，这些瑕疵累积起来，将会而且确实已经导致系统崩溃的所有征兆。

在审查过程中，通信主管(1993)指出，"必须吸取的教训是，伦敦救护车中心运行的特殊的地理、社会和政治环境，以及服务中心本身的文化氛围，要求一个更规范的、管理层和员工共同参与的方式。管理层必须乐意与员工代表进行经常性的公开对话。同样，员工及其代表需要克服自己对旧管理方式的留恋，认识到变革的必要性，并乐意讨论新思想。如果说有时间和机会抛弃以往多年的约束和痛苦，开辟一个崭新的管理层与员工之间的合作关系，那么就是现在。"

# 第三部分　伦理准则

我们无法诚实地告诉孩子们"诚实是上策",除非我们先把这个世界变得诚实。

肖伯纳(George Bernard Shaw)

COMPUTER
PROFESSIONAL
ETHICS
RESPONSIBILITY

# 编者导读

## 伦理准则的功能

计算机专业人员伦理准则能够同时发挥多种功能：

**1. 激励** 通过确定计算机执业人员应当追求的价值和理想，伦理准则可以发挥激励功能。此外，由于客户、计算机用户和公众与计算机执业人员具有共同的人类价值和社会理想，因此，专业组织公开承诺这些价值和理想，这一事实有助于激励公众信任和尊敬该专业。

**2、教育** 专业伦理准则可以发挥多种教育功能。例如，它们可以把该专业应当遵循的价值和标准告知和教育该专业的新成员。此外，它们可以把该专业的理想、义务和责任告知公共政策制定者、客户、用户和公众。因此，伦理准则是强有力的教育工具。

**3. 指导** 当计算机执业人员在决策过程中做出判断时，伦理准则所阐明的伦理原则、价值、义务和良好实践的标准能够对他们起着有益的指导作用。当公共政策制定者履行信息技术方面的公共职责时，伦理准则也能够指导他们。

**4. 责任** 伦理准则向客户和用户等指明了他们希望计算机执业人员应承担的责任的程度，以及他们对计算机执业人员所提出的标准。这样，伦理准则能够促使专业组织的成员对同行和公众负责。

**5. 强制** 通过为确定不道德的行为提供依据，伦理准则使专业组织能够敦促甚至强制实施良好实践的标准，使之遵守责任规范。

## 伦理准则不是什么

尽管专业伦理准则能够有效地发挥上述所有功能，但是，有些作用不是它们想发挥的，也不是它们能够发挥的：

---

\* 编按：为了阅读连贯，省略了原著中该部分列出的六个伦理准则范例，读者可以到北大出版社主页下载专区自行下载。

1. **不是法律**　专业伦理准则不是公共立法机关制定的法律(尽管它们能够为这些机关提供有价值的指导,例如当这些机关制定执业许可法律时),它们的目的不是鼓励法律诉讼或法律挑战(尽管它们可能有助于解决某些法律纠纷中的重要问题)。

2. **不是完备的伦理框架或算法**　计算机执业人员伦理准则不是涵盖计算机技术可能引发的每一个伦理问题的完备的伦理框架。事实上,伦理学并不是一个能够达到这种完备性的学科。尽管伦理理想、价值和原则极其广泛,但是,在特定情况中,某个价值或原则可能与另一个价值或原则相冲突。因此,伦理学需要深思熟虑和良好的判断,根据逐步推演的算法是不可能掌握的。《计算机协会伦理准则和专业行为规范》的序言是这样解释的:

> 理所当然,伦理准则中的一些措辞可能会有不同的解释,任何伦理原则在特定情况中可能与其他伦理原则冲突。通过对基本原则的深入思考,而不是依靠详细的条例,可以很好地解决与伦理冲突相关的问题。

3. **不是毫无遗漏的清单**　既然伦理准则不能提供完备的伦理框架,那么,把任何这样的准则看作一个"清单",人们只要对照这个清单就可以确定每一个伦理问题是否都得到了解决,这是一个错误,实际上是一个危险的错误。(菲尔维泽在下面第 7 章"NO PAPA"中详细地讨论了这一点。)当然,清单在伦理决策中是一个有用的工具,因为它们罗列了通常需要进行伦理思考的问题。但是,如果一个人满足于清单,相信所有的伦理问题都得到了解决,那么他/她就可能忽视没有包括在"清单"中的某些重要的伦理问题。正如《信息系统管理协会伦理准则》的序言所解释的:

> 把伦理准则看作一套算法,只要不折不扣地遵守它,就会使我们在任何时候任何情况下做出合乎伦理的行为,这既不是我们所期望的,也是不可能的。可能出现这样的情况是,本准则的不同条款可能相互冲突……此时,专业人员应当反思本准则的原则和基本精神,努力达到与本准则的宗旨最协调的平衡……当本准则中不同条款的规定不可能协调时,应该总是把公共利益放在首位。

## 格式的多样性

本书第二部分已经阐明,当计算机执业人员做出决策以履行其专业责任时,伦理准则是一种有用的工具。"伦理准则"这个词在这里是在极其广泛的意义上使用的,代表一系列理想、规则、义务和行动指南。如果采用广义的用法,伦理准则包括计算机执业人员应该追求的理想,如"尊重人的尊严"、"避免不合乎道德的歧视"、"保护隐私",等等。此外,如果一个更具体的伦理准则提出了管理专业行为的规则,如"维持专业能力"、"尊重合同"、"避免利益冲突",等等,那么这个伦理准则就可以叫做"行为准则"。有些伦理准则甚至把普遍接受的良好实践标准细化了,如"处理性命攸关的系统时要进行'突变测试'"(Gotterbarn et al. 1997)。计算机专业人员的专业组织所采纳的大多数伦理准则至少包括前两种原则。

伦理准则可以各种不同方式构成。一种方式区分了与计算机专业人员所履行的不同角色相联系的特定伦理原则或理想。例如,《计算机协会伦理准则和专业行为规范》是以如下方式构成的——最前面的三个部分是关于与成员角色相联系的"个人责任声明":

- 作为个人和社会成员(第1部分);
- 作为提供服务和产品的计算机执业人员(第2部分);
- 作为专业组织的领导(第3部分)。

《信息系统管理协会伦理准则》是伦理准则构成的另一种方式的例子,这种方式区分了计算机专业人员应对其承担责任的不同人群或个人:

- 对社会;
- 对组织;
- 对同行;
- 对员工;
- 对专业;
- 对自己。

第三种伦理准则的构成方式区分了不同类型的专业关系。《软件工程伦理准则和专业实践标准》采取的就是这种方式。

也许伦理准则构成最直接的方式是简单地列出适用于该组织成员的主要规则和责任。《电气电子工程师协会伦理准则》就是以这种方式构成的,例如,列出了有关利益冲突、保护公众、诚实、竞争和公平对待等方面的原则。

## 总的伦理原则

因为一个组织及其成员总的来说是社会的一部分,所以他们和社会其他成员享有共同的人类价值和社会理想。社会价值和理想典型地体现在专业准则中。例如,像大多数其他此类准则一样,《澳大利亚计算机协会伦理准则》表达了几种基本价值和社会理想:

- 诚实、坦率和公平;
- 竭诚为社会服务;
- 增进人类福祉;
- 关心和尊重人的隐私。

另一个例子是《英国计算机协会行为准则》,我们可以从中找到关于以下责任的表述:

- 重视公众健康、安全和环境;
- 尊重第三方的合法权利;
- 毫无歧视地从事专业活动;
- 拒绝任何贿赂或诱惑。

专业伦理准则所表达的广泛的价值和理想为我们提供了一个伦理基础,在这个基础之上可以提出更多的具体原则和指导方针。

## 专业责任和义务

专业伦理准则通常包括的不只是充满激情的理想。它们还规定了管理其成员具体专业行为的规则。这些规则涉及一系列义务和责任,例如,关于专业能力、诚实对待客户和雇员、相关法律法规、帮助同行、保密、利益冲突、良好实践的标准等方面的义务和责任。

例如,最具体最详尽的计算机执业人员伦理准则之一是《软件工程伦理准则和专业实践标准》,它包括 80 个非常具体的适用于软件工程师的规则。下面是几个例子：

- 软件工程师应当保证他们所开发的软件的说明书行文完善，符合用户的要求，并获得了有效的批准。
- 软件工程师应当在客户或雇主知情同意，并获得适当授权的情况下，使用客户或雇主的财产。
- 软件工程师应当承担检测、改正和报告软件及相关文档中的错误的责任。
- 软件工程师应当提高在合理的时间内、以合理的成本编写安全、可靠、实用的软件的能力。

同样，《信息系统管理协会伦理准则》规定其成员应该(例如)：

- 努力避免、识别并解决利益冲突；
- 保护同事和同行的合法隐私和财产；
- 积极反对工作中的歧视，除非纯粹基于个人完成工作任务的能力；
- 遵守完善的组织和专业的有关政策和标准。

## 领导和管理责任

计算机执业人员经常在组织和公司中担任领导者和管理者的角色。由于认识到这一事实，有些专业组织伦理准则提出了一些原则和义务，规定与领导角色相伴而来的责任。例如，《计算机协会伦理准则和专业行为规范》甚至单列一个部分，题为"组织领导的义务"，提出了六条义务。以下就是摘自计算机协会伦理准则和专业行为规范的这一部分：

- 接受和支持在获得适当许可后使用组织的计算机和通信资源。
- 为组织成员创造了解计算机系统的原理和局限性的机会。

《英国计算机协会行为准则》也包含一些针对领导和管理者的具体责任，例如：

- 你应该鼓励和支持同行的专业发展，可能的话，为新成员尤其学生成员提供专业发展的机会。信息系统专业人员之间开明的互助有助于提高专业的声望和每个成员。

- 你应当对你的工作以及你所管理的下属的工作承担专业责任。

《软件工程伦理准则和专业实践标准》中有一个完整的部分用于规定兼任管理者的软件工程师的原则。该部分提出了十二条原则,例如:

- 分配工作任务之前,应先考虑软件工程师的学习和实践经验,并参考他们要求继续学习和实践的愿望。
- 对违反雇主政策或本准则的指控,提供正当的听证程序。

并不是所有的专业伦理准则都专门提到了领导者和管理者的责任。尽管如此,这些准则的价值和目标仍然暗示了担负领导角色的计算机执业人员负有相关的义务和责任。

## 伦理准则的强制实施

在上面"伦理准则不是什么"一节中,我们指出,伦理准则不是公共立法机关制定的法律。然而,即使它们不具有法律效力,伦理准则还是有助于专业组织的成员对同事和公众负责,因为这些伦理准则为辨别不道德的行为提供了依据。这使组织能够鼓励实施甚至强制实施良好实践的标准,并使之遵守责任规范。

目前,大多数计算机专业人员伦理准则没有包括强制执行的条例。《计算机协会伦理准则和专业行为规范》是一个例外,它在第4部分明确指出"如果会员不遵守本准则,做出明显的不端行为,其ACM会员资格将被终止。"终止程序是一个复杂的法律事务,涉及双方的律师以及计算机协会(ACM)委员会。

有些批评者指出,即使一个不负责任的人丧失了ACM成员资格,他/她仍然可以继续从事计算机行业。这些批评者呼吁实施执照制度,因为失去执照的威胁可能是比强制实施专业伦理准则更好的手段。为了说明这个问题的复杂性,哥特巴恩(Gotterbarn)在第8章"论计算机专业人员执照制度"中将详细讨论软件工程师执照制度的问题。

# 第7章 为什么不完备的伦理准则比没有更糟[*]

本·菲尔维泽

▶▶

## 引 言

人们对理查德·梅森（Richard Mason）1986年的文章"信息时代的四大伦理问题"一直保持极大的兴趣，目前对它仍感兴趣（例如，Platt and Morrison 1995, pp. 2ff; Barrosso 1996; Whitman et al. 1998; Timpka 1999）。在这篇文章中，梅森指出，"（信息时代）的伦理问题纷繁多样，"这无疑是正确的，但是，他接着指出，"把焦点集中于四大问题是有益的。这四大问题可以概括为一个由首字母组合的词——PAPA"（1986, p.5），分别代表隐私（Privacy）、准确性（Accuracy）、所有权（Property）和可及性（Accessibility）。

很多学者提到了其他一些问题，而这些问题难以纳入这四大问题。例如，"计算机伦理十诫"（计算机伦理学会）中有三诫就难以归入这个框架（尽管"十诫"有错误（见 Fairweather 2000））。这些是处理"伤害他人"，"程序……或系统……的社会后果"，以及"关心和尊重……人"的"诫律"。还有一些计算机伦理准则涵盖的问题更多，如计算机协会（ACM）的《伦理准则和专业行为规范》（ACM 1992）包括24个义务，其中有11个不在梅森的"四大问题"之列；ACM/IEEE-CS 联合制定的

---

[*] 本·菲尔维泽（N. Ben Fairweather），原标题为"No, PAPA：为什么不完备的伦理准则比没有更糟。"本文最早是在计算机伦理会议（瑞典 Linkoping 大学，1997年）上报告的一篇文章，后来刊发在 G. Collste 主编的《信息技术时代的伦理学》一书中（Linkoping 大学出版社，2000），N. 本·菲尔维泽版权所有，2000年。重印经作者允许。

## 第 7 章　为什么不完备的伦理准则比没有更糟

《软件工程伦理准则和专业实践标准》（Gotterbarn et al. 1998）包括 80 个义务，其中大概有一半多不能归到"四大问题"中。

## 问　题

问题在于：如果仅关注隐私、准确性、所有权和可及性这四个方面的问题，就可能忽视其他道德问题，而通过更深入的思考，可以发现这些问题更重要。正如我稍后将要提到的，对某个不道德行为的谴责是极其错误的，从而是荒谬的；或者，某个极其不道德的行为可能根本就没有遭到谴责，因为导致人们认为它是不道德的影响因素不在 PAPA 的范围之内。

不是所有的信息技术的重要伦理问题都可以归到 PAPA 名下。我将举例说明这一点。但是，显而易见的是，这些例子并没有罗列 PAPA 存在的所有问题。

## 武　器

PAPA 存在的问题的一个重要例子是这样一个问题：是否应当开发用于武器系统的技术。这是信息时代的一个伦理问题：在当今世界里，信息技术占有军费开支的最大份额。的确，信息技术在军事方面的应用极其广泛，如果不是军费支出的刺激，计算机信息产业可能还未浮出水面。就举一个例子：互联网本身是由 ARPANET 发展起来的，而 ARPANET 是一项军事技术（Bissett 1996，p.87）。武器开发引发的伦理问题可能包括长期以来就一直存在的一些伦理问题（因此，人们可能认为这些问题"不是信息时代的"问题），隐私问题，像那些与武器更直接相关的问题一样，就是长期以来一直存在的问题。信息时代把新的关注点放在很多传统伦理问题的某些部分。因此，武器开发的伦理问题是传统伦理问题如何随着技术的变革以新的形式呈现出来的例子。

我们已经提到，隐私问题与武器相关：杀人毕竟侵犯了隐私。然而，侵犯隐私基本上不是杀人错误的核心所在。假如我以战争会侵犯受害人的隐私为由抗议一场战争的话，人们会认为我本末倒置。

同样，信息系统的准确性也与武器系统有关，因为不准确的数据或运算会导致击中错误目标。但是，该系统究竟是否应该存在这一问题，比怎样使系统可靠地完成预定任务这一问题更为重要。

武器的生产、存在和使用所引发的所有权问题非常重要，但这些问题并不属于梅森（1986，pp. 9-10）感兴趣的知识产权问题和网络所有权问题。而且，人们一般也不认为这些所有权问题是与武器相关的关键性伦理问题。关键的伦理问题是在武器使用中可能丧失的生命，而不是毁掉的财产。当然，人们可能会争辩，没有使用过的武器的存在本身可以保护所有权，包括知识产权；然而，必须非常实质性地把武器投入使用、摧毁生命和毁坏财产的可能性作为一个重要因素加以考虑。

像隐私一样，获取信息与武器问题也具有某种关联。但是，如果抗议杀戮是因为杀戮会导致受害人无法得到信息这种后果，那么这就荒唐地误入了歧途了。

武器杀生的可能性是一个实质性的伦理问题，这个问题必须在关于武器技术的讨论中加以考虑。所有合理的可接受的伦理学理论都珍视生命（至少是成熟的生命形式），即使这些理论认为在某些情况下终结生命可能是合乎道德的。因此，对于所有的伦理学理论而言，武器装备可能终结生命的可能性是一个具有道德意义的事实，需要以道德的理由来驳斥反对武器的原初理由。

有些人可能认为，武器技术的开发是可以获得辩护的，如果武器投入使用的可能性极低，并且/或者只有在如下情况下使用，即虽然使用武器确实对这个世界上有价值的东西如生命有极大的破坏，但是，如果战争无论如何还是会打起来，那么就还得使用武器。

然而，这些都是很大的"如果"，考虑从事可能直接应用于军事的信息技术的人，试图将这些技术卖给国内外军方的人，与国内外军方有密切联系的人，都应当深入考虑这些"如果"（在这样做的时候，他们最好牢记：有些政府会对武器的最终用途撒谎，这些政府可能谎称他们不太情愿把这些技术投入战争）。

武器系统可能威胁生命，这种威胁是否会因新系统的开发而增加或减弱，这在 PAPA 问题中没有得到任何有意义的讨论。

### 环境影响

同样，我们有很好的理由对计算机给环境带来的破坏进行道德考量,这些破坏是由于计算机生产所使用的材料以及计算机的废弃物所引起的,由于环境的破坏,计算机从而给未来的人类和动物也会带来损害(见 Attfield 1991)。计算机生产导致的污染包括易挥发有机物、溶剂、碱性清洁剂、酸、铬、氧化剂、炭浆、表面活化剂、含磷溶液、玻璃、酒精、氨、铝、微粒、氯氟碳、镍、银、铜、铅、焊锡、甲基溴化物(被列为 I 类剧毒物,是除氯氟碳之外又一种大量消耗臭氧的物质)(Corporate Watch 1997)。

隐私、计算机数据和信息的准确性问题与计算机对环境的影响没有必然联系。计算机中的所有权问题与环境有两种相去甚远的关系:尊重知识产权的软件成本是计算机费用中的重要部分,这种费用倾向于抑制计算机使用的增长。但是,计算机开发的成本可能有回报,这种获得回报的可能性会诱使软件开发者编制需要更大计算能力的计算机来运行的软件,这就导致用户频繁升级硬件,而升级的频率远远高于磨损的频率。计算机使用的增加必然是以计算机产量的增加为先决条件的,这样,环境的恶化也就增加了。显而易见,单纯只考虑 PAPA 问题会导致环境的恶化。

通过开发使人们不得不购买计算机硬件的软件,计算机信息产业(常常不知不觉地)在怂恿他人做导致环境污染的事情(由于计算机生产)。导致环境污染应当受到道德谴责,这意味着计算机和软件的存在应当带来道德利益,避免总体上的道德伤害。软件的开发本身带来的道德利益可以大于道德伤害(包括由于污染);远程工作技术的发展使工作得以重新分配,这样,财富在全球更均衡的分配就成为可能。

## 远程工作与远程办公

PAPA 问题包括远程工作(在美国常称为远程办公)中的重要伦理问题,而隐私问题和可及性问题是远程工作最重要的伦理问题。然而,大多数与远程工作相关的伦理问题不是隐私或可及性问题。那些不是隐私或可及性问题的问题也都不是准确性问题,尽管工作者与传统的工作场所之间的距离并没有带来新的重大的准确性问题。

梅森的所有权问题之一(1986,p.10),即带宽和远程通信网络的所有权问题,是一个远程工作的问题,因为远程工作者依靠充足的带宽进行工作,而在现场工作的人可能无需占用带宽就能够进行同样的工作。然而,在互联网界面图像化的时代,远程工作者使用带宽不会多过于现场工作者使用互联网;并且,如果他们(不是干公事)不得不支付通信费的话,那么他们会尽可能地减少使用带宽。

远程工作所带来的最明显的隐私问题,是雇主可能利用自动化手段收集雇员的数据资料。由于不能使用传统的直接管理的方法,这就引诱老板采用侵犯性的技术来跟踪,例如,远程工作者每分钟的击键次数。根据后果进行管理的方法在道德上比较容易让人接受(见 Fairweather 1999)。

可及性是一个重要的远程工作问题,因为得不到技术,远程工作者积累的个人优势将得不到承认。这些优势可能包括:上下班的交通不再必要,因此节省了大量的成本和时间;或者能够为身在远处的雇主工作。

因此,PAPA 包括了与远程工作相关的一些重要的伦理问题,但是还有其他一些重要伦理问题没有被包括在 PAPA 框架之中。远程工作关键的伦理问题包括隔离问题,以及工作地点的改变所造成的伦理影响。

雇员之间的隔绝是远程工作的一个极其重要的道德缺陷,认识到这一点已经有些时日。对许多人来说,受雇可以为他们发展友谊和增加社会交往提供重要的资源(Union of Communication Workers 1992, p. 2)。在同一工作场所上班,常常可以使雇员组织工会或雇员协会来与雇主进行谈判,而不是让雇员完全承受糟糕的管理强加给他们的一切。

工作地点的改变会产生一些伦理后果,因为乘车上班会消耗短缺的资源并造成污染。远程工作可能导致办公楼空置,建造这些办公楼的资源也就被浪费了(British Telecom 1996)。如果远程工作使雇员和雇主各处一方,那么远程工作就可以引起财富在地区分布上的变化,包括洲际间的分布变化,这样就可能恶化或改善全球财富的不均衡性。

在考虑远程工作的伦理问题时,忽视那些没有包括在 PAPA 框架中的问题,就会漏掉许多重要的伦理问题。

## 保护弱者对抗强者

根据彼得·戴维斯(Peter Davis)的观点(引自 Donaldsin 1992, p. 255),关于任何伦理准则,我们要问的一个关键问题是,"这个准则支持弱者对抗强者吗？"四大 PAPA 问题在某些情况下与保护弱者对抗强者有关，如可及性问题明确地考虑到了弱者的立场，然而保护所有权通常是保护强者对抗弱者。在很大程度上，这是因为拥有财产在西方社会和全球经济中本身就是一种力量，可能还是最重要的一种力量。考虑计算机所有权时，这个力量甚至更加强大。大多数关于侵犯所有权的指控都是大型公司针对小型公司提出的。同样，企业和"行业老大"利用主张隐私权（尤其关于"商业敏感"信息）来阻碍对其腐败和剥削的调查。

如果对四大伦理问题没有指明主次的话，那么为什么给予弱者更多优先的可及性问题最为优先呢？PAPA 没有提供任何指导意见，也没有对在各种伦理问题中何者优先这一问题提出任何其他指导性的建议。

运用四大关键伦理问题来指导关于保护强者对抗弱者的问题，其最终的结果是把我们置于比最开始的处境更糟糕的地步。正如戴维斯所说："有些准则根本就不保护弱者对抗强者，我们不应该利用这些准则使强者对抗弱者合法化"（引自 Donaldson 1992, p. 264）。人们能够很容易"利用" PAPA 使强者对抗弱者合法化，尽管在某种程度上，PAPA 对这个问题的表述模棱两可，但是这把我们置于比它不提供任何建议时更糟糕的境地，这是因为自相矛盾的建议常常比根本没有建议更无用。

## PAPA 问题的重要性

毫无疑问，我们有充足的理由对 PAPA 的隐私、准确性、所有权和可及性问题进行伦理考量。这些领域中的不道德行为对于毁坏生活有着十分重要的作用，正如梅森所说：

> 侵犯隐私使罪犯能够建立关于某个人在哪生活在哪工作的个人档案。用这种方式进行数据匹配使罪犯能够弄清楚在工作日哪些房子没有人留守，因此这些房子遭窃，而破案的机会却微乎其微。
>
> 不准确的数据可能导致信用的缺失，从而阻碍人们参与到发达国家的主流社会，更糟糕的是，被错误地指控非常严重的犯罪而被逮捕。

不能正确处理带宽分配引发的所有权问题,可能会妨碍人们获得安全攸关的信息,如天气预报。

获得计算机技术的不平等性,可能会加剧目前贫穷国家的贫困,导致更多的人死于饥饿。(1986,p.8)

然而,难以置信的是,任何一个对计算机伦理后果忧心忡忡的人都认为,PAPA 四大伦理问题涵盖了所有需要思考的问题;我也决不认为这是梅森(1986)的意图。让我来总结一下我所提到的计算机技术的一个例子,武器是一个安全攸关的系统,它总是像其他安全攸关的系统一样,安全问题应该给予高度重视。我确信,梅森会赞同在考虑安全攸关的系统时应该高度关注安全问题,即使 PAPA 没有提到这一点。本章不是专门批评梅森和 PAPA 的,而是批评许多关于少数伦理问题的讨论常落入的陷阱,梅森的 PAPA 框架就是这样一个例子。其他可能遭到重大批评的伦理准则有美国信息系统学会的伦理准则(1997)、日本信息服务行业协会的伦理准则(1993)。

把注意力集中在这四个方面给人们一种印象,即只要遵守这四个方面的伦理要求就足以保证正确的行为。但是,这远非事实。

## 寻找准则漏洞的压力

人们普遍认为,所有从事商业活动的人都不关心道德问题,这一点对计算机信息行业以及其他行业的人来说都同样适用。确实,有时人们为谋求利润,或保住工作,或维持他们的生意,他们会做出严重不符合道德的行为。

然而,这些商业人士常常具有强烈的道德和道德责任意识。被批评为不道德的行为事实上可能有合乎道德的动机:这些商业人士常常意识到了他们对股东以及其他为其事业服务的人负有责任;他们也常常意识到他们对家庭成员负有赚取足够的钱维持生计的责任。有许多理由证明,对与员工关系密切的人所负的责任似乎非常紧迫;而与商业联系不太紧密的责任似乎不是十分重要,从而被忽略了,这一点也不令人奇怪。

商业界的压力包括如期偿付的压力,这可能是由合同中的惩罚性条款强制实施的。这可能导致如下情况:当软件专业人员知道程序还需要更多的测试,但他们还是会在交货期到来时声称程序已经做好交付客户的准备了。对同事、家庭、股东等的直接责任,似乎比对那些不认识的软件用户的责任要有压力得多,尤其当所有已做过的测试看起来都获得了好的结果时。商业界里另一个常见的压力来自销售目标和基于佣金的薪金计划:在这种情况下,销售人员可能会感受到养家糊口的道德责任是如此的强烈,而那些诸如对系统功能不得撒谎的责任看起来很抽象,并且与现实世界无关。

产生违背道德理想的行为的压力也可能不是金钱方面的。作为团队成员进行工作的人的一个最大压力是融入团队的心理需求,这可能导致他们参与欺负团队中的少数派成员。在另外一些情况,和上司的分歧也可以导致道德问题;在存在明显等级的地方,处于下级的人可能会感到有一种压力,不得不隐瞒坏消息,或不批评上司。① 这些多方面的影响可能导致人们去做那些连他们自己都深感不安的坏事。

同样,众所周知,某个人做了不道德的事情,其他人会认为这不过是出于自私,尽管这种情况的数量容易被高估。无论什么背景,人们可能清楚地意识到了他们将要做出的事情不符合社会认可的道德行为标准。然而,不管怎样,他们还是可能迫于更直接的压力,被迫做社会认为不道德的事情。这种矛盾的心理压力可能迫使这些人千方百计为其行为寻找"借口"。

在这种情况下,找到看起来像伦理准则而又不谴责有问题的行为的东西可以使人得到极大的解脱。我们可能辩解道,"制定伦理准则的专家比公众(甚至比我)更加清楚什么是对的、什么是错的";或者说,"专家比公众更了解我所承受的压力。"如果制订与我的专业有关的伦理指南的"专家"不谴责他人(可能是我自己的良心)所谴责的事情的话,那么,我真的应当对他们的专长佩服得五体投地了。

"终于解脱了,"我们可能会想,"我曾经有过担忧,但是你瞧,最终什么问题都没有!"同时,那些制订了一点点伦理指南的"专家"可能会惊恐地发现,人们把这个指南用来为该指南从未打算涵盖的行为作借口,因为这个指南压根儿就没有提到这个行为。当信息系统管理协会伦理准则的制订者看到最近一份调查结果时,我想他们会感到比较烦

---

① 最富有戏剧性的例子不是来自计算机领域,而是来自航空界,其研究把澳大利亚航班的良好事故记录和澳大利亚文化中的反抗倾向联系在一起(*Independent Radio News* 1997)。

恼。这份调查结果表明,作答的信息系统管理协会(IMIS)成员中有22%的成员认同"未经雇员同意,雇主有权使用电子监视系统监控雇员的行为。"①

当然,如果"走道德捷径"的压力很大,那么无论是否发现伦理准则不谴责其故意行为,他可能都会这样做。伦理准则的有无本身不太可能影响任何行为。制定专业准则的人希望,准则具有教育功能,准则能够推动宣扬道德行为的舆论气候的发展,准则能够支持愿意按道德方式行事的人、反对助长只管"完成工作"不管这是否道德的风气的人。制定专业准则的人的这些希望是有局限性的,没有触及到阻止人们继续从事他们已经做过的不符合道德的事情的范围。

同样,在一个不完备的伦理准则中找到不道德行为的"借口"的人,如果他人否认该"借口"的这个来源,那么他还可能在其他地方找到该"借口":但是,这不是使该"借口"比它所需要的更加有用的原因。人们对自己的行为依然负有最终责任,但是,伦理准则的制订者也必须认识到准则可能被滥用。

## 不完备的伦理准则

感到有压力的人可能求助于伦理准则(无论是计算机行业还是其他行业),想找到相对容易"摆脱"伦理困境的办法。这样,人们可能希望伦理准则能够为其可能不道德行为提供借口。显然,准则与不道德行为的关联越明显,准则就越容易到手,就越有可能被人利用。而且,正如我们将看到的,有些伦理准则比其他准则为这样的滥用留下了更多的空间。不管怎样,如果所有领域及其子领域的伦理准则为滥用留下了空间,那么这些伦理准则就会被这样滥用。

伦理争论的构建非常重要,在某些情形下,这样的争论需要阐明应用于具体情况的具体原则或指南。对参与这些争论的人而言,这些原则或指南可能明显不是一部完备的伦理准则,例如,它们可能只关注非常特殊的情况中的某类问题。

严格地以这种方式审视梅森的 PAPA 问题是十分有道理的。问题

---

① 对 Prior 等 1999 年收集的数据的再分析。我感谢马特·罗(Matt Rowe)所做的再分析。

第7章　为什么不完备的伦理准则比没有更糟

在于,有些人是这样理解 PAPA 的,即 PAPA 使这些人确信,在信息技术领域只要对隐私、准确性、所有权和可及性问题进行伦理思考就足够了。恰恰相反,即使梅森的框架是旨在成为一个(或部分)伦理准则,也常常存在一种可能性,即原本打算不公开讨论的问题变得越来越公开,从而被误解为这是一部伦理准则(尽管是一部可怜的不完备的伦理准则)。

同样,我不得不怀疑"计算机伦理十诫"原本是否只是想作为思考的起点或者为引发一场讨论抛砖引玉。无论其背后的意图是什么,这些戒条被极其广泛地引用(例如,见 Alta Vista 2000),而且在内容上它们常常看起来像是包括了计算机伦理学的所有内容;然而,甚至只熟悉一点点计算机伦理学的大学生都很清楚,"十诫"不是全部内容。

另一个被广泛引用的"简准则"是"公平信息原则"清单,用来处理个人数据的获取、收集、使用和储存的问题(例如,见 Kluge 1994, p. 336)。尽管这些原则总的来说是有用的,但在许多情况中这些"原则"都存在明显的问题。例如,在一个医疗环境中,"当病人的福利或生命处于危急时刻,可能出现未经病人知情同意就泄露秘密的情况"。(同上,p. 340)

无论何时,只要伦理问题的选择是围绕为了应用于具体情况而提出的具体原则或指南而展开的,那么就存在把这些原则误解为一部伦理准则的危险。不管原则提出者的意图如何,这种危险依然存在。

同样,伦理准则把焦点放在可能最有意义的伦理问题上是明智的。这样做,伦理准则能够很好地突出重要的问题。但是,如果因此产生(只不过是无意地产生)不需要对其他问题进行伦理思考的印象,那么这就为这些伦理准则可能默许其他方面的不道德行为留下了余地。

在制订准则时,如果焦点集中的准则以为某个特定的道德根据或事实根据在社会中具有普遍性,那么上述情况就很可能发生。于是,在就业率很高的时期,行业伦理准则的制定者可能会认为,把勤奋的员工裁掉而不给予任何补偿是极不道德的。但是,制定者认为这种可能性几乎不存在,所以不必要把它写进伦理准则中。现在,这种可能性的确出现了,但它没有遭到行业伦理准则的明确谴责。

不完备的伦理准则的制订者冒着一种风险:即怂恿他人在其显而易见的默许下干缺德事。

## 完备的伦理准则？

现在面临的问题是：什么是完备的伦理准则？对于任何伦理准则的制订者或者其他可能被认为（或误解？）为伦理准则的制定而言，都有责任尽可能多地把准则适用范围内的各种情况和问题包括在准则之中。

然而，在制定准则的时候，制订者无法考虑到所有可能的情况，因为这个世界处于变化之中。而且，还存在不可避免的边界问题：准则适用范围的边界是什么？——对于在边界范围之外如何行动，准则又该说些什么呢？

准则应该讲清楚其适用范围（因此计算机伦理准则可以讲清楚它不包括使用计算机所产生的收入应当怎样分配的问题）。但是，这样做的同时，它还必须说明，超出其适用范围之外的伦理问题仍然是伦理问题，而且这些问题可能比准则已涵盖的问题更为重要。正因为准则存在适用范围的问题，我们就不会奇怪克鲁格（Kluge）（1994，p. 340）认为"没有什么可以保证'公平信息原则'本身是完备的"。

克鲁格建议（同上），制订准则的最佳方法是，首先"确定基本的伦理原则……然后确定可能出现的各种情况……然后推导出行为规则……再根据情况的要求解释这些原则"。根据克鲁格的观点，该方法"具有一个优点，它从一开始就指明了，即使目前没有哪条具体的规则明确地规定了某个具体领域或者某个具体情况，但总的原则本身还是适用的"（同上）。逻辑上无懈可击，且避免了不完备性的问题。然而，克鲁格的方法存在缺陷。

试图从基本的伦理原则推导出伦理准则或类似的伦理实践指南，不具有实际意义，因为关于基本伦理原则的争论常常比关于在某个具体情况下什么是道德的行为的争论要多得多。试图从几个基本伦理原则的单一自洽的依据推导出伦理准则，也容易使准则遭到人们的批评，这些人读过或报道了众多文章中的一篇或其中的要点，这些文章概括了推导基本伦理原则的各种尝试的困难。这种批评反映了我的担忧，即某些不完备的准则面对争论时可能会名誉扫地（Fairweather 2000）。

要避免针对不完备性的批评，准则的制订就不能基于一组自洽的基本伦理原则。任何准则只要绝对声明遵循该准则并不取代对个人行为进行认真的伦理思考,尤其是在准则对那些没有明确规定的领域或问题,即使该准则不是一个真正完备的道德准则,它也可以避免针对其不完备性问题的批评。因此,加拿大信息处理学会《伦理准则和行为标准》(1996)声明,"我们不能用它来否定其他同样必要的道德义务或法律义务的存在,即使没有具体提到这些义务。"ACM/IEEE-CS 联合制定的《软件工程伦理准则和专业实践标准》(Gotterbarn et al. 1998)在序言中指出,"不得把本准则的单个部分孤立地用来为疏忽或失职作辩解。"并且,当准则没有提供答案时,在对伦理思考的基础提出一些提示之前,指出了"所列原则和条款不是毫无遗漏的。"

## 避免意外的不完备的"伦理准则"

这样,我们就开始对隐含在本讨论中的问题做出回答。这个问题是"如果没有不完备的伦理准则,何以讨论把道德应用于现实世界的具体问题?"

一次仅讨论一个问题可以避免把同时对多个问题的考量误认为一部伦理准则的可能性,即使在这种环境中,承认其他潜在的更为重要的尚未讨论的伦理问题的存在,也是一个好主意。如果道德问题的环境和性质是这样的,那么就需要同时考虑多个问题。

## 结 论

制定伦理准则(或者可能被误认为是伦理准则)的人应该意识到准则被滥用的可能性。只提到一些问题而没有触及另一些问题的准则是司空见惯的,尤其当问题处于准则适用范围的边缘时就更容易遭到这样的滥用。准则应该明确其适用范围,但更重要的是,尽管如此,准则的制定者应当指明,准则并不能代替谨慎的伦理思考,尤其对于在准则中没有明确规定的领域或问题。

**基本的学习问题**

1. 本文中缩略词 PAPA 的含义是什么?
2. 根据菲尔维泽的观点,运用 PAPA 来确定与计算机技术有关的伦理问题的最主要的危险或问题是什么?
3. 根据菲尔维泽的观点,与武器有关的最主要的伦理问题是什么?PAPA所涉及的伦理问题是否直接解决了关键性的武器伦理问题?请解释。
4. 根据菲尔维泽的观点,把焦点集中于PAPA伦理问题如何产生导致世界环境严重破坏的实际威胁,并因此影响到生活在这个世界上的人和动物的?
5. PAPA框架明确提到了哪些与远程工作和远程办公相关的重要伦理问题?哪些重要问题PAPA没有认真地提到?
6. 根据菲尔维泽的观点,在关于保护弱者反对强者的问题上,仅关注PAPA伦理问题是如何把我们"置于一个更糟的境地"的?
7. 尽管PAPA伦理问题十分重要,但根据作者的观点,在研究计算机伦理学时仅关注这些问题存在很大的危险。请解释作者的意思。
8. 根据菲尔维泽的观点,人们日常生活中的各种"压力"会导致人们以他人看来不道德的方式行事。请详细描述至少三种这样的"压力",包括金钱和非金钱方面的压力。
9. 根据菲尔维泽的观点,承受上述问题8中所描述的"压力"的人,实际上可以利用伦理准则来为其不道德的行为进行辩解。请解释伦理准则的这种"滥用"是怎样产生的,尤其请讨论"不完备的"伦理准则这一概念。
10. 如果"不完备"的伦理准则可以导致不道德的行为,那么伦理准则的制定者怎样才能有把握地制定"完备的"伦理准则?请详细解释本文作者关于这一重要问题的建议。

## 深入思考的问题

1. 日常生活的道德观,如帮助邻居或不伤害,是如何与像英国计算机协会(BCS)或计算机协会(ACM)这样的组织的专业伦理准则联系在一起的?
2. 专业伦理准则和法律之间的合理关系是什么?例如,计算机专业人员应当根据政府的条例调整他们的伦理准则吗?如果应当,如何调整?
3. 如何运用伦理准则来降低软件缺陷的风险?这些准则以往是怎样起作用的?

# 第8章　论计算机专业人员执照制度[*]

唐纳德·哥特巴恩

是否给计算机专业人员颁发执照是一个争议非常大的政治问题。一般而言,颁发执照意味着,从事某个专业需要政府颁发的执照,这通常由专业组织来进行管理。一般的观点认为,颁发执照这个办法是用来帮助该专业之外的人判断某人是否具有承担该专业的能力。目前,计算机专业人员并不需要获取执照。

给计算机专业人员颁发执照是一个复杂的问题,需要进行明确的讨论。对这个问题的多种反应使得这个问题变得更加混乱。反对颁发执照的人提出了几个问题:阻止技术发展、限制研究、导致失业、以及贸易活动中不合理的政府干涉;而赞成颁发执照的人则走向了另一个极端,认为颁发执照是医治计算机技术和计算机产品人机互动中的所有毛病的灵丹妙药。这两种立场的极端性使颁发执照的潜在问题和可能性变得模糊不清。本章建立了一个广义的颁发执照的模型,旨在解决反对颁发执照的人所提出的大多数混乱的问题;但是同时,该模型并不是基于把颁发执照当作灵丹妙药的极端乐观主义者。倘若能建立一个切实可行的可以解决有关颁发执照的主要问题和主要目标的颁发执照模型的平台,那么,讨论真正的问题就应当成为可能。

## 当前利益的理由

给计算机专业人员颁发执照的当前利益来自几个方面。公众已经

---

[*] 本文中的部分内容以前刊发在约瑟夫·科扎(Joseph M. Kizza)主编的《计算机革命的社会、伦理后果》,McFarland and Company Inc.,1996。唐纳德·哥特巴恩版权所有,2001年。重印经作者允许。

意识到计算机对其生活的影响，也认识到好的计算机技术不仅影响到他们的生活质量，而且时时影响到他们的安全。他们已经意识到一些系统设计不完善，有些设计带有恶意目的，有些设计带有欺诈目的。许多人相信颁发执照是控制所有这些问题的一种尝试，但不应当把颁发执照看做能够完全解决这些问题的尝试。这种对颁发执照的后果过于乐观的观点，导致了反对给计算机专业人员颁发执照的似是而非的观点。我们将在下面讨论其中几个观点。

首先，如果说颁发执照不是灵丹妙药这一点是正确的，那么为什么我们对颁发执照感兴趣呢？在此，我提出一个可以解决部分问题的颁发执照的模型，该模型也许会打消一些担忧。此外，建立颁发执照的标准将有助于把计算机技术建设成为一种专业。反对颁发执照的人认为，走向专业化是一种为收取更多计算机服务费进行辩护的利己的借口。这种观点忽视了专业化的一些重要的伦理方面。软件开发已经呈现出成为一种专业的重要标志，也就是说，计算机专业人员拥有可以直接影响到公众生活质量和安全的专门技能。[①] 从事这一专业要求公众的特别信任，从业本身也证明提高服务标准的合理性。计算机技术的专业化将明确计算机专业人员对公众的责任。《软件工程伦理准则》中有这样一个例子，它为伦理决策提供了以下指导：

> 这些原则应当促使软件工程师广泛思考谁受其工作的影响，检查自己和同事是否给他人以应有的尊敬，思考如果公众充分知情的话，将如何看待其决策，分析其决策将如何影响最弱势的群体，思考其行为是否被认为符合软件工程师专业行为的标准。在所有这些判断中，考虑公众的健康、安全和福利是最重要的，即"公众利益"是本准则的核心。（《软件工程伦理准则》，序言）

软件开发这一学科已经取得了显著的进步，公众应该相信计算机专业人员具有以最好最安全的方式开发计算机系统的知识。拥有计算机执照并不保证具有这些知识的人不从事恶意的或欺诈性的行为，就像医生拥有执照并不能保证他不从事恶意的或欺诈性的行为。

---

[①] 在美国，两个专业组织，即计算机协会和IEEE计算机学会，已经着力于发展软件开发的专业标准。它们联合批准了《软件工程伦理准则和专业实践标准》。IEEE计算机学会已经建立了软件开发人员的认证标准，这个标准要求软件开发人员在该领域有9000个小时的工作经验，通过考试证明其技术知识，并遵守《软件工程伦理准则》。

医学的专业化至少提供了两种阻止这种恶意或欺诈性行为的力量，即伦理准则和专业实践标准。医生认同规定照顾病人是医生的首要责任和医疗实践的目的的伦理准则。计算机技术的专业化应该强化如下观念，即计算机软件只有一个功能——为客户或顾客提供服务。最近的计算机专业伦理准则，如 ACM/IEEE-CS《软件工程伦理准则和专业实践标准 1999》，把计算机软件开发看作一种服务，要求对客户高度负责。例如，《软件工程准则》原则 1.04 指出："如果有理由确信危害是软件或相关文档造成的，应向合适的人员或机构通报软件或相关文档对用户、公众或环境造成的实际或潜在的危害。"

专业化包括一个伦理准则和一套专业标准。例如，要求医生遵守医学专业的标准及其伦理准则，因为如果不这样做就会导致吊销医生执照。如果给计算机专业人员颁发执照，那么同样也会要求他们遵守专业标准。尽管在这两个例子中，没有一个表明颁发执照可以使得人变得称职或有道德，但是，颁发执照确实可以促使执业人员更加明白该专业的最佳行为，感觉到"做正确的事"的社会压力。

如果不颁发执照，就没有高度负责的要求，也没有玩忽职守的概念。例如，在几个案例中，针对软件开发人员玩忽职守的诉讼都被推翻了，因为他们没有作为专业人员的标志。在一个这样的案例中，软件开发被描绘成"只是公众对其服务并不特别信任的一种行业"（Hospital Computer System, Inc. v. Staten Island Hospital, 788F. Supp. 1351 [ D. N. J. 19921 ] ）。

在该专业内外，众所公认软件开发已经达到了比较成熟的阶段，而成熟意味着责任和义务。计算机技术不再只是信息处理。例如，我们开发的软件控制恒温箱的温度，直接影响婴儿的生死。心脏病患者应该可以指望得到一个工作正常的起搏器。计算机越来越渗透到人们的日常生活，这就要求高度的责任心和义务感。

## 消极反应

关于给计算机专业人员颁发执照的讨论引发了来自软件开发人员的两种批评：对颁发执照这一观点的批评，以及对实施执照制度的批评。然而，这些批评大多是误入歧途的。

## 颁发执照观点的反对意见

**编程是一种艺术，它享有保护言论自由的权利** 有些人认为，国家没有权力限制他们的编程工作。他们相信"编程的言论自由"。这种观点似乎忽略了对计算机产品的用户的责任问题。如果把"言论自由"定义为不受控制的和无规则的软件开发，那么言论自由确实会受到颁发执照的限制；但是，把规章制度引入影响公众的软件开发和软件测试中，这似乎并不是一件坏事。我们不能确定用于控制恒温箱温度的程序是不是"自由言论或艺术实践"的产物；但我们可以确定的是，使用已知的测试技术应该可以发现恒温箱温度控制软件中的错误，这个错误恰恰导致了两个小孩的死亡。因为在心脏移植过程中医生执照会妨碍"自由言论"，所以我们不应该给医生颁发执照，这种类似上面的理由看起来十分荒谬。

**颁发执照不过是增加税收的另一种手段** 有些人认为，"颁发执照不过是一架税收增加器或是国家捞取更多钱财的花招"。即使国家利用执照或执照制度来增加税收，这也并不意味着，因为国家从中牟利，我们就应该取消电气工程师的执照制度。如果颁发执照的唯一目的就是产生新的税收，那么我们就应该反对。但是，看起来似乎有其他好的理由支持给软件专业人员颁发执照。

**不能为没有从业标准的行业颁发执照** 两种相关的反对意见是：(1)软件开发还不是一个完全成熟的专业，所以不可能有颁发执照的标准。(2)颁发执照将使软件技术停滞在不成熟阶段。① 不成熟是一个奇怪的标准。青少年还没有完全成熟——他们不知道所有的正确答案——但是我们却期望他们对他们已经知道的事情负责。软件开发学科还不是一个完备的或静态的知识体系，但这不应该成为软件执业人员不遵守那些已知的测试、设计原则的理由。没有人会说，因为医学还不是一个完备的学科，所以我们不应该实施我们所能施行的最好的医术；没有人会说，医务人员不必对掌握和实施"最好的医术"承担责任。

**颁发执照不能保证称职的专业能力** 有些反对者声称，颁发执照不是称职的工作能力的保证。这是对的，但是他们只关注问题的错误

---

① 这两种观点最近由 ACM 特别委员会的委员们提出，当时他们建议 ACM "从推进执照制度的努力中退出"。http://ww.acm.org/serving/se_policy/

的一面。不颁发执照意味着我们无法知道开发人员是否具有当前最好的业务知识。颁发执照正是为了保证开发者掌握了目前最佳的业务知识;并且,如上所述,还有促使他们遵守专业行为标准的其他压力。

**计划和预算等行业压力凌驾于"良好的实践"之上** 目前,预算和计划的压力过于强大,从而无法保证遵守最佳的专业行为标准。还没有什么力量足以阻挡因预算和计划压力而产生粗制滥造的软件的开发。然而,执照制度的引入将产生极大的反压力。如果获得执照的专业人员不遵守最佳的专业行为标准,就会有吊销执照的危险。颁发执照也会直接给获得执照的人及其雇主带来玩忽职守诉讼的法律压力。

**颁发执照会产生软件垄断** 仅当任何软件开发都普遍需要执照时,这种反对意见才是正确的。某些软件开发领域如飞机上的飞行系统,要求获得执照,而其他领域是选择性的。这样会限制某些领域的准入,但这看起来还是比把生命攸关的软件交给其技术未经认证的人员开发要好的多。

## 执照制度的实施

有时,反对执照制度是基于非常合理的理由,即国家立法机构对软件开发不太了解。如果由国家立法机构制定颁发执照的标准,那么我们都会处于无所适从之中。大多数的国家立法机构同意这一观点,这就是为什么颁发执照的标准通常由合适的专业组织来制订,或者由国家立法机构与专业组织或已获得执照的专业人员共同制订,德克萨斯州设立软件工程师执照制度时就是这种情况。一般而言,国家的职责只是管理考试,以确定是否达到由专业组织所建立的标准,并强制实施与颁发执照有关的法律标准。国家也收取此项服务费。

# 计算机专业人员执照制度的一种模式

上面引述的许多反对意见对于某些颁发执照的模式来说是中肯的,但是我相信,至少有一种给软件专业人员颁发执照的模式可以应对大多数已提出的主要反对意见。我提出一种给软件专业人员颁发执照的模式,在这种模式中,有一个获得了计算机专业人员的支持,并由政府实施的国家标准,该标准是以专业工程师和专业护士的执照颁发标准为原型的。这个国家标准包括:

1. 专业知识证书——四年的本科学位 这将保证执业者至少基本上获得了当前最佳的专业知识。

2. 继续教育证书——执照的有效期为五年 专业护士证书的有效期是两年，他/她必须重新参加考试，内容是相关医疗业务知识的新进展。同样的原则同样应该适用于计算机专业人员。例如，运用 20 年前的数据库设计知识不可能编写出最好的计算机系统。这个原则没有指明执业人员必须通过何种途径获取新知识。在重新考试之前，会告知执业人员将涉及的新领域。对继续教育的重视将彻底打消那些认为执照制度会使技术停滞不前的顾虑。执照制度有一个相反的效应：它要求所有已获得执照的执业人员跟上不断变化的技术。

3. 技能内容由计算机执业人员决定 IEEE 和 ACM 已经做到了这一点，他们为计算机科学本科教育设置了公共课程大纲。IEEE 计算机学会最近出版了《软件工程知识体系》一书，*这本书提出了软件开发人员的十大"知识领域"。此外，军方以及其他国家也已经开展了有益的技能考试。

4. 依据技能和能力范围颁发不同层次的执照 根据专业能力和培训状况，给护理人员颁发不同层次的证书，以便进行不同层次的病人护理。同样，计算机执业人员应该只能从事他们有能力胜任的工作。（这与《软件工程准则》是一致的——见原则 2.01："在专业能力范围内提供服务，坦诚相告自己经验和教育方面的不足。"）

5. 运用理论知识的能力——与已获执照的计算机专业人员一起工作三年软件开发不是一个纯理论的学科，必须通过运用已学到的理论才能获得和表现出称职的能力。这种实习期的要求和 CPA 的要求类似。这个标准少于目前 IEEE 计算机学会的标准所要求的 9 000 个小时——大约五年。（见网址 http://Computer.ORG/Certificafion。）

6. 承诺遵守已认可的标准——对违反最佳专业行为标准和伦理准则的行为进行制裁 显然，这为导致粗制滥造产品的压力引

---

* 《软件工程知识体系》(SWEBOK)，执行主编：Alain Abran 和 James W. Moore；主编：Pierre Boruque 和 Robert Dupuis。由 IEEE 计算机学会资助，计算机学会出版社，2001。

入了一种反压力。在起诉软件开发人员的法律诉讼中,当我们使用《软件工程师准则》作为书面依据时,这种反压力就显而易见了。

我们这个执照制度的模式回应了前面所引述的反对意见,并且为进一步的讨论提供了基础。

**基本的学习问题**

1. 根据哥特巴恩的观点,为什么公众对给计算机专业人员颁发执照这个问题感兴趣?
2. 根据哥特巴恩的观点,为什么把给计算机专业人员颁发执照看作医治不称职、恶意和欺骗性的计算机设计的灵丹妙药是错误的?
3. 根据哥特巴恩的观点,应当把计算机技术看作一种专业吗?
4. 反对给计算机专业人员颁发执照的"自由言论"之说是什么?哥特巴恩针对这种反对意见的回应是什么?
5. 反对给计算机专业人员颁发执照的"增加税收"之说是什么?哥特巴恩针对这种反对意见的回应是什么?
6. 反对给计算机专业人员颁发执照的"计算机专业尚未成熟"之说是什么?哥特巴恩针对这种反对意见的回应是什么?
7. 反对给计算机专业人员颁发执照的"不是称职的专业能力的保证"之说是什么?哥特巴恩针对这种反对意见的回应是什么?
8. 反对给计算机专业人员颁发执照的"预算和计划的压力"之说是什么?哥特巴恩针对这种反对意见的回应是什么?
9. 反对给计算机专业人员颁发执照的"垄断"之说是什么?哥特巴恩针对这种反对意见的回应是什么?
10. 反对给计算机专业人员颁发执照的"立法者对计算机行业不在行"之说是什么?哥特巴恩针对这种反对意见的回应是什么?
11. 请描述哥特巴恩所提出的计算机专业人员执照制度模式中的六个主要组成部分。这个模式是如何应对上述问题4—10中的反对意见的?

**深入思考的问题**

1. 医生、牙医、律师以及公立学校的教师都必须拥有执照或国家颁发的证书才能从事他们的职业。计算机执业人员是否与这些专业人员极其相似,也应该要求他们拥有执照吗?请详细说明。
2. 哥特巴恩的计算机专业人员执照颁发模型包括了本应该有的所有部分吗?你会增加或修改一些内容吗?请解释理由。

## 案例分析：凯姆克公司案

这是一个关于计算机专业人员对他们工作和生活其中的社区应负有的广泛责任的案例。伦理准则有助于理解这些责任的本质，并降低灾难发生的风险，正如在凯姆克公司一案中发生的灾难。这一引人深思的案例虽然没有真正发生，但它与真正发生过的案例相似。欢迎读者使用前面第 3 章介绍的案例分析方法分析本案。

凯姆克公司（Chemco）是全世界大多数制造业所使用的化合物的主要生产商。它在全国各地有数家工厂，分布在人口稀少的地区。唯一的例外是坐落在美国中部一个大城市的最新工厂。这家工厂于 18 个月前开工，被视为旗舰工厂，使用了最新的化学工程技术，并且在整个生产管理中充分利用了计算机系统。在常规的咨询过程中，当地社区对在人口密集的地区设有这样一家工厂表示担忧，但是工厂计划使用先进技术来控制工厂的运行，顾虑因此被打消了。

公司敦促新工厂的管理者寻找新的方法，以降低工厂的管理费用。他们认为使用最新的计算机技术和软件是这种新方法的关键部分。为了实现生产自动化，系统开发团队专注于运用基于神经网络或模糊逻辑的专家系统软件，这样就能够在减少现有生产工人数量的同时增加产量。计算机控制的生产将大为增产。他们认为，应该在现有的工厂中对启动生产的前端输入系统进行尝试和测试；并且相信，为了实现操作成本的节省，一切所需要的就是用新的"智能"子系统取代需要大量生产工人参与的生产控制和监控子系统。

事实上，一旦启动生产程序，在反应完毕以及化合物经管道输送至储存罐之前，不需要任何操作人员的干预。操作人员也起重要作用，他们保持工厂清洁，保证残留物和废弃物得到正确的处理。除了计算机控制的阀门把残留物和废弃物直接从明沟排出，这个清洁过程不是自动化的。其他工厂的生产工人曾建议，清洁过程应当与生产过程自动化地连接起来，以保证更为流畅的生产流程。但出于费用考虑，管理层否决了这个建议。

计算机专家和生产管理者在策略上达成共识，一起合作开发新系统。他们运用新的复杂的模拟软件对系统进行测试。该系统通过了所有测试,包括正常的和非正常的运行环境的测试。公司希望新工厂能够在新的效率水平上运行。该系统除了在投入运行阶段出现了几个典型的小问题,随后的 18 个月中该系统运作得非常好。运行成本大大低于整个凯姆克公司的平均水平,而产量增加了 12%。

  这是在凯姆克公司最新工厂的一个晚班,像往常一样,经验丰富的实验工人启动了由计算机控制的成批处理输入程序,开始又一次化工生产。他粗心大意地键入"Tank 593",而不是"Tank 693",这就把错误的化学品放进了生产流程。计算机系统并没有被设计成能够自动找出这种错误,当出现这样的错误时,没有一个数据输入校正程序。而在凯姆克公司其他工厂的输入子系统,当出现这样的错误时有一个数据输入校正装置,经验丰富的实验工人能够重新核对数据,并做出必要的调整。

  在这种情况下,在新工厂的后果是灾难性的。错误的化学品导致反应炉的温度升高,产生裂缝,随之发生爆炸。一名管理人员觉察到了这种错误,但没能及时联系上生产操作人员阻止事故的发生。操作人员没有降低高温的设施,而新的子系统没有注意到生产过程中的这个问题。操作人员叫来了工厂的消防队。消防队员低估了危险,没有穿戴规定的安全装备。他们受到了爆炸的冲击,结果造成三人死亡,九人重伤。此外,还存在一个更大的问题。在由计算机控制的阀门关闭之前,从裂开的反应炉中喷出的化学物渗漏到当地的排水系统,有害的化学物污染了工厂周围 3 英里范围内的水质。

  凯姆克公司对灾难的第一反应是承认对雇员及其家属、以及居住在工厂附近的人所造成的灾难性的后果。他们很急切地强调,事故是由凯姆克公司夜班工人一系列人为的失误造成的。尽管计算机专家对灾难都感到非常难过,但由于没有把他们开发和运行的系统看作事故的原因之一,他们感到如释重负。在事故发生后的几天里,出现了越来越大的呼声,要求进行公开调查。

# 第四部分　计算机伦理的主要问题

诚而无知,软弱无用;知而不诚,危险可怕。

——塞缪尔·约翰逊(Samuel Johnson)

COMPUTER
PROFESSIONAL
ETHICS
RESPONSIBILITY

# 计算机安全

# 编者导读

在"赛博恐怖主义"、计算机"病毒"和远程"黑客"国际间谍肆虐的时代,①计算机安全显然是计算机伦理学领域中的一个热门话题。计算机安全问题已经不再限于电脑硬件的"物理安全"(如保护硬件免遭盗窃和水火之灾等),更主要的是指"逻辑安全"。斯帕夫特(Spafford)、黑费(Heaphy)和费博瑞奇(Ferbrache)(Spafford et al. 1989)把"逻辑安全"分为五个方面:

1. 隐私和保密。
2. 完整性——确保数据和程序未经授权不被篡改。
3. 坚不可摧的服务。
4. 一致性——确保我们今天所看到的数据和行为与将来相同。
5. 控制资源的访问。

恶意软件或"编程威胁"对计算机安全提出了严峻的挑战。这些挑战包括(Spafford et al. 1989):

1. 病毒——不能独立运行,必须寄居在其他计算机程序中才能运行。
2. 蠕虫——可以通过网络从一台电脑蔓延到另一台电脑,它的各个部分可以在不同的机器上运行。
3. 特洛伊木马——表面上看似一种正常程序,实际上却在这种假象背后进行破坏活动。
4. 逻辑炸弹——核查特定条件,当这些条件符合时引爆。
5. "细菌"或"兔子"——能够迅速自我繁殖,耗尽电脑内存。

---

① "黑客"一词原是褒义词,意指竭力把计算机技术发挥到极致的计算机专家。然而,近些年来,该词逐渐用来指称未经允许远程侵入他人电脑的人。

计算机犯罪,如盗用或安置逻辑炸弹,通常是受人信赖的、并有权使用计算机系统的人干的。因此,计算机安全必然与受人信赖的计算机使用者的行为密切相关。

彼得·诺曼(Peter G. Neumann)将在第 9 章"计算机安全和人类价值"中讨论这些问题以及其他许多计算机安全风险问题。诺曼指出,计算机安全永远也不可能做到尽善尽美;即使在一个开放和绝对诚实的乌托邦式的社会里,安全措施也十分必要。此外,计算机安全是一柄"双刃剑",它不仅可以带来建设性的益处,而且也可能带来有害的后果。诺曼将讨论导致"计算机和/或人的不当行为"的三大"差距";他也将考察一系列旨在减少潜在的有关计算机安全问题的技术方法。

对计算机安全构成巨大威胁的是那些未经允许擅自侵入他人计算机系统的所谓"黑客"。有些黑客故意窃取数据或进行破坏活动,有些黑客则只是"探索"计算机系统,看看系统是如何运行的,存有什么文件。这些"探索者"常常自诩是乐善好施的自由卫士和反对大型公司敲诈行为和政府机构间谍行为的斗士。这些自封网络保安的人宣称,他们的所作所为没有坏处,因为暴露了计算机安全隐患反而有益于社会。但是,这样的黑客行为始终具有潜在的危害,因为它迫使人们全面检查植入的恶意代码以及损坏或丢失的数据。即使黑客对系统确实没有作任何改动,系统管理员也必须对这个受到威胁的系统进行全面检查。尤金·斯帕夫特(Eugene H. Spafford)将在第 10 章"计算机黑客侵入行为合乎伦理吗?"中讨论这些问题及其相关问题。

# 第9章 计算机安全与人类价值*

彼得·诺曼

## 导 言

我们在此关注的是与计算机安全和通信安全相关的政策问题,以及在实施人们期望的政策时技术所能和所不能扮演的角色。在本文中,计算机安全涉及保障计算机系统及其所包含的信息的保密性、完整性和可及性的措施,更一般而言,它涉及防止滥用、意外事故和故障的措施。对于何谓防止不良事件发生的计算机安全,我们特意采取广义的观点,对于何谓人的不当行为,我们也将采取广义的观点。在以下各部分中我们将详细讨论这些问题。

在计算机和通信中,安全问题实质上是一把双刃剑,它具有两面性。例如:

1. 它可以用来保护个人隐私。

1′. 它也会用来阻碍人们访问关于自己的虚假信息的自由;它也可以用来侵犯其他个人权利。

2. 它能够有助于防止恶意滥用计算机,如侵入、特洛伊木马、病毒以及其他有害行为。

2′. 它又会极大地阻碍紧急修复和应对紧急事件。

---

\* 彼得·G.诺曼(Peter G. Neumann),"计算机安全与人类价值。"本文原是1991年8月在纽黑文南康涅狄格州立大学举行的全国计算机技术与价值会议之安全追踪专题的"追踪地址"一文。南康涅狄格州立大学计算机技术与社会研究中心版权所有,重印经作者允许。

3. 它可以大大减少合法用户的担忧。

3′. 它又会严重削弱合法用户保护自己免遭灾难的能力，特别是在用户界面构思差、设计糟糕的系统中；它也可以妨碍系统的日常使用。

4. 计算机活动的自动监控也会用来探测侵入者、假冒者、滥用以及其他不良事件。

4′. 计算机活动的自动监控也会用来监视合法用户，严重损害个人隐私。

上述每组相互对立的情形分别表明了数据的保密性、完整性、使用的舒适性和监控等方面的建设性使用和破坏性使用的可能性。

在现实世界，贪婪、欺骗、恶意、懒惰和好奇心等都是生活中的客观存在；提高安全性的措施势在必行，除非我们有可能生活在一个善良的、无恶意的环境中（例如，没有拨号网线，没有网络接口，没有随意传播的可疑软件，没有受保护的所有权，而有质量可靠的硬件和杰出的管理程序——包括例行备份等）。即使在一个人人遵守伦理道德且明智的完美世界里，为避免计算机的意外滥用，防止硬件和环境等方面的问题，这样的措施仍然十分必要。另一方面，提高安全性的努力总会导致随之而来的问题，引起许多与提高增强安全性的努力密切相关的潜在的损害问题，这些问题不断地影响着系统用户、系统管理员，甚至局外人（如无辜的旁观者）。对系统用户的影响包括妨碍系统使用的舒适度，影响用户的工作，加剧焦虑，以及增强由于安全控制和监视的存在而产生的疑心甚或偏执。对系统管理员的影响包括加大维护和改进系统的难度，甚至难以恢复崩溃的系统，以及显著增加安全管理的投入。还有一些在某种程度上更为细微的次要影响，例如，需要采取紧急措施以修复系统崩溃、死机和密码遗失等问题；超级用户机制、逃逸机制和覆盖机制的普遍使用会引发一些新的缺陷，这些缺陷可能是人们有意开发或无意触发的。

企业的安全通常依赖于计算机系统足够的可靠性和有效性，也依赖于其子系统的完整性。因此，我们所说的计算机不当行为包括导致计算机系统不能正常运行的用户不当行为，也包括由硬件问题或软件错误（如设计和执行中的缺陷）引起的系统功能障碍。不太严格地讲，安全措施包括防止这些不当行为的各种措施。

人们已经详尽地讨论了未经授权的访问是否违反了规定禁止超越权限的法律。尤金·斯帕夫特(1992)认为,不论法律如何,绝大多数的计算机侵入行为以及他们自以为是的辩解都是违背伦理的。但是,如果计算机安全技术和计算机反欺诈法存在缺陷,那么,计算机伦理学在防止计算机滥用方面有什么用处?以下是引自彼得·诺曼(1990b,p535)关于这个问题的相关论述:

> RISKS论坛的一些撰稿者认为,由于攻击计算机系统是不道德的、反伦理的,甚至是(希望是)违法的,因此,伦理准则的宣传、同行压力的作用和法律的实施应当是防止损害计算机安全性和完整性的主要措施。但是,也有人认为,这些措施无法阻止那些以侦探、恐怖主义、怠工、好奇心和贪婪等为动机的蓄意攻击者……一个广泛传播的观点认为,一系列基础设施——电信系统、核能、航空管制、金融等——注定迟早会面临严重崩溃。

> 显然,为了防止计算机的滥用,更好地教授和遵守道德规范是十分必要的。然而,当计算机系统还存在根本性缺陷时,我们必须更加努力,不要把这些计算机系统安装在至关重要的应用领域(无论是私有的,还是政府敏感而非保密的,性命攸关的,金融攸关的,还是基础性的)。在这样的情形中,我们决不能假设每个参与者的行为都完好无缺,完全没有恶意和错误;尽管伦理道德和良好实践只涉及问题的一部分,但毫无疑问是非常重要的。

人们对如下问题也进行了大量探讨:在一个更为开放的社会里,计算机安全是否已成为多余之举。遗憾的是,即使所有的数据和程序可以自由地获取,也需要保护计算机系统和数据的完整性,防范数据篡改、特洛伊木马、程序缺陷和错误。

一个自然而然的问题是,与计算机相关的系统是否会产生完全不同于其他系统的价值问题?彼得·诺曼的文章(1991c)给出了部分答案,进一步的探讨如下所示:

1. 人们似乎很自然地偏爱使复杂系统客观化。远程访问计算机,以及在某些情况下访问没有归属的计算机,增强了这种偏好。普遍的矛盾心理以及由此而来的道德、价值观和个人角色的高尚化,加上日益松散的公司操控的背景,以及反生态滥用,似乎都促使某些人理所当然地认为:不道德的行为是正常的,而且在某种意义上是正当的。此外,对那些尚未意识到自身也可能受到侵害的人来说,侵犯他人权利似乎并不那么可恶。

2. 计算机为人们创造了全新的机会,例如,远程诈骗、分散攻击、高速互联、海量数据库的全球搜索和匹配,对合法用户进行暗中的内部监控,对系统管理人员进行隐秘的外部监控,对个人活动进行详细的跟踪,等等。以前,这些行为是不可能出现的,也是难以置信的,至少也是极其困难的。

大多数专业组织都制订了伦理准则。不同的国家和行业也制订了公平信息实践准则。用社会规范提醒系统开发商、用户以及可能的滥用者,为处理滥用者提供准则,教授和强化计算机的相关价值观念是至关重要的。当然,我们仍然需要完善的计算机系统和健全的法律(见 Denning 1990,articles 26-7.)

在以下部分,首先我们将揭示计算机不当行为的根源;接着,我们将针对安全问题考察人们对计算机系统和通信系统的期望,以及对人们的期望。我们也将考察各种各样的计算机系统问题。然后,我们将考察反社会行为的不同模式及其后果,考察减少某些潜在问题的具体技术方法。最后,我们将评估未来的需求,作出一些结论,并提出一些须进一步探讨的可能问题。

## 计算机不当行为

处理保障计算机安全这一普遍问题的方法涉及技术性的和非技术性的因素。前者通常比较复杂,但得到了日新月异的计算机系统越来越好的响应和支持。后者涉及面相当广泛,包括社会、经济、政治、宗教等方面。

所谓计算机不当行为,是指背离人们的欲求或期望的行为。这种不当行为可能是人、计算机与环境问题相互作用的结果。也就是说,不仅存在因人引起的计算机系统的滥用,而且存在因计算机系统导致的人的滥用。正如彼得·诺曼所指出的(1988),有三大差距可能导致计算机和/或人的不当行为:

1. 差距一:技术差距。即计算机系统的实际执行能力与人们所期望的执行能力之间的差距(例如,关于数据保密性、数据完整性、系统完整性、有效性、可靠性和正确性等的策略)。这个差距既包括(计算机系统和通信的)硬件和软件的缺陷,也包括管理、配置和操作的缺陷。例如,口令本是计算机系统合法使用者的通行证,但事实上口令极易泄漏。这种差距可能是人(有意或无意),或系统故障,或外部事件引发的。

2. 差距二:社会—技术差距。即一端是计算机技术策略,另一端是社会策略,例如与计算机相关的刑法、隐私权法、伦理准则、渎职准则和良好实践标准、保险法以及其他法典。例如,系统用户不得超越权限这一社会策略就很难转换为一个计算机系统的策略,因为计算机系统的策略无需授权,或者权限很容易被规避。

3. 差距三:社会差距。即社会政策(如所期望的人类行为)与人类的实际行为之间的差距,后者包括骇客行为、合法用户的滥用行为、不诚实的操作,等等。例如,一个喜欢滥用计算机系统的人在访问别国的计算机系统时,或许不太关心该国对于正当行为的期望。与此类似,那些因受贿而滥用计算机系统的雇员考虑的可能是"更高伦理"(金钱)的优先性。

技术差距(差距一)可以通过适当的开发、管理和使用可靠的计算机系统和网络而缩小。社会—技术差距(差距二)可以通过制定完善的且具社会强制性的社会政策来缩小,与计算机技术相关的措施则有赖于差距一的缩小。通过差距一和差距二的缩小,加上良好的教育,可以在一定程度上缩小社会差距(差距三)。然而,缩小差距的重任最终还是要落到更好的计算机系统和计算机网络以及更先进的管理和信息管理者和工作人员的自我约束上。监察计算机的滥用则有利于进一步缩小这些差距,尤其在访问控制还不够完善,被授权的用户能够轻而易举地滥用其所获得的特权的时候。

诺曼和帕克(1989)对多种计算机系统的缺陷和无意带来的缺陷进行了分类,这些缺陷是由于恶意或意外使用计算机而产生的。尽管没有必要从技术上详细解释不同类型的攻击方法,但该章还是提供了有益的背景知识。

假设发生了计算机不当行为,为了保护犯错的人,人们总是倾向于设法把责备转移他处,而不是归结于真正的原因。例如,人们经常"责怪计算机"出错,而错误归根结底应归咎于人本身。而在许多情况下,那些源自"上帝之手"的与计算机有关的灾难性的后果以及硬件功能障碍却被归因于计算机系统构思或设计的缺陷。同样，人们常常责备计算机用户，而问题的出现却更应该追究到系统的设计者，在某些情形中应该追究人—机界面设计者的责任。在很多情况中，责备是应当广泛分摊的。下面将反复讨论的主题是上述三大差距的作用。正确的整体观要求考虑这三大差距。

## 用户对计算机系统的要求

人们对计算机系统可能抱有很多安全方面的期望，例如：

1. 在与计算机相关的活动中保障人的安全和安康。人们越来越期望众多行业（如交通、医疗、公共设施、生产管理等）的计算机系统能够在性命攸关的领域中发挥重要作用。

2. 保护隐私权、财产权以及其他应得的权利。当人们遭到特别不同寻常的监视时，应当告知当事人。应该给人们发现和纠正错误个人信息的机会。

3. 防止人的不端行为。这包括破坏、滥用、欺骗、泄密、盗版等恶意行为，以及类似的反社会行为。这还包括可预防的意外行为。

4. 防止计算机系统的不当行为。例如硬件或软件引起的系统崩溃、错误结果、不可容忍的错误代码、过度延迟，等等。

5. 平衡计算机系统用户与系统管理员之间的权利，特别是在资源的利用和监管等方面。

这些期望在很多方面与价值问题纠缠在一起，有些与系统设计、开发、操作和使用中的人性弱点有关，有些则与对计算机的不当信任有关，如信任过度或信任不足。

## 系统安全的要求

上述人对系统的要求实际上与计算机系统本身的要求有关，如系统安全的要求，包括功能方面和行为方面的要求。正如实现或超过如前所述的有关社会要求一样，计算机系统应当切实执行系统软件和应用软件的既定安全策略，如系统的完整性、数据的保密性和完整性、系统软件和应用软件的有效性、可靠性、时效性,以及系统的人身安全性,等等。

## 对人类行为的期望

系统的设计者和管理者对计算机系统和应用软件的用户也抱有许多安全方面的期望。这种期望一个极端是对合作的、善良的用户抱有相当的期望,这些用户在某些特定情况中是值得信任的;另一极端则是对人类行为不抱任何希望,即认为"拜占庭式的(Byzantine)"①人类行为随时可能发生,例如,心怀敌意的匿名用户随心所欲的恶意行为或离经叛道的行为。一些最为重要的期望如下所示。在一系列常见的假设中不难发现这两种人类行为,其中善良行为可以看作是拜占庭式行为的特例。

1. 针对所有类型用户的一般要求,如合作的和不合作的用户,远程的和本地的用户,授权的和未授权的用户。我们必须建立并实施切实可行的安全策略,设置能满足用户需求和管理员控制系统使用要求的默认访问属性。

2. 针对比较合作的用户的安全要求。即使面对友好的用户,善意的预设也是危险的,尤其考虑到存在伪装者和意外事件时。在约束较多和没有敌意的环境中,做出一些简化的预设,同时对异常行为作适当的检测,也许是合理的,例如,预设没有外部侵入者(在没有外部接入口,只有可靠用户的保密系统中),预设授权用户进行恶意滥用的可能性很小。

3. 针对基本不合作的用户的安全预设。针对拜占庭式人类行为的设计是一项极其困难的工作,犹如针对拜占庭式的错误模式一样。在一个完全敌意的环境中,也许有必要设想最糟糕的境况,例如,随心所欲的恶意行为,心怀敌意的授权用户之间的相互勾结,以及硬件的脆弱性。

---

① 爱玩弄阴谋的、诡计多端的行为。——译注

## 设计/运行问题

我们需要考虑与系统的设计和运行相关的各种问题：

1. 系统安全的要求是否真正反映了社会的要求？关于这一点，常常存在显而易见的疏忽。

2. 实际的计算机系统是否切实实施了系统安全的要求？在系统的设计和运行中常常存在纰漏。

3. 能保证什么、不能保证什么的内在局限性是什么？世上没有绝对的保证，没有预见到的例外常常不期而至。我们总可以做得更好，但是不可能做到尽善尽美。人们希望设计好的系统，以便在不良事件发生时系统能够遏制这些问题，或者解除它，或者善后处理它。

4. 系统的使用是否以明显违背或者默许违背良好行为这样一种完全不可靠的方式进行？在很多情况中，没有安全保证，加上发生严重负面后果的可能性，表明如此使用计算机是完全不可靠的。

## 操作问题

即使一个系统的设计和运行完美无缺，但如果它的操作缺乏健全的管理，也会出现危害。有关正确管理的关键问题包括如下亟待解决的问题：

1. 及时识别和消除各种系统缺陷、配置缺陷和程序缺陷的能力。这些问题尚未引起人们的关注，直到问题以某种戏剧性的方式真正显露出来之后，人们常常会临时抱佛脚应对恐慌，但这只能解决一小部分问题。

2. 对明显的紧急事件做出快速反应的能力，如面对大量侵入或其他对计算机系统的攻击。面对未知的或无法预见的威胁时，预防不是一种自然的本能。

3. 乐于将系统缺陷和正在遭受的攻击的情况与有过类似经历的人进行交流。在一些情况下，对害怕因泄露遭受损失的信息而导致负面竞争后果的人来说,公司的秘密是极其重要的。在另一些情况下,对这些问题的全球性特征缺乏全球观念。信息交流极其有助于完善管理。

4. 识别潜在的计算机滥用情况,如内部人员私自兜售敏感信息或"清理"数据库条目(如从犯罪记录中清除明显的证据),并预先主动处理这些问题。

# 反社会行为

与计算机系统的设计、开发和使用相关的反社会行为的表现形式多种多样,但都是违背伦理、道德和/或法律的行为。

"黑客行为":善与恶

1. "黑客"原本是一个褒义词,而不是一个贬义词。鉴于媒体对近来计算机系统滥用的概括,该词贬义的用法似乎已经流行,或多或少取代了指称善意黑客的用法,因而已被永远污名化了。开放的社会鼓励思想和程序的自由交换,因此具有诸多益处,但始终存在被严重滥用的可能。

2. 滥用行为可能源自故意或意外。这两种情况都可能导致严重的问题(参见下节关于如何处理这些问题的讨论)。

3. 授权用户的滥用和非授权用户的滥用二者都是严重的潜在问题,尽管在具体的计算机应用中,其中一个问题可能比另一个问题更严重。这取决于应用环境。

4. 在特定的计算机应用中,何谓真正的"授权"常常是含糊不清的,其含义既难以界定,也难以理解。在下节我们将讨论这个问题。

滥用的形式

1. 无论是授权用户所为还是非授权用户所为,陷门(trap door)以及其他缺陷都是严重的安全隐患。许多系统存在根本性的安全漏洞。有些漏洞可以被不具备深奥计算机系统知识的人利用,而另一些漏洞则不能被利用。

2. 在某些系统环境中,合法用户滥用权限的可能性甚于外部侵入（例如，在没有拨号网线和网络连接的环境中，外部侵入的机会就相当有限）。这样的滥用可能是部分特权用户和超级用户所为，尤其是在利用系统的缺陷时。值得指出的是，区分授权用户与非授权用户是非常棘手的，正如下面"系统问题"一节所讨论指出的。

3．滥用的系统染毒有多种形式，常常归结在"瘟疫程序"的名义之下。这些形式包括特洛伊木马（如定时炸弹、逻辑炸弹、邮件炸弹等）、人工繁殖的特洛伊木马、自我繁殖的病毒、恶毒的蠕虫，等等。因神话而得名的特洛伊木马，是一种能够在毫无戒备之心的用户的触发下产生无法预料的不良后果的程序（或者是数据、硬件，等等）。区分各种不同形式的瘟疫程序可能引发据称是理性的人之间无谓的哲学争论和伪宗教争论，但是这种区分或多或少与此无关。所谓个人计算机病毒，通常是特洛伊木马病毒，主要通过疏忽大意的人类活动传播。旧病毒的推陈出新和新病毒的层出不穷是当代的两大景观。更糟糕的是，一种隐性病毒正崭露头角，它能隐藏自己，而且在某些情形中还能够变异以防被发现。

计算机系统的不良后果

1．保密性的丧失。信息（如数据和程序）可以通过各种途径获得，包括由需要者直接获取，从提供者那里直接获取，直接或间接从供应商或二级供应商那里获得访问授权。间接获取的方法则包括从已有信息的文本中推断获得。其中一种推断形式就是所谓的问题集合法，根据这种方法，信息的集合比任何单个信息更为敏感。间接获取信息的另一途径是利用秘密通道，即通过不常用的信息传播通道捕捉到比较隐秘的信号，例如，利用表示共享资源耗尽的错误信息的出现或消失。

2．系统的完整性、应用程序的完整性和系统可预见性的丧失。完整性的形式多种多样。系统程序、数据和控制信息可能遭到错误地更改，用户程序、数据和信息控制也是如此。任何这样的更改都可能会妨碍系统产生可靠的预期结果。这就是内部完整性的基本概念。外部完整性也是一个严重的问题，例如，数据库中的数据与真实世界中的来源数据不一致。在许多情况中，错误的信息会产生严重的后果。

3. 拒绝服务与网络资源被切断。这些不良后果既不是指保密性的丧失，也不是指完整性的丧失，而是指计算机系统性能的严重下降，实时反应的丧失，所需数据被阻断，以及其他形式的拒绝服务。

4. 其他滥用。上述罗列远未穷尽，因为还有许多其他形式的滥用。例如，滥用还可能包括窃取服务（如计算时间），或者值得质疑的计算机使用（如利用雇主的设施从事私人活动）。

社会后果

1. 侵犯隐私及相关人权（如宪法权）。不管是故意还是无意引起的，保密性的丧失都将导致严重的隐私问题。上述各种保密性的丧失都会产生严重的后果。另外，无论从内部完整性，还是从外部完整性的意义来看，错误信息所带来的后果更为严重。

2. 软件盗版。窃取程序、数据、文件以及其他信息都会造成税收流失、荣誉的丧失、失控、担保的丧失，责任的丧失，以及其他严重后果。

3. 影响人身安全。不管是意外还是故意所为，滥用与性命攸关的系统可能导致死亡或者人身伤害。

4. 法律问题。可能的法律后果多种多样，可能是针对滥用者、无辜的用户、系统供应商的法律诉讼。毋庸置疑，其中有些诉讼是轻率的或误入歧途的，但都会给被告带来了巨大的痛苦。对执法机关和有罪的或者无辜的被告而言，计算机"犯罪"已经成为现实难题的源头。

5. 心理问题。日益增加的相互联系、相互交流以及共享资源的使用显然是人们所期望的目标。然而，对特洛伊木马、病毒、隐私丧失和窃取服务等的惧怕，很可能因此形成一个对社会危险产生多疑症或健忘，并容易受社会危险伤害的群体。

## 系统问题

与系统的开发和运行相关的技术、设计和方法多种多样，它们有助于缩小期望与现实之间的差距（技术差距），这包括系统安全措施和管理程序。至关重要的问题包括系统责任问题，用户身份、认证和授权问题,以及(子)系统的身份、认证和授权问题。更好的系统设计,几乎没有安全缺陷的更完善的安全策略的实施,以及对系统使用的明智监控,这些问题与高度分散的计算机系统密切相关(如 Neumannn,1990a)。

有些学者试图区分故意滥用和意外滥用。一项粗略的调查表明,对很多系统和应用而言,非常有必要预见这两种类型的滥用,即系统的不当行为(如硬件错误)和人的不当行为。许多例子表明,不同类型的滥用所导致(或者已经导致)的严重灾难是不同的。(见 Neumann 1991b.)

### 身份、认证和授权

与安全相关的最棘手的问题之一是确定何谓"授权使用"。计算机诈骗与滥用方面的法律一般认为,未经授权的使用是违法的。但是,在很多计算机系统中,对恶意使用或其他有害使用都没有明确的授权要求。"网络蠕虫"就是一个明证(如 Denning 1990,articles 10-5)。网络蠕虫使用了四种手段:*sendmail debug* 选项、*finger* 程序、访问远程系统的.rhosts 表、加密的口令文件。让人吃惊的是,使用这些手段不需要任何明确的授权。如果系统配置设定了 *sendmail debug* 选项,那么任何人都可以使用该功能。*finger* 程序的缺陷(源于 *gets* 命令的缺陷)允许任何人使用可广泛获得的程序发表有关其他用户的信息。.rhosts 表允许不需进一步的授权就可以远程访问已登录的任何用户。最后,加密的口令文件是可读文件,如果密码确实是词典中的词汇,那么加密的口令文件易于遭到离线或在线的词典式攻击。这四种手段的滥用显然不是原本预想的正当使用,而且,授权也不是用来区别"好的"(或正当的)使用和"坏的"(或不正当的)使用的方法。也许,问题在于系统管理员和用户不明智地相信不值得相信的方法以及厂商推销的功能有限的计算机系统。

如果不知道谁对谁正在干些什么(针对计算机的运行、程序、数据等方面),那么授权的价值就非常有限。因此,可靠的防欺骗的授权方式对确保身份的真实性非常必要。

如果缺乏有意义的授权,法律就会陷于混乱。例如,美国加州现行的(如 1991 年)计算机滥用法实际上可以被解读为"使某种完全合法的计算机使用成为非法"。引用检控官的话说:这表示没有问题,因为这样的案件不能被起诉。但是,这里显然存在问题,因为这使得消除社会—技术差距成为不可能。

### 访问控制
在大多数计算机系统和通信系统中,上述技术差距无处不在。最理想的是,系统访问控制应该只允许那些真正良性的访问。但实际上,许多不良的用户行为也被允许了。因此,系统控制应该尽可能的严密,仅允许确实符合良好行为标准且获得授权的访问。

### 加密技术的应用
在传统意义上,加密技术是一种保障通信秘密的方法。现在,它已成为解决其他诸多有关安全问题的一种方法,例如,提供无法伪造的加密证书,以加密的形式传输加密和解密的密钥,身份和认证,数字签名,为信托交易(如注册和公证)提供证书,不可伪造的密封条,不可涂改的日期和时间戳记,以及一旦合法发出就不可当成伪造信息加以拒绝的信息。于是,各式各样有趣的新的加密技术应用层出不穷。

但令人遗憾的是,政府对加密技术的研究、使用和出口的限制使得其中一些应用变得困难。

### 责任和监控
用户的身份和认证二者对责任的划分都是十分必要的。没有明确的用户身份,归责的价值就十分有限。

匿名使用引发了一些潜在问题。常规限制只允许用户阅读可自由获得的信息,而禁止修改信息;除非这个系统是一个供游戏的沙箱或公告栏,否则增添新信息就会受到限制,以防止文件目录饱和所致的拒绝服务。

监控本身就是一个重要的安全问题。一般而言,监控不得具有暗中破坏性(不可绕过,不可更改,或者不可损害),并且必须尊重隐私的要求。

监控可以用于不同的目的,如用于监测与系统的保密性、完整性、有效性、可靠性和人身安全等相关的异常现象。安全监控有两种根本不同但又相互联系的类型——对侵入者的监控(这对合法用户可能有益)和对(假设的)合法用户滥用的监控。监控系统的管理者有责任告知合法用户实施了何种类型的监控,尽管隐瞒详细的算法是可以理解的,因为其中可能隐含某些缺陷。这是一个棘手的问题。(例如,参见 Denning et al. 1987.)

安全问题在高度分布式的系统中尤为严峻,责任和监控就起着更为重要的作用。兰特(Lunt)(1988)列举了许多实时监听系统的例子,而兰特和杰根纳什(Jagannathan)(1988)则给出了一个具体的例子:一个精心设计和执行的计算机系统为可以监听什么、如何控制监听信息提供了诸多限制。

## 未来的需要

上述三大差距的普遍存在,说明我们还需努力以缩小每一差距。下面就是一些未来的需要。

1. 提供更全面更可靠安全保障的更好的系统——这些系统更便于使用和管理,更易于了解正发生的实际情况,更代表真实需要的安全策略,等等。(差距一)
2. 专业标准。现有的专业协会已经制定了伦理准则,但是这些准则够了吗?或者被充分遵守了吗?(差距二)
3. 加强技术领域尤其与计算机系统和通信系统相关领域的伦理学和价值观的教育,以及与计算机风险相关的教育(参见 Neumann 1991a)。(差距三)
4. 更好地理解系统管理员、用户、滥用者以及侵入者的责任和权利。(差距二和差距三)
5. 培养一批更有学识、更富责任心的人员,包括设计师、程序员、管理员、用户,以及无论喜欢还是不喜欢都不得不在很多方面依赖计算机的非专业人员。从总体上说,我们需要一个更友善和谐的社会,但从现实来说,这过于乌托邦。(差距三)
6. 在一个非乌托邦的现实世界里,我们必须努力改善计算机系统和通信系统,完善专业标准,提高教育水平,改善整个世界,这是非常必要的,尽管社会需求常常把其中某些因素置于优先地位。令人遗憾的是,商业利益经常把工作重点引导到看起来易于实施、治标不治本的解决方案上,而这些方案从长远来看是不完善的。(从总体而言涉及差距一、差距二和差距三)

## 结 论

在本章,我们在广义上讨论了计算机系统的安全问题,这不仅包括抵御外部侵入和内部滥用,而且包括防止其他类型的不当系统行为和不当用户行为。这个视角非常重要,因为仅讨论狭窄的问题一般而言是目光短浅的。

总的来说,人们对计算机系统缺陷和安全对策的意识比几年前大大增强了。回顾过去可以发现,计算机的安全性获得了稳步发展,但与此同时,黑客和窃取授权的滥用者也与日俱增。而且,内部人员滥用的机会及其获利似乎也在不断增加。然而,尽管少数个人和团体做出了坚决的努力,但整个社会似乎没有取得显著的道德进步。差距一确实已经缩小了一些,差距二的缩小还需要更大的努力,而差距三仍然是一个严重的问题。

在 1969 年的一个会议上,我听到《2001:太空漫游》的作者亚瑟·克拉克(Arthur Clarke)谈起写作优秀科幻小说是如何变得越来越困难。他哀叹道:"未来不是从前的未来。"扬格·博纳(Yogi Berra)评论道,克拉克的观点是"一切又是似曾相识"。作为过渡性的结语,我认为把这两个警句结合起来是恰当的。"似曾相识"不是过去的完全重复——而是变得越来越糟。我们周围似乎有许多人赞同汤姆·勒洛(Tom Lehrer)从未写完的(可能是虎头蛇尾)一首歌的歌名:"如果一切重来,我只在乎你。"没有更好的计算机系统和通信系统,没有更好的系统管理,没有好的法律,没有更好的教育计划,没有更好的道德实践,没有更好的民众,我们将很可能重蹈覆辙。

## 供讨论的一些问题

本章的目的之一就是激起对计算机使用的重要价值问题进行更深入的讨论。下面所列的是一些可能有趣的问题。我们之所以在此罗列这些问题,一方面是因为它们都具有普遍性,另一方面是因为分割其因果关系的危险性。

1. 面对上面讨论过的反社会行为,上述三大差距(分别是技术差距、社会—技术差距、社会差距)在现实意义上能够缩小吗?我们将趋同,还是背离,还是两者兼而有之?请记住,没有十全十美的安全。

2. 现行的法律能够满足缩小差距二和差距三的需要吗?"蓄意"、"越权"和"滥用权限"的作用是什么(尤其在没有授权要求的情况下)?努力缩小差距一的内涵是什么?

3. 技术安全措施本身、管理和操作安全措施本身以及所有这些方面的内在缺陷是什么?参见前文所讨论的"设计与运行问题"。

4. 考虑到透露隐私的需求,对维护个人隐私有哪些必要的限制?紧急情况高于一切的影响和其他例外措施提出了相互冲突的要求。

5. 如何最好地平衡个人权利与监控的需求?例如,思考一下联邦调查局(FBI)对在线新闻组的监控,以及公司对进出电子邮件和常规系统使用的监控(参见前文所讨论的"责任与监控")

6. 思考一下自由软件基金会(FSF)关于开放访问和自由分发的哲学及其意义。值得注意的是,保障安全有很多目的,而不只是保密。例如,防止特洛伊木马和其他类型的隐性破坏显然是其重要目的。(附注:具有讽刺意味的是,就在我完成本文之前,滥用自由软件基金的计算机的情况十分猖獗,包括利用公开的账户毁坏 FSF 软件和免费访问其他网络系统。自由软件基金的理查德·斯多曼(Richard Stallman)极不情愿地承认,他们不得不设立密码。(见《波士顿环球报》1991 年 8 月 6 日头版文章。)

7. 面对与计算机安全相关的所有问题,我们能够对与骇客、违法者、设计者、程序员、系统管理员、销售员、公司利益集团、美国以及其他政府等有关的系统不当行为和人的不当行为进行实事求是的"责备"吗?责备常常是被误导的,且常常使人看不到其深层的问题。况且,责备常常被泛化。也存在伤及信息发送者的危险。(比较一下这个责备泛化的概念与《易经》"无咎"的概念!)(也可参见 Denning 1991。)

8. 怎样才能使保护隐私、完整性以及上述其他目的的加密的需求与"国家安全"以及其他政府控制的需求达到平衡?思考一下私钥—公钥加密术、出口控制、公司和国家利益、国际合作等的社会影响。

9. 安全是怎样有利于或者有碍于其他社会问题的?它是否会严重阻碍残疾人和弱势人群的访问?或者,如果否,那么它是否存在可被他人利用的内在缺陷?这面临两个方面的挑战。例如,身体残疾或其他方面有残疾的人可以在家里通过电话或计算机网络进行投票,但是这种系统也可能会诱导欺骗性的投票。如果系统发生了严重的安全问题，那么就会丧失其益处。

10. 我们是否正在创造一个包括计算机文化圈和非计算机文化圈的两极社会？或者一个包括多种不同人群的多极社会？我们是否正在剥夺某些社会阶层的权利？比如普通老百姓或没有计算机资源的人的权利？

11. 计算机安全对学术研究有何影响？不必要的保密显然就是其中一个重要问题，不充分的隐私权也是一个问题。诚信的丧失是另外一个问题，因为实验数据或研究结果可能被人更改或伪造。真实性（为事情的真实性提供保证的能力）以及随之而来的不可否置性（为某事属于某人是完全正确的归属提供保证的能力）都是与该问题相关的技术问题。

12. 现行的跨国数据交换的规则是否严重阻碍了国际合作（包括知识、程序以及其他在线信息的传播）？如果那些规则放宽了，是否会导致社会、经济、政治以及国家统一等方面的严重后果？计算机安全是有助于控制跨国传输的安全，还是其障碍？或者这两者同时都存在呢？

以上所列举的条目很不完全。它们只是提供了一些可供深入探讨的有趣而又棘手的问题。

## 更多的背景知识

有关计算机安全更多的背景知识可以参见克拉克（1990）等人的文章，而德宁（1990）和霍夫曼（1990）的文章对滥用计算机的各种情况进行了分析。诺曼（1991a）总结了许多导致严重的与计算机相关的问题的意外事件和蓄意事件。（想获得诺曼《风险分类》的最新版本，请访问如下网址：http:// catless. ncl. ac. uk/Risks.）

**基本的学习问题**

1. 试述计算机安全的应用是怎样起到"双刃剑"作用的。可使用诺曼列举的例子。
2. 列举并描述增强计算机安全可能带来的负面后果。
3. 试论进行计算机伦理问题教育的需求。
4. 列举并描述导致计算机不当行为的三大差距。

5. 为什么即使不存在蓄意滥用,计算机安全也是必要的?
6. 试述用户对计算机安全的期望。
7. 在设计和运行计算机系统时,需要考虑哪些安全问题?
8. 诺曼列举和描述了哪些计算机系统管理员的管理问题?
9. 试述诺曼所指出的与计算机有关的反社会行为所带来的社会后果。
10. 授权是如何影响计算机不当行为的身份确认和责任归属的?

**深入思考的问题**

1. 假设计算机安全永远也不可能尽善尽美,那么,诺曼所讨论的三大"差距"能够缩小到某种合理程度吗?
2. 隐私与计算机安全之间有何关系?隐私是如何既有助于又有碍于计算机安全的?
3. 计算机安全对学术研究是好事,还是坏事呢?对商业呢?对国防呢?为什么?

# 第 10 章　计算机黑客侵入合乎道德吗？

尤金·H.斯帕夫特

## 导　言

最近（如 20 世纪 80 年代末和 90 年代初），未经授权的计算机侵入事件引起了一场关于计算机侵入的伦理问题的大讨论。有些人认为，只要没有明显的危害后果，侵入行为可以促进有益的目的。反对者则认为，侵入行为总是有害且错误的。

本文列举并驳斥了许多为计算机侵入作辩护的理由。作者的论点是，只有在一些极端的情况下，比如在性命攸关的紧急关头，侵入才是合乎道德的。本文也将讨论为什么侵入都是"有害的"。

1988 年 11 月 2 日，一个程序通过互联网传播，并在成千上万台计算机上自我复制，计算机加载这个程序后，就不能再处理正常的指令（Seeley 1989，Spafford 1989a and1989b）。这个网络蠕虫程序（见表 1）几个小时后停止了，但它的肆虐所导致的争论却持续了好几年。最近其他一些事件加剧了这场争论，例如，克利夫·斯朵（1989）追踪到"狡猾的黑客"①，"死亡军团"成员被指控盗窃了电信公司 911 软件（Schwartz 1990），以及计算机病毒问题进一步蔓延（Spafford et al. 1989；Hoff-

---

① 我知道许多守法的人认为他们自己是黑客——一个褒义的正规术语。媒体和大众都已经采纳了这个术语，但是，它现在通常被看成是贬义的。在此，我使用的是大众现在使用这个词的含义。尤金·H.斯帕夫特（Eugene H. Spafford），"计算机黑客侵入合乎道德吗？"该文首次发表于 1992 年的《系统和软件杂志》。更早的版本见《技术信息季刊》第九卷（1990）。尤金·H.斯帕夫特版权所有，1991，1997。重印经作者允许。

man 1990；Stang 1990；Denning 1991）。什么是计算机的不正当访问？有合乎道德的侵入吗？有可以称之为"道德的黑客"的人吗（Baird 等，1987）？

> 表1：网络蠕虫
>
> 　　1988年11月2日晚上，一种能够自我复制的程序被投放到互联网上。这个程序（蠕虫）侵袭了运行Berkeley UNIX版本的VAX和Sun-3计算机，并且利用这些计算机的资源去攻击更多的计算机。在短短的几个小时之内，这个程序已经波及美国，感染了成千上万台计算机，由于其活动造成的负担，使得许多计算机无法运作。互联网以这种方式遭受攻击是前所未有的，尽管有许多关于可能发起攻击的推测。大多数系统管理员对蠕虫毫无概念，因此，他们花了很长时间才弄明白当时发生了什么以及如何对付它（Seeley 1989）。
>
> 　　该事件的整个过程应该促使我们思考有关计算机访问的伦理问题和法律问题。我们运用的技术日新月异，以致于我们很难简单地确定道德行为的准确边界。几年前，许多计算机高级专业人员通过侵入他们所在大学和工作单位的计算机系统以显示他们的专业水平，从此开始他们的职业生涯。但是，时过境迁，如今要精通计算机科学和计算机工程学需掌握大量知识，远不只是运用某个操作系统漏洞的秘诀可以显示得了。不管明智与否，所有的事务都依赖于计算机系统。人们的金钱、职业，甚至可能连他们的生命，都依赖于计算机的正常功能。对社会而言，我们承担不起因为宽恕或恣愿威胁或危害计算机系统的行为所带来的后果。作为专业人员，计算机科学家和计算机工程师也无法担当起对计算机恣意破坏和计算机犯罪传奇化的容忍。

　　我们讨论这些问题是非常重要的。技术基础的持续发展和重大任务对计算机依赖的日益增强，表明未来事件产生的后果可能比迄今为止我们所看到的后果更加严重。但是，由于人性本身变化万千，好走极端，加上技术的无处不在，因此，我们必将经历更多这样的事件。

　　在本文中，我将介绍这些事件所引发的许多重要问题，提出与此相关的一些观点。为了阐明这些问题，我把那些在讨论中常常混在一起的一些问题分解了，这样，大多数人才可能就这些问题达成一致意见，而这些问题曾经被视为一个一个的问题。

## 何谓合乎道德？

《韦氏大词典》对伦理学下的定义是："一门研究何谓善恶、道德责任和道德义务的学科。"简单地说，伦理学就是研究在特定条件下哪些行为是正确的，即我们应当做什么。换言之，伦理学有时被描述为研究什么是善以及如何达到善。当我们思考计算机侵入的伦理问题时，为了辨别某个行为是对的还是错的，我们需要一致同意某个易于理解和应用的伦理学理论。

数千年来，哲学家们一直都在努力给正当与错误下定义，在此我还不打算再尝试给下这样的定义。相反，我建议我们做一个简单化的假设，即我们能够应用道义论的评价标准来判断一个行为的伦理特性：不管后果如何，行为本身是否是道德的？如果每个人都这么做，我们会认为这个行为是明智的和合适的吗？尽管这种论证太过简单化（当然可以认为，其他道德哲学也是可以应用的），但这是一个最接近讨论目标的好方法。如果你不熟悉其他规范伦理学的评价方法，那么就可以尝试运用我在本文将提出的评价方法。如果后果总的来说明显不尽人意或者是危险的，那么我们就应当认为这些行为是不合乎道德的一种行为。

值得注意的是，这种哲学认为，正当与否是取决于行为而非后果。而有些道德哲学则认为，目的可以证明手段的正当性；尽管很多人这么做，但当今社会并不是按照这种哲学运转。对社会而言，我们声称相信"不在于输赢结果，而在于如何玩游戏"。这就是我们为什么关注程序公正和公民权利等问题，即使对那些信奉令人厌恶的观点和犯下十恶不赦罪行的人来说也是如此。尽管结果可能有助于我们在两个几乎等同的行为过程中做出选择，但是无论结果如何，过程是最重要的。

把行为后果作为判断正当与否的最终标准的哲学常常是无法运用的，因为难以准确把握行为的后果是什么。思考一个极端的例子：政府下令将随机选择的100名吸烟者斩首，并在全国电视台现场直播。其结果也许是其他成千上万的烟民会戒除"烟瘾"，从而延长寿命。这也可能防止众多的人去沾染吸烟，从而增进健康，延长寿命。由于成千上万的人不再遭受被动吸烟的危害，他们的健康水平将会提高，并且由于吸烟者和烟草公司不再将大量污染物排放到空气和土壤，这对环境的总体影响也是良好的。

尽管这对社会有很多好处,但是,除了极少数极端分子外,每个人都会谴责这样的行为是不道德的。即使只有一个人被处死,我们也会反对。法律对此如何规定并不重要,我们认为这个行为在道德上是错误的,目的不能证明手段的正当性。

需要强调的是,我们不能通过评价后果来判断一个行为的道德性,因为我们不知道所有的后果。这种行为几十年或者几百年来对法律、公共卫生、烟草利用、日间电视节目等问题可能产生了有利的或者不利的影响。当我们需要一个行动指南时,这种仅仅主要考虑行为后果的伦理学理论不能使我们对我们当前的行为进行评价。如果我们在一个行为实施之前不能正确辨别行为过程,那么这种伦理学理论对我们来说就没有或者几乎没有什么价值可言。为了获得伦理学的指导,我们必须把行为主要建立在对行为本身的评价上,而不是建立在可能的结果上。

本文将更多地阐述这一观点,如果我们试图根据其未来所有后果的总量来判断计算机侵入的道德性,那么,不管是针对具体事件,还是针对一般行为,我们都将无法做出这样的道德判断。其中部分原因是因为我们很难确定各种行为的远期后果,很难分清它们的原因。例如,我们不知道,从长远看来,不断提高的安全意识和限制措施是否对社会有利,或者当使用计算机系统时,这些附加的限制是否会导致更多的花费和烦恼。我们也不知道有多少这样的变化可直接归因于计算机侵入事件。

这里应该提出另一个观点:我们完全可以想象这样的场景,即计算机侵入是更合适的行为。比如,如果一些生死攸关的医疗信息存放在计算机中,而这些信息是抢救某个危在旦夕的生命必不可少的,但是找不到授权的系统用户,这时,侵入这个系统就很可能被认为是一件正确的事。然而,这个行为并不能使侵入变成是合乎道德的,而只是如果不做这个不道德的行为,毫无疑问就会出现一个更大的错误。

类似的推理也可适用于像自卫杀人一样的情况。在接下来的讨论中,我将假设这样的冲突不是计算机侵入的根本原因;这样的情况极少自发地发生。

## 动　机

不管是侵入计算机系统的人还是编写恶意破坏软件的人,他们通常会使用一些理由为其行为作辩解(例如见 Landreth 1984 和 Adelaide 等的讨论,1990)。其中大多数人从未想过要沿街行走,挨家挨户敲门,以便发现一扇没锁好的门,然后把屋里家具的抽屉搜寻一番。但是,同样是这些人,他们似乎会毫不迟疑地反复尝试,猜测不属于他们的账户密码,而一旦进入系统,就会浏览磁盘上的文件。

这些计算机的窃贼们经常为其行为提出相同的理由,试图使他们的行为合理化,成为道德上可获得辩护的行为。我将在下文中提出并反驳最常用的一些理由;有关盗窃和报复的动机极为平常,而且其道德性质也容易辨别,所以我不会在此予以讨论。

**黑客伦理**

许多黑客争辩说,他们遵循了既是他们的行为指南,又能证明其侵入行为正当性的伦理。这种黑客伦理声称,所有的信息都应该是自由的(见 Baird et al. 1987)。这种观点认为,信息属于每个人,不应该有阻止人们查阅信息的界限或者限制。理查德·斯托曼(1986)在他的《GNU 宣言》中阐述了十分相似的观点。他和其他人在各种各样的论坛上进一步声明,如果信息是自由的,那么自然就不应该存在像知识产权这样的东西,也没有保障安全的需要。

这样一种哲学的内涵是什么,后果又是什么呢?首先,同时也是最重要的,这种哲学引发了一些令人不安的隐私问题。假如所有的信息是(或应该是)自由的,那么,隐私就不再具有可能性。由于信息对每个人来说都是自由的,个人不能再声称对它拥有所有权,这就意味着任何人只要他们乐意就可以访问这些信息。再者,由于信息不再属于任何人的财产,这就意味着任何人都可以更改信息。如银行存款余额、病历、信用历史、就业记录,以及国防信息等信息都不再受到控制。假如有人可以控制信息,并且可以控制可能访问这些信息的人,那么,信息显然是不自由的。但是,如果没有控制,我们也就不可能再相信信息的准确性。

在一个完美的世界里,缺乏隐私和控制也许不是值得关注的问题。

然而，如果所有的信息都可以自由获取和修改，那么请想象一下，这样的哲学会给现实世界带来多么大的危害和混乱！整个社会的基础是：信息的准确性必须得到保障，这些信息包括银行以及其他金融机构、信用部门、医疗机构、专业人员、IRS 等政府部门、执法机关、教育机构等掌握的信息。很明显，把所有这些信息视为"自由的"，在任何一个存在漫不经心或不道德的人的社会里，这都是不合乎道德的。

除了人们对隐私和保障信息准确性等压倒一切的需求，也可以找到经济学的理由反对这种哲学。信息不是普遍自由的。由于隐私的问题，加上信息的收集和开发需要大量的花费，信息可以作为财产被人们拥有。新的算法或程序的开发，或者专业数据库的收集，都会花费大量的时间和精力。声称信息是自由的或者应该是自由的，不过是表达了一种天真而不现实的世界观。把这种观点用作计算机侵入的正当理由显然是不合乎伦理的。尽管目前没有把所有的信息都当作是私人财产，或者当作需要保护的私人财产一样受到控制，但这并不能证明未经授权访问信息或其他数据是正当的。

### 系统安全的辩解

关于系统安全的争论在计算机界极为常见。人们用最常用的一个理由为 1988 年网络蠕虫程序的制造者作辩护：侵入向社会暴露了安全问题，否则社会就不会注意到这些问题。

在蠕虫案例中，互联网邮件列表中最先广泛讨论的一个问题就是讨论侵入者的意图——准确地说就是为什么要编写和发布蠕虫程序。圈内人士为此提出了许多解释，从单一偶发事件到反社会行为等。一个常见的解释是，蠕虫病毒程序的设计是为了向社会暴露安全缺陷，否则社会不会注意到该问题。然而，在对蠕虫程序编写者的审判中，这个观点并没有得到证据的支撑，也没有得到系统管理员以往经验的支持。

蠕虫程序的编写者罗伯特·莫里斯（Robert T. Morris）似乎在一些大学和大公司中早已大名鼎鼎，他的才能也受到普遍尊重。即使他只是向这些人解释一些问题或者提供一个示范程序，他也会受到极大的关注。在他把蠕虫程序发布到互联网之前的一个月，他发现并披露了文件传输程序 ftp 的一个漏洞。这个消息不胫而走，短短几周后官方补丁程序就公布了，而且可以获得。显而易见，认为没有人会倾听他关于系统安全缺陷的报告这个论据是错误的。

## 第 10 章 计算机黑客侵入合乎道德吗？

在更一般的案例中，这种安全理由也是没有价值的。尽管一些系统管理员在蠕虫事件之前对其系统的安全性能很满意，但是，大多数计算机销售商、政府计算机设施的管理者以及重点高等院校的系统管理员还是很留心安全问题的报告。希望报告系统安全问题的人没必要通过暴露它来报告问题。以此类推，人们不会通过对附近的购物中心放火来引起人们对商店火灾危险的注意，然后声称假如不这样做，消防员永远也不会留意火灾报告，以此来证明放火行为是正当的。

人们提出的最普遍的观点是，侵入系统的人通过暴露系统安全漏洞而服务于大家，因此，这些人应该受到鼓励，甚至得到奖赏。这个观点存在几个方面的严重错误。首先，这种观点假设存在一些强制性的因素迫使用户在其系统上安装安全装置，因此计算机窃贼们的"侵入和进入"行为被证明是正当的。极端地看，这种观点认为，只要他们可以暴露安全漏洞，那么他们这种活动是完全可以接受的。这种观点完全忽视了计算机的首要目的——作为工具和资源，而不是作为安全操练。同样的推理可以推出，为了证明自己怀疑存在窃贼，治安员有权力闯入我的邻居家里。

这个观点的另一个错误在于，它完全忽视了阻止计算机用户升级或者纠正其软件错误的技术因素和经济因素，并不是所有的计算机用户都有财力安装新的系统软件或更新现存的软件。在许多地方，计算机运行的是全包系统——作为工具使用，并由销售商进行维修。计算机的所有者和用户根本没有独立纠正或维修计算机系统的能力，他们也买不起销售商提供的用户软件。侵入这样的系统，不管有没有损害，实际上都是非法进入商业领域。治安员强迫房主升级安全设施，这样做是专横的，是应该受到谴责的。认为受害者的门锁质量低劣，所以"请求光顾"的辩解，无论从道德上还是从法律上来说，都不能证明盗窃行为是正当的。

已经提出的一个相关观点认为，销售商有责任维护软件，发现安全漏洞，销售商应该立即向新老顾客发送更新软件。这个观点声称，如果没有众所周知的计算机侵入，销售商不会生产和分发必要的软件补丁。这种观点是幼稚的，不但在经济上行不通，而且在技术上也做不到。当然，销售商应该对软件的完备性承担一些责任（McIlroy 1990），但是，他们并不应该对每种可能的配置的每一个可能的漏洞承担修理责任。

很多计算机用户根据自己的需要定制了软件，或者运行了与销售商最新发布的软件不兼容的系统。为了使销售商能够对安全问题做出快速反应,每个用户都必须运行标准化的配套的软件和硬件,才能确保销售商所提供的更新软件的适用性。这不仅对多数用户根本没有吸引力,与他们的日常行为相左,而且,这种"即时"补丁程序所增加的成本会提高整个系统的价格——用户的负担骤然剧增。指望用户群舍弃灵活性,仅仅为了快速纠正偶发的安全漏洞而为每台计算机支付更高的费用,这是不合理的。这种观点认为,制造商快速锁定用户并及时向他们提供维修,这是极有可能的;而在一个市场里,计算机和软件要经常重装、交易和重新销售,这是不太可能的。

网络蠕虫的案例是一个有关安全问题及其漏洞的好例子。它更是伦理学关于目的和手段价值冲突的好例子。很多人认为,蠕虫程序的编写者通过暴露安全漏洞给我们帮了大忙。在联邦法院因这次事件控告莫里斯先生的审理过程中,辩护律师也据理力争,认为他的当事人不应当受到惩罚,因为蠕虫程序在暴露这些漏洞中做了好事。包括检察官在内的其他人则认为,无论后果如何,这种行为本身就是错误的。他们的论点是,后果不能证明行为本身的正当性,辩护方的论据也没有考虑到该事件的所有后果。

该事件的全部后果仍然不得而知,这一点确凿无疑。自1988年11月以来,已经发生了很多计算机侵入和网络蠕虫事件,这也许是受到媒体关于那次事件的报道刺激的缘故。还有更多的尝试可能发生,这部分是受到莫里斯先生行为的"激励"。有些网站已经限制访问其计算机,有些网站则撤离了互联网。我曾经听说有些站点决定不再联网,即使这会妨碍研究和运转。加上后来数十年消除坏影响的工时,为所谓的"帮忙"付出的代价似乎太高。

该案的法律后果还不得而知。例如,在随后的几年里,(部分)因为这些事件,国会和州立法机关收到了许多议案。其中一项法案提交到了众议院,即 HR-5061,标题是"1988年计算机病毒根除法",这是可能对计算机行业产生巨大影响的一系列立法中的首例。特别是,HR-5061 之所以引人注目,是因为它的措辞没有涉及到真正的计算机病毒。① 这项看起来充满善意但漏洞百出的法律的出台,对整个计算机

---

① 它仅仅针对把程序嵌入到计算机系统这种情况进行处罚:计算机病毒是一组片段代码,它可以修改其他程序,把自己嵌入到其他程序中。(Spafford et al. 1989)

行业具有很大的负面影响。

**系统闲置的辩解**

计算机黑客提出的另一个辩解是,他们只是利用了闲置的计算机设备。他们认为,因为有些计算机系统的使用在任何级别上都没有达到系统的性能,因此黑客有权以某种方式去利用这些闲置的系统。

这个论点也是错误的。首先,这些计算机系统通常不是为满足所有目的的用户环境提供服务。相反,它们是用于商业、医疗、公共安全、研究和政府职能。未使用的系统性能是为将来的需求和突发事件服务的,而并不是供局外人使用的。试想一下,如果大量没有计算机的人都要使用尚有闲置性能的系统,那么该系统很快就会不堪重负,性能严重下降,或者合法用户根本无法使用。计算机系统一旦发生这样的事,如果合法用户突然需要使用系统闲置的性能,那么系统就很难(或不可能)驱逐这些闯入者。即使当今最大计算机也不可能为如此大规模的使用提供足够的性能。

我想象不出任何东西,人们购买和维护它,仅仅是为了当它闲置时,他人声称有权使用它。例如,某个人走向我那辆昂贵的小汽车,坐进去开走它,而仅仅是因为我的汽车当时是闲着不用的,这种想法着实荒诞可笑。同样,由于我上班而不在家,因为我的房子没人用就在我家里举行聚会,这也是不合适的。认为闲置的计算机性能是共享资源,认为私人开发的软件属于任何人,这样的观点同样是愚蠢可笑的(且不道德的)观点。

**学习型黑客的辩解**

一些非法侵入者声称,他们的所作所为没有造成任何伤害,也没有改变任何东西——他们仅仅是想弄明白计算机系统是如何运作的。他们争辩说,计算机太贵了,他们只能以这种划算的方式加强学习。一些计算机病毒的编写者声称,他们的程序并不是打算造成损害,而只是想学会如何编写复杂的程序。

这些观点存在许多问题。首先,作为一名教育工作者,我认为,编写破坏性程序或侵入他人计算机以及查看文件,与计算机学习几乎没有什么关系。正确的计算机科学和工程学习应该广泛掌握其基本理论、概念和设计技巧。浏览计算机系统既不能使人掌握广泛的计算机理论知识和实践技能,也不能提供良好教育所必需的重要反馈(参见 Denning et al. 1989;Tucker et al. 1991)。无论是编写病毒或蠕虫程序,还是把病毒程序发布到没有监控的环境中,都不是正确的学习经历。照此类推,偷车兜风不也是窃贼学习机械工程知识的机会吗?在油箱里加糖也是如此。

此外,如此"学习"计算机系统的人学不到整个系统的运行机制,也不知道其行为会导致什么样的后果。许多系统已经被那些无知的(或粗心的)侵入者意外地损害了;计算机病毒(和网络蠕虫)造成的大部分损害基本上是由意外的干扰和程序缺陷造成。对医疗计算机系统、工厂管理系统、金融信息系统以及其他计算机系统所造成的损害可能有着极其严重而广泛的影响,这些影响均与学习无关,也肯定不会被认为是无害的。

对该观点的相关反驳与对侵入程度的认识有关。假如我是负责一个关键性计算机系统安全的人,我不会认为任何侵入仅仅是受好奇心的驱使,也不认为这不会造成任何伤害。假如我知道系统已经被损害了,我一定会作最坏的打算,对计算机系统的损害和更改进行彻底的检查。我不会采信侵入者的辩词,因为任何实际上造成了损害的侵入者都会声称他或她"只是瞧瞧而已"以求得掩盖。为了重新相信我的计算机系统运行的正确性,我必须花费大量的精力检查和校正系统的每一个方面。

把我们的普遍方法运用于这种情况,并设想一下,如果这种"学习"行为广泛传播,并成为平常之事,其结果如何? 其结果可能是,我们将花费我们所有的时间来修复我们的计算机系统,而且永远也不会完全相信其运行结果。显然,这不是什么好事,因此我们必须得出结论,这种所谓的"学习的"动机也是不合乎道德的。

### 社会保护者的辩解

最后一种观点在欧洲比在美国更流行。这种观点认为,黑客侵入计算机系统是为了监视数据的滥用,并有助于避开"老大哥"。在此意义上,黑客是保护者而不是罪犯。这种观点认为目的可以证明手段的合理性,也认为黑客其实可以达到一些良好的目的。

不可否认,确实存在政府和公司滥用个人信息的现象。日益增长的计算机信息系统和互联网的使用,可能导致进一步的滥用。但是,不清楚的是，侵入系统可以帮助修正这些错误。如果发生了这样的事，这将导致那些机构变得更加隐秘，并把侵入作为借口实施更严格的访问限制。侵入和恣意破坏行为还没有促成有关记录公开的新法律的诞生，但已经促成了有关刑事犯罪方面的新法的出台。这种行为不但没有阻挡"老大哥"，反而激发公众强烈要求更多的立法和更有力的法律实施——这与预期目标正好相反。

我们也不清楚，这些黑客是否是我们想要的"保护"我们的人。我们需要让系统的设计者和使用者——受过培训的计算机专业人员——关心我们的权利，意识到计算机监控和记录的不当使用所带来的危险。由于计算机和网络只是在最近几十年才广泛应用，这种威胁相对比较新鲜。人们需要花一些时间才能认识到这些危险会蔓延至整个行业。破坏计算机系统安全的秘密活动对增强人们的安全意识毫无用处。更糟的是，这些人把值得赞赏的目标（增强安全意识）与犯罪行为（计算机侵入）联系在一起，抑制了最能帮助我们的人的主动行为。也许从这个意义上说，计算机侵入和恣意破坏行为是极其不道德的和极具破坏性的。

## 结　语

我已经在此论证了计算机入侵行为是不合乎道德的，即使它没有造成明显的损害后果。即使侵入有助于改善系统安全，对侵入行为的道德贬低也一定是深思熟虑的结论，因为这种行为本身具有破坏性，是不合乎道德的。行为的后果应该与行为本身分开来考虑，尤其是当我们很难把握这种行为所导致的全部后果之时。

当然，我并没有对侵入行为每一个可能的理由加以讨论。也许存在这样情况，侵入行为对挽救生命或者维护国家安全可能是必要的。在这样的情况下，用一个错误行为阻止一个更大的错误发生也许是正确的。讨论这样的案例已经超出本文的范围或目的，尤其是在鲜为人知的黑客侵入行为受这种因素驱动的情况下。

从历史来看，计算机专业人员作为一个群体，还没有特别关注过与计算机有关的伦理问题和正当性问题。有些人和有些组织尝试讨论过这些问题，但是，这需要整个计算机界全面综合地讨论这些问题。我们常常把计算机简单地看作是机器或者算法，却没有洞察到在计算机使用中所固有的严重的伦理问题。

然而,当我们考虑到这些计算机直接和间接影响成千上万人的生活质量的时候,我们才明白这里面存在着更加广泛的问题。计算机是用来设计、分析、支持和控制旨在保护和指导人们生活和金融方面的应用。使用(和滥用)计算机系统所产生的后果可能远远超出了我们最疯狂的想象。因此,我们必须重新审视我们对不尊重他人计算机和信息的权利、隐私的行为的态度。

我们还必须思考我们对未来计算机安全问题的态度。我们尤其应该考虑到将蠕虫、病毒和其他构成安全威胁的源代码广泛公布于众的后果。尽管快速发布已知的修复程序和安全信息需要一个过程,但我们应该认识到,广泛发布详细的应对方案可能会将用户不愿意或无法安装升级程序和补丁程序的站点置于危险境地。① 公开发布信息应该是为了一个有益的目的,危及他人计算机安全,或者企图强迫他人做出他们没有能力或没有财力做的更新,都是不合乎道德的。

最后,我们必须解决作为一个专业团体所面临的这些伦理问题,然后把这些问题放到整个社会中加以考虑。不管出台什么样的法律,也不管安全措施将变得多么完善,这些对我们拥有完善的安全系统来说还远远不够。我们还需要根据一些共同的伦理价值进行开发和行动。应当教育社会成员,使他们了解尊重隐私、尊重信息所有权的重要性。如果铁锁和法律是用来阻止入室偷窃的全部,那么,未来的窃贼会比现在更多;个人财产神圣不可侵犯的共同道德观念,对防止入户盗窃有着极为重要的影响。作为有知识的专业人员,致力于把这些共同道德观念扩展到计算机领域是我们的义务。

**基本的学习问题**

1. 根据斯帕夫特的观点,哪两种伦理学理论可以用来确定一个行为的道德性?斯帕夫特更赞成哪种理论?为什么?
2. 斯帕夫特是否指出了未经允许侵入他人计算机系统的行为是合乎道德的情况?如果回答是肯定的,请解释这种情况的情形。
3. 根据斯帕夫特的观点,认为所有的信息都应该是自由的这个观点错在哪里?
4. 请讨论为黑客侵入作辩护的所谓的"改善系统安全"的观点。请特别说明为什

---

① 想一想常用的评论观点,这些"坏小子"已经获得如下信息:不是每个计算机窃贼都知道或将知道系统的每个缺陷——除非我们为他们提供了详细的分析。

么这种观点不令人信服？
5. "闲置系统"辩解的内容是什么？这种观点为什么是错的？
6. "学习型黑客"辩解的内容是什么？这种观点为什么是错的？
7. "社会保护者"辩解的内容是什么？这种观点为什么是错的？
8. 根据斯帕夫特的观点，所有未经授权的黑客侵入都是有害的，即使黑客们声称"没有造成任何危害"。请解释斯帕夫特的观点。

## 深入思考的问题

1. 未经允许侵入他人计算机的行为与"破坏和进入"他人房屋或办公室的犯罪在道德意义上是相同的吗？为什么相同，或者为什么不同？
2. 那些实际上不是真正的警察却自认为可以执行法律的市民治安员，与那些在公司或政府机关中自认为是"保护社会"免遭所谓"罪犯"侵袭的"黑客"之间，如果有区别的话，是什么区别？任何一个人，只要怀疑他人犯了罪，就决定充当一名治安员，并亲自执行法律，你愿意生活在这样的社会吗？

## 案例分析：阿诺莱特公司飞翔之梦

尽管下面陈述的案例没有真正发生过，但是它与许多真实发生过的案例极为相似。它表明了安全的需求与访问便捷的愿望发生冲突时所产生的张力和风险。欢迎读者用前面第 3 章所阐述的方法分析该案例。

在全世界激烈竞争的航空业，对于那些涉及复杂设计合同谈判的企业来说，关键信息的通信是生死攸关的。赢得与失去一份设计、生产新一代飞机零部件的大合同之间存在天壤之别。阿诺莱特（AeroWright）公司是这个行业的佼佼者。尽管与其他竞争者相比还相对较小，但是，由于拥有受全球联通的信息网络 AirNET 支持的精通技术的天才谈判专家，阿诺莱特公司发展迅猛。为了能够运用最新的科技成果，阿诺莱特公司不断地升级 AirNET。

最近，全世界航线运营商对新型飞机需求的下降，导致阿诺莱特公司再次重新评价 AirNET 现行版本的适当性。显然，如今在实际谈判中，要求信息即需即有。以前，谈判代表在会议之前访问 AirNET，这可以在阿诺莱特公司国际办公室或其分支机构完成。负责合同谈判的商务部主任阿瑟·德利负责 AirNET 评价工作。这一切都是出于商业考虑。

德利相信,AirNET 现行的结构仍然是合适的,因为它提供了对公司数据库里所有信息的无限制访问。对谈判代表来说,问题在于不能在任何地方任何时候都连上 AirNET。正如德利所认识到的,其解决方法是提供一条途径,使谈判代表在开会时使用便携式计算机或手提电脑就能够连上 AirNET。他想起了最近参加的一个关于无线局域网(WLAN)的研讨会,在那次会上,关于 WLAN 的总结发言给他留下了深刻的印象。WLAN 可以提供一个能够保证大范围无线移动的平台,满足职员在任何地方即时访问信息的需求。这似乎正是他们想要的。

德利联系了一个 WLAN 的供应商,了解更多的东西。他被告知,无线技术有很多好处,比如联网便捷,没有结构突变等。升级现有计算机的成本非常小,总的设置和运行的成本也很低。事实上,通过减少国际办公室的网络设施似乎可以节省成本,节省的费用完全可以抵消新增设备的所有费用。特别诱人之处是,部署 WLAN 的时间间隔很短。每台计算机都需要升级,使之能够与 AirNET 无线连接。谈判代表可以使用同样的应用系统无限制地访问 AirNET 的数据库。当然,现有的安全措施仍然是有效的。这样的升级似乎仍在德利所在部门的管理范围内,不直接涉及 IT 部门。

使用谈判代表经过升级的便携式计算机或者手提电脑无线访问 AirNET 的决定已经作出。在最后下订单之前,德利与系统安全工程师进行了一次简短的谈话。工程师对与阿诺莱特公司内部系统史无前例的开放连接相关的网络安全问题提出了警告,使用基于 WLAN 的 AirNET 可能会出现多种复杂的问题。德利觉得,这不过是平时极其谨慎的安全工作人员的本能反应。工程师提出的不是一个重要问题,AirNET 从来就没有遭受过任何形式的安全破坏。

安装 WLAN 的工作继续进行。仅仅花了两周时间,所有谈判代表都获得了访问 AirNET 的能力。这是一个立竿见影的成功。便利而快速的信息访问使谈判代表在会谈时反应更为积极。谈判代表开始更多地使用 AirNET,并开始访问新的信息。WLAN 安装后的 6 个月时间里,德利为他所采取的正确行动感到沾沾自喜。然而,市场需求仍在持续下降。尽管阿诺莱特公司赢得了一些订单,但是定单数额很小,赢利甚微。像其他许多竞争对手一样,阿诺莱特公司在苦苦挣扎中求生存。接下来的每一次合同谈判成功与否似乎变得更加生死攸关了。

上周，AirNET 遭受了一次安全破坏。这次破坏是通过字典攻击法实现的，即在分析该公司大约一天的访问记录之后，对 AirNET 的访问记录进行实时自动解码。公司关键的保密信息被人访问后，发布到航空业界使用的所有 BBS 上。这导致阿诺莱特公司失去了一份它孤注一掷志在必得的大合同，而且在市场上遭受到一次极其严重的信誉丧失。昨天，AirNET 再次遭到潜入攻击。一种新型的大容量的喷气式飞机机翼的所有设计文件全部遭到破坏。德利辞职了。根据规定，系统安全工程师也辞职了。明天，阿诺莱特公司恐怕将面临出局了。

# 隐私与计算机技术

# 编者导读

十九世纪末,"隐私"一词主要是指不侵入他人房间、不侵占他人财产或者不侵入他人"私人空间",如宾馆客房、船舱等。到二十世纪中叶,"隐私"的含义已经拓展到不干涉影响他人健康、爱情生活或者家庭计划等个人的或家庭的决定。而到二十世纪末,尤其在工业化国家,计算机技术使"隐私"一词变得具有"信息丰富性"(见前面第1章詹姆士·摩尔的观点)。"隐私"的含义已扩展到涵盖和强调个人控制或限制他人访问自己个人信息的能力。

为什么信息通信技术(ICT)对隐私概念具有这样的影响?为什么信息通信技术如此急剧地使人们越来越忧虑个人隐私不断被侵蚀甚至逐渐消失殆尽?这些重要问题的答案在于信息通信技术的本质,以及信息通信技术在二十世纪末叶的迅猛发展。

**数字化** 二十世纪三四十年代,随着电子计算机的问世,信息的数字化和信息的高速处理成为可能。起初,人们认为信息及其处理过程本质上是数学化的;但不久,人们就认识到,各种各样的信息都可以进行数字编码,并且其处理过程可以包含逻辑运算。

**巨型数据库及高速检索** 最初,数字化信息是存储在诸如穿孔卡片、纸带等物体上;然而,磁带、磁盘和磁鼓等电子存储器不久就出现了。于是,大量信息就可以电子储存和快速检索。到二十世纪六十年代早期,储存个人信息的巨型数据库已司空见惯,特别是在政府机关,如税务部门、人口普查局、刑事司法部门、军事机构以及公共卫生部门。在工业化国家,人们开始担忧"老大哥政府"窥视他们的私人生活,因此在二十世纪七十年代早期,美国政府和欧洲国家政府开始出台隐私法,以保护公民的个人信息免遭不当访问个人信息的侵袭。

**计算机网络** 二十世纪七十年代,政府、教育和商业领域的计算机网络逐渐普遍起来;许多大公司建立起有关客户及消费者个人信息的巨型数据库。到二十世纪八十年代,因特网诞生了,并逐渐遍布全球——它不仅将政府机关、教育机构、商业部门的计算机连接在一起,而且甚至把人们家中的"个人计算机"一并联系在一起。

**万维网** 万维网诞生于20世纪90年代,并迅速发展壮大。所谓的"全球信息基础设施"或"信息高速公路"通过电子计算机网络将世界上二百多个国家连接在一起。

**数据汇集、数据匹配和数据采掘** 二十世纪末叶,人们开发了各式各样的方法来提取、收集、存储、分类和破译大量的个人信息。这些信息的汇集来源于政府和商业部门的数据库、信用卡、借贷卡、智能卡、超市"刷卡"记录、因特网"冲浪"记录、网站cookies以及其他来源。数据匹配、数据采掘、模式认知以及其他各种技术用于充实现有的记录。数据匹配和数据归档已成为一种打击各种欺骗的方法。在美国,买卖有关个人情况的"个人简介"信息成为价值连城的产业。

组织机构越来越利用计算机处理个人信息。这也许没有获得当事人的同意或知情。计算机技术的进展导致了以多种格式(文本、图像、声音等)储存个人信息和其他敏感信息的数据库的增加。随着计算机的降临,数据采集的规模、种类和数据交换的规模、速度已经发生了翻天覆地的变化。侵犯隐私的低成本越来越低,好处越来越多。负责任的组织机构保证,在追逐商业利益的同时,保护个人隐私。

## 保护隐私权

所有这些发展影响到了许多政府和民众,他们担心,如果个人资料——如关于其健康、生活方式、经济状况、购买习惯、政治倾向、宗教信仰、性别、基因组成、种族遗传以及其他个人情况的信息——被不当获得,那么公民个人就可能受到伤害。

詹姆士·摩尔在本书第11章"走向信息时代的隐私理论"中指出,一旦个人信息被数字化,并输入到联网的计算机里,这些信息就成了"闪电数据",就能轻而易举地在网络中穿梭滑行,进入大量各种各样的计算机。结果,个人信息可能不再受到自己的控制,无权获得这些信息的人可能获取这些信息。摩尔提出了一种隐私理论,用于分析这个棘手的问题,为保护信息时代的隐私权提出方案。

美国于20世纪70年代通过了旨在保护公民免遭政府干预其私生活的隐私法。但另一方面,从整体上看,美国政府没有对商业机构侵犯隐私的行为做出规定。相反,基本上允许美国商业界在隐私保护方面施行自律管理。

但是,在欧洲,各国政府起着更加积极的作用,出台了旨在通过控制个人数据的采集和处理保护隐私权的"数据保护"法律。欧洲作法的一个好典型就是英国的"数据保护法",英国信息委员会委员伊莉莎白·弗朗斯在本书第12章"变迁世界中的数据保护"中将谈到它。

# 第 11 章 走向信息时代的隐私理论[*]

詹姆士·摩尔

## 闪电数据

当我们考虑有关计算机的伦理问题时,大概没有比隐私问题更为典型的问题了。如果计算机具有无止境的存储、高效的分类、轻易的查询的处理信息的能力,那么,我们有理由认为,在一个计算机化的社会,我们的隐私可能会遭到侵犯,有损于我们的信息会被披露出来。当然,我们不愿意放弃快速、便捷的数字化信息的优势。当我们预订、使用自动取款机、在网上购买新产品,或者在计算机数据库中搜寻内容时,我们青睐数字化信息访问的便捷性。然而,这对我们的挑战是,我们应利用计算机而不是让计算机利用我们。当信息计算机化之后,信息就如同闪电一般,轻易快速地驶向许多端口。这使得信息检索变得快速而便捷。但是,当这种快速和便捷导致信息的不正当暴露时,有关隐私合法性的问题便接踵而至。闪电信息就是如闪电般传输、难以掌控的信息。

例如,电话号码目录按常规一直是通过话务员和电话薄来获取,而现在连同住址信息,它们可以通过因特网上巨型电子电话薄来获取。新罕布什尔州汉诺威电话簿(我居住地的电话簿)在世界上绝大多数地方都很难查询到,但如今任何地方的任何人只要上网就能轻易地找到我的电话号码、获悉我的妻子是谁、我家住何处,甚至还可能检索出

---

[*] 詹姆士·摩尔,"走向信息时代的隐私理论"。这篇文章最早发表于《计算机与社会》第 27 期(1997 年 9 月),第 27—30 页。詹姆士·摩尔版权所有,1997 年。重印经作者允许。

我居住地区的地图。我认为这不是侵犯隐私,我之所以举这个例子,是为了指出,长期以来从技术上来说是公共信息的信息,当它们以电子形式进入计算机网络之后,它们是如何急剧改变可获得性的水平的。具有讽刺意味的是,我的名字"James Moor"也许很难在网络电话簿中找到,因为网络电话簿中所列的是过时的缩写形式,把"James"缩写为"Jas.",而这一缩写我从未使用过,也仅仅是在旧版电话簿中看到过,据说这是为了节省印刷篇幅,可如今把它们搬到互联网上,就没必要拷贝了。别告诉任何人!

闪电信息使信息是如此易于获得,以致人们可以反反复复加以利用。计算机拥有巨量的记忆力——大容量、准确、存储时间长。计算机记忆力又好又久,超越了有助于保护隐私的人类缺陷。我们人类太健忘了,大多数短时记忆无法长期保存。每次去繁忙的超市,我每次都是一个新顾客。谁会记得我上次在那儿买了什么东西?事实上,计算机就能做到。大多数时候,我到一家食品连锁店购买东西,因为这样能够享受该店年终给顾客的退款。在我买食品时,我把我的帐号(至少在大多时候我能记得)报给收银员,收银员扫描我购买的物品,随即屏幕上显示出物品的名称和价格。这些信息确实像抹了油,在收银员将物品移至条形码读取器的同时,相关信息已跃于屏幕。然后,这次购买的总价就显示出来,这个信息又添加到我所有购买的物品的总计中,据此,我每年就可以得到一定比例的退款。值得注意的是,超市除了记录我购买物品的总数之外,还记录了我到目前为止所购买的所有物品的有关信息。这有助于超市记录其货物清单,但是,这也意味着超市对我的购物习性有一个大致的了解。他们知道我买了多少酒,知道我喜好葡萄干麦片,还知道我偏爱的蔬菜种类。原则上讲,假如我的饮食习惯与一桩案子有牵连的话,那么以上这些信息会成为呈堂证供。搜集这些信息侵犯了我的隐私吗?我认为没有,这些信息像抹了油,传输极快,与以往相比,这些信息能够长期被获得。实际上,这些信息永远也不会被遗忘。记录在案的购物史使侵犯隐私成为可能,如果没有这些信息,侵犯隐私就不可能。

在我购买食物的例子中,信息的收集是显而易见的。当热能消耗在跑步机上时,我能够看到我的饮食习惯和有限的意志力在显示屏上闪动。而在我们毫不知情的时候,我们的信息被巧妙地收集起来。信息的闪电传输使其他计算机能够以我们不希望的方式捕获和操纵信息。拿最近一个亲身经历的事例来说。不久前,我在爱丁堡住了几个月。在不愿意做饭的时候,我有时预订比萨饼。比萨饼可以送货上门,因此是解决一顿快餐的便利方法。可是,当我再次打电话到比萨店时,我着实吓了一跳。在我提出预订之前,做比萨饼的师傅好像已经知道我的地址和我喜爱的比萨口味,问我是否需要再送一份辣味香肠加蘑菇的比萨?我在爱丁堡呆的时间不长,他们怎么可能那么快就知道我喜欢的口味(或不喜欢的口味)?答案当然是他们使用了来电显示电话。这其中并无奥妙。我以前曾经打过电话,告诉他们我喜欢的比萨口味和送货地址,比萨店将这些信息与我的电话挂钩。当我第二次打电话时,比萨店用计算机捕捉到我的电话号码,并从我第一次电话预订的信息中筛选出其他信息。我的隐私被侵犯了吗?也许没有。但我得承认,最初我感到有些愤怒,他们在我毫不知情的时候存储了我对比萨的偏好情况。假如我是一家好餐馆的常客,服务员记得我的口味,那么我会因为他记得我而感到高兴。但是,比萨店的计算机记下我购买香肠加蘑菇比萨的这个记录,并没有使我获得自尊,不如来电显示电话/计算机系统那么有效。

我提到这三个例子——网络电话薄、超市根据条形码记录实行的退款政策、比萨店的来电显示——不是因为它们表现出极度的背信弃义,而是因为它们是完美无缺的日常行为,并且说明了信息在不容我们思索的情况下是如何不费吹灰之力地被收集和传输的。信息一旦因为某个目的被计算机采集到,就会闪电般地迅速传递,供其他目的备用。在计算机化的世界中,我们到处留下电子化的痕迹,出于某种目的收集的数据会在其他地方重复使用。计算机隐私问题就是对这些信息可以驶向何处以及应当驶向何处保持适度警惕。

通常,对隐私的需求就像好的艺术:你一看到它就想知道它。但是,有时我们的直觉会误导我们,因此,尽可能地明了隐私是什么,如何辩护其正当性,怎样合乎道德地使用它,是十分重要的。在本章,我将整合一个综合性的隐私理论的各个部分,并试图论证它。在计算机时代,当信息技术处于迅猛发展,其后果比先前更加难以预料的时候,确定应该如何理解和保护隐私比以往任何时候都更加重要。

## 隐私的根据

根据伦理学理论的观点,隐私是一种奇特的价值。一方面,它似乎是极其重要的东西,需要捍卫的至关重要的东西;另一方面,隐私似乎只是个人偏好的东西,与文化有关,通常难以证明其正当性。隐私是一种基本价值吗?我们怎样才能证明隐私的重要性或找到隐私重要性的根据?

我将讨论我以前应用过的证明隐私正当性的两种标准方法,并指出这两种方法的不足之处。然后,我将提出证明隐私重要性的第三种方法,我现在才发觉这种方法更有说服力。哲学家常常把工具价值和内在价值进行了区分。工具价值是这样的价值:它们之所以具有价值,是因为它们可以导引出其他价值。内在价值是这样的价值,即它们本身具有价值。工具价值是作为手段的价值,内在价值是作为目的的价值。我的计算机作为手段具有价值,可以帮助我写文章、发送邮件和计算税额。我的计算机具有工具价值。然而,我从计算机的运用中获得的快乐是本身具有价值的。快乐不会导引出其他任何有价值的东西。快乐具有内在价值。并且,正如自亚里士多德以来的哲学家们所指出的,有些东西,比如健康,既具有工具价值又具有内在价值。人们所熟知的工具价值和内在价值的哲学区分,表明有两种常见的证明隐私正当性的方法。

几乎人人都赞同,隐私具有工具价值,这是最为常见的证明方法。隐私为我们提供了免受伤害的保护。例如,在某些情况下,如果一个人的健康状况被公之于众,那么这个人可能面临受歧视的风险。如果这个人检测出 HIV 阳性,那么雇主就会不愿意雇用他,保险公司也不愿意为他承保。具有这种属性的例子众所周知,我们无需搜集更多的例子来进一步证明隐私具有工具价值。但是,事实就是如此。为了证明隐私具有更高的工具价值,我们必须证明,隐私不仅具有工具价值,而且可以导引出非常非常重要的东西。这一种证明最著名的尝试是詹姆士·瑞切尔斯(James Rachaels)做出的。瑞切尔斯认为,隐私具有价值,因为它能使我们与他人形成各种各样的人际关系(1975,p.323)。隐私确实能够使我们与他人形成在公开场合难以形成、难以维持的亲密关系。但是,与他人建立不同关系的需要并不是保护隐私的根据,因为并非人人都想要建立各种各样的人际关系,不需要隐私的人也可以建立各种人际关系。有些人根本不在乎别人如何看待他们。

如果我们能说明隐私具有内在价值,那么隐私的合理性就更加可靠了。黛博拉·约翰逊(Deborah Johnson)已经提出了这样一个聪明的方法。约翰逊建议我们要把"隐私看作是自主的一个内在方面"(1994,p.89)。这样,假设自主具有内在价值,隐私是自主的一个必要条件,那么我们就可以提出一个强有力的具有吸引力的命题:隐私是内在价值的一个必要条件。即使隐私本身不具有内在价值,那么它也是具有仅次于此的价值的。然而,"没有隐私,自主就是不可思议的"(出处同上)这一命题是正确的吗?

我曾提出了一个关于电子窃听者汤姆的思想实验,我相信,这项实验可以表明约翰逊的观点是错误的(Moor 1989,pp. 61-62)。在这个思想实验中,汤姆非常擅长计算机和电子学,并且确实热衷于了解你——你的一切。汤姆使用计算机秘密搜索你的财务纪录、医疗纪录和犯罪纪录。他知道你最近的抵押贷款还款情况,知道你顽固的痔疮,知道你醉酒驾车的罚款,而这件事你自己都早已忘记了。汤姆对你的生活是如此着迷,以致于他暗中安装了照相机,记录你的一举一动。你对此毫不知情,但汤姆的的确确享受着对你的观察,特别是那些即时录像。"对汤姆来说,观察你的生活就象观看一部肥皂剧——《你生活的日子》"(同上,p.62)。我想,我们绝大多数人都会认为汤姆的窥视有些令人反感。但这算什么呢?他确实没有直接伤害你,他没有用这些信息伤害你。他没有与他人分享这些信息,或以某种方式利用你。甚至,你拥有完整的自主,只是没有隐私。因此,这说明,隐私并不是自主的必要条件。没有隐私而拥有自主,这是可以想象的。尽管如此,我仍然赞同一些人的观点,包括我自己的观点,即把隐私看成具有内在价值,而不只是具有工具价值。

下面让我讨论证明隐私重要性的第三种方法。我坚持认为存在一套价值,我称之为"核心价值",它们是人类评价的共同的、基本的标准。核心价值的检验标准是,它是蕴涵于一切人类文化之中的价值。这里列举的是我认为属于核心价值的一些价值:生命、幸福、自由、知识、能力、资源和安全。我的观点是经验性的观点。我认为,一切经久不衰的人类文化都会呈现出这些价值。我不是一时认为,所有文化都是合乎道德的,或者这些好的东西在每种文化中都是公平分配的。遗憾的是,这些文化几乎从来并非如此。伦理学理论必须有关于公正的解释,也必须有关于核心价值的解释。我所说的意思是,每一种持续发展的文化都会呈现出对这些价值的某种偏好。你可以想象一下最原始、最不道德的文化。如果一种文化想生存下去,即使它是野蛮的、令人厌恶的,其成员也必须找到食物,抚养他们的后代。这些行为至少也需要对这些核心价值的隐性认同。彻底抛弃核心价值就是抛弃生存。

隐私是一个核心价值吗?我希望它是。这会使对隐私的证明变得如此简单。但是,反思一下,它显然不在核心价值之列。人们很容易想象出认为隐私不具有价值却持续繁荣发展的人类文化。想象一个男人和一个女人生活在一起,彼此之间无隐私可言,对隐私也无动于衷。假设有许多夫妻以这种方式生活,无忧无虑地生活着。现在,再想象一个家庭或一个小部落对隐私同样不感兴趣。这个群体中的每个人都知道他们想知道的每个人的一切。他们或许相信,如果没有秘密,他们的社会会运行得更好。这个社会中反对瑞切尔斯观点的人也许坚信,正是因为他们可以知道所有人的所有一切,他们才拥有更加美好、更丰富多彩的人际关系。这种隐私观念蕴含一种独特的超越核心价值的文化方面。有些文化重视隐私,有些文化则不以为然。

那么,我们应该如何来证明隐私的正当性呢?它的根据是什么?让我使用核心价值来论证隐私。核心价值是一切正常的人类和健康文化之生存所需要的价值。例如,知识对个人和文化的持续生存至关重要。文化的代代传承就涉及知识的传承。我强调核心价值,是因为它们提供了一个共同的价值框架,即一系列标准,利用这个价值框架,我们可以评价各种不同的人的行为和各式各样的文化(Moor 1998)。核心价值使我们可以进行跨文化评价。核心价值是我们作为人类共有的价值。关注核心价值就是关注相似性。但是,下面让我们来关注差异性。个体和文化依据其环境和客观情况形成不同的核心价值。知识的传承对每种文化的生存都是必要的,但是,必须传承的却不是同样的知识。诸如食物之类的资源对每个人都是必不可少的,但是,并不是每个人都必须喜欢同样的食物。因此,尽管存在着共同的价值框架,但是,在这种价值框架中,不同的人和不同的文化也存在各自的空间。让我们把一个人或一种文化对核心价值的表达称之为是"核心价值的表达"。

尽管隐私本身不是核心价值,但是,它是核心价值的表达,即安全价值的表达。如果没有保护,物种和文化就不能生存和繁荣。所有的文化都需要某种安全,但是并不是所有的文化都需要隐私。随着社会的不断壮大,交往在加强而亲密在减少,隐私就成为安全需要的自然表达。我们寻求保护,以免遭受那些可能与我们的目标相反的陌生人的伤害。尤其是在这样一个高度计算机化的宏大文化中,许多个人信息闪电般地传播,隐私作为核心价值——即安全的表达而出现,这几乎是不可避免的。

让我们再一次考虑工具价值和内在价值的二分法。因为隐私对支持所有核心价值而言是工具性的,因此,它是重要事务的工具;因为隐私是支持高度计算机化的文化的必要手段,所以,对社会而言,隐私就具有坚实的工具性基础。而且,因为隐私是安全这个核心价值的表达,所以,在一个人口密集、高度计算机化的社会中,隐私是内在价值的最合适的候选者。电子窃听者汤姆在他偷窥时并没有伤害其偷窥对象,但他似乎做了内在错误的事情。即使没有任何其他的伤害降临到偷窥对象的身上,汤姆也侵犯了偷窥对象的安全。人们拥有被保护的基本权利,从计算机化的文化视角来看,这种基本权利包括隐私保护。

我认为,如果运用核心价值框架,那么隐私在工具价值和内在价值两个方面都有其根据——作为工具价值,隐私支持所有核心价值;作为内在价值,隐私是安全的表达。然而,我担心的是,关于工具价值和内在价值的传统认识可能误人歧途。从传统上来说,工具价值和内在价值的分析方法把我们推向了追求至善($summum\ bonum$),即最大善。我们努力寻求由其他一切东西所引导出的一种东西。在核心价值分析框架中,我认为有些价值可能比其他价值更加重要,但是,其中并不存在至善。相反,这个分析模型是一个各种价值相互支持的框架。核心价值就像桁架,它们是相互支撑的。问核心价值或某个核心价值的表达是工具性的还是内在性的,就像问一根桁架是支撑其他桁架还是被其他桁架支撑一样。两者都是必不可少的。对我们所有人来说,核心价值是相互支撑的。有些人会强调某些价值胜于其他价值。运动员强调能力,商人强调资源,战士强调安全,学者强调知识,等等。然而,每个人、每种文化都需要赖以生存和繁荣的所有核心价值。在我们日益计算机化的文化中,作为安全的表达,隐私就是我们价值系统中一个至关重要的纽带。

## 隐私的本质

把隐私理解为安全这个核心价值的表达,对于理解随时间而变化的隐私概念具有优势。无论是美国独立宣言还是美国宪法,都没有明确提到隐私的概念(Moor 1990)。那些给大众留下如此深刻印象的倡导个人自由理想的革命领导者和政治家们,居然都没有提及对我们今天来说似乎是如此重要的隐私价值,这的确令人奇怪。在美国,隐私概念经历了"从不侵入"的概念(如美国宪法第四次修正案,为人们免遭政府不正当的搜查和抓捕提供保护),到"不干涉"的概念(如罗伊诉维德的判决,赋予妇女选择人工流产的权利),再到"有限制的信息访问"的概念(如1974年隐私法,限制联邦政府收集、使用和传播信息)的变迁。在隐私概念的变迁中,隐私是一个随着时间推移而不断戏剧般延伸的概念。在计算机时代,隐私的概念甚至得到了更进一步的拓展。现在,隐私概念具有如此的信息丰富性(Moor 1998;同时参见前面第1章),以致于当代所使用的"隐私"概念主要是指信息隐私,当然,尽管如此,这个概念其他方面的含义仍然很重要。

让我们讨论一种有效的有助于避免误解隐私本质的区分方法。"隐私"这个词有时用来指称一种状态,在这种状态中,人们受到免遭自然的或身体的侵犯或观察的保护。身居洞穴的人就是处于一种自然的(可能是危险的)隐私状态。没有人能够看到她在自己挖掘的洞穴中。除了这种自然隐私,还有规范性的隐私。规范性的隐私状态是指受到道德、法律或习俗规范保护的状态。咨询律师或看医生就是规范性的隐私状态。显然,许多规范性的隐私状态也是自然的隐私状态,如我们用密封的信封寄信。如果未经允许就闯入规范性的隐私状态,那么隐私不仅失去了,而且也被破坏或侵犯了。

现在,如果我们把不断变化的隐私概念,与规范性隐私和自然隐私的区分结合起来,我们就可以获得一个有用的关于隐私本质的解释:

> 对于他人而言,一个人或一个集体处于一种规范性的隐私状态,当且仅当在这个状态中,这个人或这个集体能够受到免遭他人侵犯、干扰和信息访问的规范性的保护。(Cluver et al. 1994, p.6)

我特意选用"状态"(situation)这个普通词汇,是因为该词含义广泛,足以涵盖各类隐私:私人区域(如计算机文件中的个人日记)、私人关系(如发给药店的电子邮件)、私人活动(如电子信用卡记录的使用)。

规范性的隐私状态随着文化、地点和时间的不同而显著不同。但这并不表示,隐私标准是主观臆断的或无法论证的;只是标准存在不同而已。例如,在私立大学,员工的工资是保密的,但在某些州立大学,员工的工资,至少某个档次以上的工资,是公开的。也许,私立大学认为保密工资信息将减少争吵和尴尬局面;而州立大学(或州立法机关)则认为,资助这些机构的纳税人有权知道教员的工资是多少。这就是保护信息和披露信息的不同却有说服力的作法。

很明显,有些个人信息是十分敏感的,应该予以保护。我们有必要设置隐私区域,即各种各样的隐私状态,这样,人们才能确信自己的个人信息受到了保护,因为这些信息如果被广泛公开自己就可能遭到伤害。有了不同的隐私区域,人们就可以决定多少个人信息需要保密,多少个人信息可以公开。请注意,我所陈述的隐私概念实际上是与状态或区域相联系,而不是与信息本身联系在一起。例如,国内税务署(IRS)的职员运用计算机调阅和处理某个影星的所得税申报表,那么这个职员就没有侵犯该影星的隐私。在这种个状态中,准许他审查该影星的纳税申报情况。但是,几小时后,还是这个职员,在他自己的计算机上调阅该影星的纳税申报情况,且仅仅为了随意浏览,那么,这位职员就侵犯了该影星的隐私,尽管他并没有获取任何新的信息。在第一种状态,这位职员有合法访问权,而在第二种状态他没有这样的权利。

我正在提出的观点是一种限制访问的隐私理论(Moor 1990,pp.76-82)。与这种观点相对的主要观点是隐私控制观。这种观点的倡导者之一,查尔斯·弗雷德(Charles Fried)写道:"隐私并不只是指他人不知道关于我们的信息,相反,隐私是指我们能够控制关于我们自己的信息。"(Fried 1984,p.209)。我赞同,我们能够控制关于我们自己的信息,这是一个极其强烈的愿望。然而,在高度计算机化的文化中,这简直就是天方夜谭。我们无法控制关于我们自己的大量信息。关于我们的个人信息会通过遍及全世界的计算机系统夜以继日闪电般地传送。所以,为了保护我们自己,我们有必要确信合适的人,只有合适的人在合适的时间才能访问相关信息。因此,限制访问观强调的是在制定保护隐私的政策时我们应当考虑什么。然而,限制访问观,至少是我正在提出的这种观点,具有控制观的所有优点,因为制订政策的目的之一是为了尽可能现实地赋予个人控制(知情同意)个人数据的权利。鉴于此,我将把我的观点称为"控制/限制访问"隐私理论。

控制/限制访问的隐私观具有可以调整隐私政策的优点。不同的人在不同的时候对不同的信息可能被赋予不同的访问级别。现代化的计算机化的医院就是一个极好的例子。允许医生访问在线医疗信息,但秘书不能访问这些信息。但是,通常不允许医生查看医院处理某个病人的全部信息。例如,他们无权访问大部分帐单记录。在有些医院,有些医生可以获取诸如精神病咨询的某些医疗信息,而其他医生却不能如此。与其把隐私看成是什么都是或什么都不是——不是只有我一个人知道,就是所有人都知道——不如把隐私看作是一种复杂状态,在这种状态中,信息经授权在某些时间流向某些人。最理想的是,需要知晓这些信息的人可以访问这些信息,不需要知晓的人则不能如此。

这种控制/限制访问的观点也可以解释隐私状态中的某些异常情况。通常,当我们提到隐私时,我们就想到这样一个状态,在这个状态中,个人拥有其不愿他人知道、可能造成伤害的个人信息。但是,在其他情形中,有些状态也可能是隐私的。想象一下在有许多人就餐的餐馆中的一种状态。在那里,一对夫妇开始大声争论他们的婚姻问题,最后演变成互相漫骂。他们开始争论令人极为痛苦的有关各种各样的性功能障碍和生理需要等细节问题。每个人都能听清他们说什么,许多顾客在进餐时感到很不舒服。最后,一个餐馆服务员再也无法忍受了,他以为自己可以帮忙。他走到这对夫妇跟前,问他们可否愿意听听他的劝告。夫妇俩异口同声地说:"不,这是隐私问题。"

他们的回答具有讽刺意味,具有几个层面上的意义。在隐私状态中,信息的访问在两方面是受限制的。尽管这对夫妇自己在餐馆所有顾客面前轻率地暴露了他们的隐私细节,但却不想让服务员知道。而且,在我们的文化中,有些活动是应当秘密进行的。谈论个人婚姻问题就是其中之一。隐私是一种保护形式,既保护公众,也保护个人。

## 制定和修正隐私状态的政策

到此为止,我已经讨论了计算机化带给信息的闪电效应,以及计算机化对隐私可能产生的问题。我提出了一种论证隐私正当性的理论,即把隐私视为核心价值的表达,把隐私视为计算机化社会价值框架中一个必不可少的成分。我认为,隐私本质上是一个发展变化的概念,随着计算机的发展变得更加具有信息丰富性。同时,我认为,根据控制/限制访问观,隐私最易于理解。现在该讨论保护隐私的现实政策了。我将把来自基因测试的信息作为例子。这是一个有趣的案例,因为实事求是地说,如果没有信息技术,基因测试是不可能的;有了信息技术,基因测试就成为个人隐私最大的潜在威胁之一。不适当地披露基因信息可能是最极端的隐私侵犯。

假设一个病人决定去做一个乳腺癌基因的检测。她并没有患乳腺癌,但她的家族有此病例,她想知道她是否可能因遗传得此病。她去医院做基因检测,结果是阳性。这个结果保存在她的医疗档案中,因此,医生将来可以用这些信息建议对这种疾病做侵入性的检测。这些信息将进行计算机处理,这就意味着全国许多医疗机构可以获取这些信息。患者的医疗保险公司也可以获取这些信息。当病人申请人寿保险或未来医疗保险时,这类信息可能对这个病人不利;最后,如果这些信息流入到足够多的计算机网络中,对患者的孩子们申请保险或求职也可能不利,即使孩子们没有患这种疾病的任何迹象,即使他们从来没有检测过。

在制定政策时,我们应该尽力把多余的伤害和风险最小化。在像上述这样的案例中,也许很难做到这一点。显然,医疗档案应当是保密的,但是这也许不足以保护病人。因为这些记录用计算机处理过,传输速度极快,信息通过网络迅速传递,发觉有利可图的第三方也可能收集这些信息。新的法律政策在此可能是有所裨益的,这包括出台法律保护病人免遭因基因检测而来的歧视。而且,医院可以考虑为那些只是想做预防性检查的病人设立隐私区域。预防性基因检测不同于诊断性检测,预防性基因检测是为了获得预测病人未来疾病的基因信息,而诊断性检测是为了获得确诊病人所患疾病的基因信息。医院应该建立预防性检测的隐私状态,这样,病人的这些记录就不会归到常规的医疗文件中。这些记录经过计算机处理,但又不允许所有可以访问常规病历的人访问这些记录。这就是一种为提高患者隐私级别而调整访问条件的方法。当然,应该告诉患者检测信息是怎么回事。患者也许宁愿把这些信息记录到她的医疗档案中。

指导隐私政策制订的原则之一就是公开原则:

> **公开原则** 有关隐私状态的规定和条件应当明确,并且为受其影响的人知晓。

实际上,如果我们知道隐私的范围是什么,隐私的条件是什么,以及谁可以获得这些信息,那么我们就可以更好地保护隐私。如果雇主可以收看他人的电子邮件,那么不使用电子邮件申请新职位就是更谨慎的作法。公开原则提倡知情同意和理性决策。

隐私政策一旦制订出来,并为人所知,那么,有时就会出现诱导我们违反政策的情形。很明显,我们应该尽可能地避免违反政策,因为这样会损害对政策的信赖。然而,例外的情况有时确有发生。假如,在做了预防性的基因检测之后,有关检测结果的新信息没有保密。检测结果加上新的科学证据,表明病人确实很有可能会把这种恶性疾病传染给她的后代,但是只要及时发现,这种疾病是可以有效治疗的。在这种情况下,医院似乎不仅要通知患者本人,而且也要告知她成年的子女,尽管这不是最初知情同意书的内容。透露信息所导致的危害远少于阻止信息公开所带来的危害,侵犯隐私则是正当的。

> **例外原则的论证** 侵犯隐私是正当的,当且仅当透露信息所造成危害远小于阻止信息公开所造成的危害的可能性极大,即使一个公正的人也会允许在这种情况以及在道德上类似的情况中侵犯隐私。这些例外的情况应该对该政策的未来使用者公开。因此,我们有必要为信息公开和政策修正制订一个原则。

> **修正原则** 如果具体的情形可以论证修改衡量隐私状态的指标是合理的,那么这种修改应该是有关隐私状态的规定和条件中的一个明确而公开的内容。在这个例子中,那些继续进行预防性基因检测的人会知道,哪些信息在明确规定的例外情况中会被公开。他们会知道,决定做预防性基因检测可能产生什么后果,并因此做出相应的计划。当

人们还在担心个人无法控制信息的传输时,这种控制/限制访问观可以给人们提供尽可能多的个人选择。

## 结　论

在计算机化的社会中,信息闪电般传输。信息一旦进入计算机,它就像闪电般运行,而且会被不可想象地应用和再应用。在计算机化的社会中,担忧隐私是正当的,是很有根据的。隐私是安全这种核心价值的一种表达,没有安全的个人和社会既不能繁荣发展,也不能长久生存下去。因此,建立使公民能够无忧无虑、理性安排其生活的隐私区域是十分必要的。隐私区域应当包括为不同的人访问不同类别的信息设立不同访问级别的隐私状态。根据控制/限制访问观考察隐私问题极其重要,因为这种观点极尽可能主张知情同意,极力推行切合实际的、周密的、敏感的隐私保护政策。

### 基本的学习问题

1. 摩尔所指的"闪电数据"是什么意思?他为什么称它像闪电?
2. 在我们日常生活中,关于我们的信息是如何被轻易收集的,摩尔举了三个例子。请简单明了地描述之。
3. 请解释"工具价值"和"内在价值"的区别。
4. 请解释如何把隐私看作是一种工具价值。
5. 黛博拉·约翰逊认为隐私具有内在价值,因为它是自主的必要条件。什么是自主?
6. 请描述"汤姆窥视"案例。摩尔是怎样用这一案例反对约翰逊关于隐私具有内在价值的观点?
7. 摩尔所指的"核心价值"这个术语是什么意思?举出摩尔在文中所指出的五个核心价值的例子。
8. 根据摩尔的观点,为什么隐私不是一个核心价值?摩尔认为隐私不是一种核心价值,但他又说隐私是"核心价值的表达"。请清楚明了、细致地解释他的意思。
9. 请明了地、细致地解释什么是"自然隐私"。"标准隐私"又是什么?
10. 请全面清晰地解释摩尔的"隐私区域"是什么意思。
11. 请详细解释摩尔的"控制/限制访问"的隐私理论。
12. 请解释摩尔为制订新的隐私政策所提出的三条原则。

**深入思考的问题**

1. 请讨论,闪电数据在人们日常生活中的优点与缺点。是害处多还是益处多?有使利益最大化\危害最小化的办法吗?
2. 计算机用户可以采取什么办法保护个人信息的隐私?
3. 公司有没有不侵犯他/她的隐私而能追踪到个人习惯(如购物、网上冲浪等)的办法吗?请解释之。

# 第 12 章 变迁世界中的数据保护[*]

伊丽莎白·弗朗斯

## 几个历史亮点

自 20 世纪 70 年代瑞典开先河以来,在越来越多的国家的法典大全中可以找到《数据保护法》。自 2001 年 10 月起,旨在寻求协调欧洲各国数据保护法的《欧盟指令》[①]开始付诸实施。这一指令早在 1990 年就开始起草。作为全欧盟第一个此类指令,它建立在先前两份国际性法律文件基础之上,这两份文件早在十年前就出现了。1980 年 OECD(经济合作与发展组织)制订了关于隐私和个人数据跨国传输的指导方针;次年,欧洲理事会第 108 号协定获得批准。[②]

欧洲理事会协定直接导致了第一部《英国数据保护法》的制订。20 世纪 70 年代发布了一系列英国报告:1971 年发布柯罗兹(Crowther)报告;1972 年发布扬格(Younger)报告;1978 年发布林多普(Lindop)报告。这些报告都涉及到保护个人隐私的要求,但是,他们对隐私风险的表述不够充分,不足以促使政府采取行动。仅仅关于数据处理将如何影响绝大多数公众这一点就缺乏充分的信息资料。事实

---

[*] 伊丽莎白·弗朗斯(Elizabeth France),"变迁世界中的数据保护"。伊丽莎白·弗朗斯版权所有,2002 年。重印经作者允许。

[①] 95/46/欧盟的关于处理个人数据的个人保护的指令和这些数据的自由运行,引自 1995 年 7 月 24 日欧盟大会委员会。

[②] 欧洲委员会关于自动处理个人数据的个人保护。欧洲第 108 号条约,斯特拉斯堡 1981 年。

上，在其关于处理计算机问题的报告的一章中，①扬格承认，目前的状况还只是一种"忧虑和恐惧，但不久的将来就会成为事实"。到1978年，林多普被说服，相信有必要立法，成立一个独立的数据保护机构；②但是，这是出于贸易目的使欧洲理事会第108号协定获得批准，而不是因为政府真正认识到了隐私的风险。林多普的报告促成了1984年《数据保护法》的通过。

## 一项基本权利与公平处理信息的八项原则

1984年《数据保护法》在1987年开始全面实施。该法的草案几乎没有提到国际法律文件以之为基础的一项基本权利。确实，时间的流逝并未证明该草案的合理性。然而，第一位数据保护注册师埃里克·豪（Eric Howe）的早期年度报告，却显示了对其背后的哲学的理解，即认识到数据保护法应为尊重与个人数据处理相关的私人生活的权利提供保护的法律框架。在其1985年6月的第一份年度报告中，这位注册师指出："一个首要的进一步的目标是必须建立一种重要方法，以便在《数据保护法》的框架之下提高公众的个人权利意识，并理解行使这些权利的方式。同时，数据用户应该意识到他们的责任，也是很重要的。"③

1984年《数据保护法》附表1中所提出的关于公平处理信息的八项实施原则是该法的核心。正是这些原则既反映了OECD的原则，也反映了欧洲理事会协定的规定。也正是这些原则在世界上任何地方的任何数据保护法中都可以发现其不同的形式，它们也架起了1984年《数据保护法》与英国现行法律之间的桥梁。的确，简言之，这两者之间总的来说几乎没有什么区别（见表1）。但是，1984年《数据保护法》的框架强调官方"注册"程序，这左右了对该法根本目的的理解。这里存在一种危险，即人们可以发现，该法不过是为阻止新技术的商业利用而实施的填表行为而已。这从来就不是它的作用，但是，个体（法律上用"数据主体"来指称）表达出来的关注隐私权利的水平相对较低，这

---

① 扬格报告（1972）指令文件5012。
② 林多普报告（1978）指令文件7341。
③ 数据保护注册师第一份报告，1985年6月，皇家文书局，ISBN0-10-247085-J。

265 也许强化了这一观点。在计算机主机时代，人们很难意识到正在处理其个人数据，与今天相比，也没有多少人知道隐私的潜在风险。

表 1  1984 年和 1998 年英国数据保护法

| 1984 年数据保护法<br>原则 a | 1998 年数据保护法<br>原则 b |
|---|---|
| 数据使用者必须： | 数据必须： |
| 1. 公平合法地获取和处理个人数据； | 1. 被公平合法地处理； |
| 2. 只能为了你注册准入中所规定的具体目的而持有数据； | 2. 为限定的目的而被处理； |
| 3. 只能为了你注册准入中所列出的目的而使用数据，只能向你注册准入中所列出的人公开数据； | 3. 是充分的、相关的但不过量的； |
| 4. 只能持有那些与持有数据目的相关的充分的、相关的且不过量的数据； | 4. 是准确的； |
| 5. 确保个人数据是准确的，必要时保持数据的更新； | 5. 不得超出必要的时间长度被持有； |
| 6. 不得超出必要的时间长度持有数据； | 6. 符合数据主体的权利而被处理； |
| 7. 允许个人访问与之相关的信息，合适时可以修正或删除这些数据； | 7. 是安全的； |
| 8. 采取安全保护措施，防止未经授权的或意外的访问、更改、公开、或遗失和破坏信息。 | 8. 不得向欧洲经济区域之外的国家传输，除非有充分的保障。 |

a 全文见 1984 年《数据保护法》附表 1
b 全文见 1998 年《数据保护法》附表 1

## 更广的适用范围

1984 年《数据保护法》能够作为一种有价值的工具存续下来，进入到个人计算机联网和智能卡的时代，是因为它所实施的原则并非针对某项具体技术。由于预料到了《欧盟指令》所带来的法律上的变化，有可能开始将焦点从关注注册转移到更明显地关注个人权利。1995 年，《欧盟指令》最终定稿。通过 1998 年的《数据保护法》，该指令被引入到英国的国内法律之中。《数据保护法》1998 年 7 月得到了皇室的批准。在一个相当长的过渡期内，直到 2001 年 10 月 24 日，处理个人信息的人(在该法中被称为"数据控制者")可以运用新法处理一直在进行的数据处理。对英国来说,这个新法无论如何都不是方向上的改变,它是建立在旧法基础之上的。对于那些根据旧法的要求处理个人数据的人来说,遵守新法不会感到困难。但是,新旧法律存在一些重要的差别,这主要表现在法律的适用范围。

不用毫无遗漏地详述第一部《数据保护法》的适用范围,仅仅阐明新法中的三个关键定义就很有用了:

什么是数据控制者?数据控制者是指(独立、参与或与他人共同)确定处理或将处理个人数据的目的和方式的人。

什么是个人数据?个人数据是指这样的数据,(a)通过这些数据或(b)通过这些数据和信息管理者持有的或可能持有的其他信息,可以识别生者的身份。

什么是处理?"处理"是指获取、记录、或持有数据,或者对数据进行某种或一系列操作,包括:
1 组织、改编或更改数据;
2 检索、咨询或使用数据;
3 通过传播、散布或其他可用的方法公开数据;
4 整理、屏蔽、删除或破坏数据。

把这三个定义联系在一起,可以使我们对1998年《数据保护法》的适用范围有了一个感性认识。其他关键性的定义是关于如下数据的定义,即要求扩大法律的适用范围以涵盖某些操作文件的数据,以及需要更多保护的"敏感"数据。简言之,在这个信息无处不在、信息与每个人息息相关的时代,利用信息做任何事情,甚至实际上即使只是持有信息,都有可能将数据控制者纳入法律的范围。尽管有许多人认为,法律适用范围太宽会阻碍数据的处理,但是,这是对法律的误解。事实上,法律的作用在于确保信息的自由流动,以满足工作的需要。为了确保信息的自由流动,应该确立一个关于责任的框架,如果坚持这么做,这个框架将能够确保个人的私生活受到尊重。这适用于所有部门,但必须根据具体情况进行解释。

## 实践准则的一个范例：闭路电视

新法如何能够应用到具体的技术领域，而原来的法律本身对此并没有提供这样的指导，以前的这样一个范例就是为在公共场所使用闭路电视而建立的实践准则。正如我在介绍实践准则的前言中所说的，闭路电视监视已成为英国日常生活中日益明显的特征。关于闭路电视如何有效地减少犯罪和预防犯罪的讨论正如火如荼，但有一点是可以肯定的：在公众可自由出入的各种公共场所安装闭路电视是司空见惯的。当我们在街上行走、逛商店、进银行、在地铁站或飞机场穿梭时，都有可能被摄像机拍摄到。上议院科学技术特别委员会表示，如果公众保持对闭路电视的信赖，那么就需要对闭路电视的安装和使用实施更严密的控制(《第5个报告——作为证据的数字图像》)。

在1998年《数据保护法》生效之前，对使用闭路电视监视公共场所进行系统的法律控制还没有法律根据。正如我们已经解释过的，因为这个新法的规定比1984年《数据保护法》的规定更为宽泛。与前一个数据保护法相比，新法更加涵盖了对闭路电视所拍摄的个人图像的处理。以前适用于处理计算机个人数据的合法有效的信息处理标准，现在也同样适用于闭路电视。

1998年的《数据保护法》的一个重要的新特征是，它规定了议员签署指导良好行为的实践准则的权力(section 51(3)b, Data Protection Act 1998)。在我向议会提交的第十四个年度报告中，我表达了我的意图：一旦这些新权力可以为我所用，我就将运用这个权力对闭路电视的运行制订指导方针。为雇主使用个人数据制订实践准则的工作还在进行之中，但是，第一个根据1998年《数据保护法》所制订的议员准则是关于在公共场所使用闭路电视的实践准则。

这个准则用于处理公众可以自由、无限制出入的公共场所的监视问题，正如上议院特别委员会所强调的，这是因为人们特别关注这个区域缺乏管理规则以及核心指导方针。尽管1998年《数据保护法》涵盖了闭路电视的其他用途，但实践准则涵盖更宽泛的问题。该法的许多条款与闭路电视的其他用途有关，当我们制订其他的指导方针时，也将适当参考这些条款。闭路电视系统营运者代表，特别是英国标准协会，已经制订了一些标准。尽管这些标准是有用的，但却没有法律效力。

数据保护法的修订意味着首次将合法有效的标准用于与个人有关的图像的采集和处理。

有关公共场所使用闭路电视的实践准则有双重目的,既有助于闭路电视营运者理解他们的法律责任,又可以消除公众对应当实施的安全保障的顾虑。该准则提出了遵守1998年《数据保护法》必须采取的一些措施,而且它将继续为良好数据保护实践制订指导方针。该实践准则明确了,要遵守1998年《数据保护法》,哪些标准必须遵守。它也指明了哪些标准并非严格的法律要求,但这些标准又确实代表了良好实践的要求。

制订该实践准则的方式为我们提供了一个模型。它可以使法律变得有血有肉,因此,能够根据具体情况对抽象的法律规定做出解释。处于法律框架之内的实践准则具有灵活性,因为它们比法律本身更容易修改,同时,通过指明执法机构针对特定情况将如何解释法律,可以为那些想遵守法律的人提供帮助。

## 电子政府

法律的本质也允许对正在出台的政府政策做出评论。我们欣喜地看到,负责制订国家政策和地方政策的人越来越认识到其处理个人信息的责任的重要性,在政策定稿之前,他们也不断地征求意见。特别是对电子政府而言,确保公民对个人数据的处理方式充满信心,认识到这一点的重要性是显而易见的。

政府的形象是多面的,它有时被称为"联合政府",有时被称为"信息时代的政府",有时又被称为"电子政府"。2005年要达到的目标是,通过诸如政府门户、电话中心和一站式办公等手段,使政府所提供的服务达到百分之百的电子化。通俗地说,挑战是简单的:确保系统按照预想的方式运行。如果不是这样,公民将会丧失信心,失去兴趣。制定和遵守数据保护标准是一个关键因素。管理者管理其该管的事情,这常常是很重要的。在这种情况下,我们将继续与政府有关部门(目前是电子特使办公室与内阁办公室)一起工作,制定这些标准。特别是在在线认证和身份识别等领域,我们还有许多工作要做。

在促进电子政府发展方面,压力常常在于如何利用技术以更为敏捷的方式提供同样的服务。例如,"联合式的"住址变动服务最近已经

269 　试运行了。在其他一些情况中,运用新技术的关键在于,能够通过数据采集和数据归档实现不同的目标。以前,为了数据的准确性,索赔申报和纳税申报可能要进行抽样核查;现在,则可以核查所有的纳税申请和索赔申请,核实所有可能的错误情况,并按照诈骗发生概率的大小对各种情况进行自动分级。这不仅提出了数据的"质量"是否足以支持所下结论的问题,而且提出了透明性的问题。如何利用数据,公开这些数据的目的是什么,这些信息是否对数据主体讲清楚了? 如果不透明,关于例行监控个人行为的适当范围的必要争论,永远都不会发生。

　　电子政府现代化议程的另一种情形是,运用信息技术重新配置服务的提供。例如,社会服务部与国家健康服务信托基金会的联合行动计划就依靠合作方相互之间共享有关客户的信息,而这些合作方对待保密等问题的态度不一定相同。在多部门工作的环境中,解决数据保护问题和隐私问题的办法之一就是,制订地区信息共享计划。在有些情况下,国家模式的计划成功制订了,地区协议就相对容易达成。但是,常常并非如此。更多的时候是,地区部门要达成标准协议,步履艰难。

　　2001 年 7 月,我在我的年度报告中谈到了改善数据质量的重要性。① 在查询公共部门和私人部门的举行数据库时,数据质量是一个至关重要的问题,也是《数据保护法》要求处理的问题,尤其是为了确保数据质量符合数据既定要实现的目标。

## 投诉和评估请求

270 　　在这个不断变化的社会中,个人的观点是什么? 今天在英国,大多数人意识到了别人在处理他们的个人信息,许多人也在工作中处理他人的信息,这一事实使他们更加理解处理个人数据给尊重私人生活带来的风险。向我们投诉其权利受到侵犯的人数达到了历史的最高点。

　　1998 年《数据保护法》第 42 章规定,认为自己受到处理个人数据直接影响的人,可以要求议员对个人数据处理行为是否遵守了该法做出评估。事实上,许多要求评估的请求都来自于个人的投诉,这

---

① 信息议员年度报告和 2001 年 3 月 31 日的年终总结,皇家文书局(HMSO),2001 年 6 月,ISBN0-10-291017-0。

些人认为其个人数据的处理并没有遵守该法。在相当多的情况中,即使提出评估请求的人怀疑正在评估的数据处理存在问题,我们也无法获得足够的信息使我们可以做出评估,但是,我们可以提供权威性的建议。我们提供书面建议的此类情况应该算作咨询。这种咨询不同于数据控制者请求对他们自己是否守法提供建议。针对违反电信规则的投诉不是技术上的评估请求,但是属于我们待处理的案件。

请求评估的总数,加上那些登记为咨询、没有做评估的"投诉",总体上可以与投诉违反1984年《数据保护法》的年度总数相媲美。在2000—2001年度,截止2001年3月31日,办公室受理了大约8875个评估请求和咨询(其中包括1721个对违反电信法规的投诉),这个年度总数表明,处理投诉的工作人员的工作量显著增长。需要特别指出的是,这个工作量还要加上违反1984年《数据保护法》的近1121个投诉(见图1)。受理的投诉数如下所示:

| | |
|---|---|
| 消费者信用 | 24.5% |
| 电信 | 16.6% |
| 直销 | 4.0% |
| 其他 | 47.9% |

如果违犯了法律,会怎么样呢?独立的监督机构必将对此进行制裁。在违反原则的情况,为了纠正违规行为,有可能采取强制措施。多年来,信息议员办公室所采取的措施是为了敦促人们遵守法律,而不必诉诸正式的强制措施。事实上,采取正式行动的次数很少,但是有很多这样的情况,如果认为这样无法处理投诉,那么就会导致采取正式的强制措施来处理它。

对有些人来说,纠正违规行为是于事无补的。例如,即使不准确的信息被纠正了,或者邮件列表上的名字被成功地删除掉了,或者安全方面的违规得到了纠正,或者要求回复请求访问的信息被延迟了,当事人也仍可能因为原来那个违规行为而遭受伤害和痛苦。在这种情况下,人们可以上法庭寻求赔偿。

作为信息议员,我还可以对一些刑事犯罪提起诉讼。这涉及到通报的要求,也涉及到通过欺骗手段获取他人的个人资料然后以一定价格出售这些资料的个人和组织的恶行。

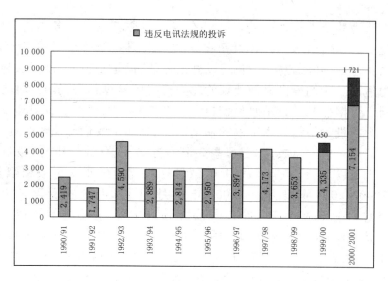

图1:1990—2001年受理的投诉/评估请求数

\* 1994/95年以来的数据是指从当年4月1日到次年3月31日财政年度的数据,而不是用以前《数据保护注册员年度报告》的报告时期,即从当年的6月1日到次年的5月31日。

# 1999—2000年的财政年度数据是根据2000年2月29日以前11个月内所受理的投诉数量,按12个月估算进行调整的数据。

## 欧洲问题和全球问题

尽管《欧盟指令》旨在协调欧洲各国的数据保护,但法律的细则和强制执行的特征各国有所不同,这反映了各国文化和法律制度的差异(例如,欧盟与世界其他地区的数据保护的不同,见表2)。欧盟指令本身就承认,必须主动出击,才能达到最大可能的协调。为了达到这一目的,就要定期召开议员会议,向政府代表提出建议。然而,这是全球性的问题。不仅仅在欧洲,各种各样的非正式网络和工作组织召开会议,商议共同的问题。

## 第 12 章 变迁世界中的数据保护

> **表2 安全港协定**
>
> 1998 年欧盟通过了数据保护指令。该指令规定,数据必须:为限定的目的进行公平合法的处理;是充分的、相关的但不过量的;是准确的;不得超出必要的时间长度被持有;符合数据主体的权利而被处理;是安全的;不得向没有充分保障的国家传输。
>
> 最后的一点引发了与美国有关的一场争论,因为在美国,人们得不到与欧盟同等水平的保护。美国有一个"安全港"协定。依据该协定,美国公司同意提供一定级别的保护,并且这还靠自律。欧盟目前已经接受"安全港"原则,但该协定仍有争议,因为许多人发现美国法律存在缺陷。2000 年 5 月美国联邦贸易委员会向美国议会公布了一份报告,该报告指出,只有 20% 的公司遵守美国公平信息实践原则。(《欧盟贸易》,2001。"欧盟数据保护概要",《欧盟贸易》,第 1923 款。http://www.eubusiness.com/item/19123。)

考虑数据保护问题的出发点不同:使用的语言和法律环境不同;我们的法律也许会从修改中获益。对《指令》进行评述将给英国政府发表评论的机会。① 然而,英国法律的观念和方法业已表明,它们本身在快速发展变化的世界中具有重要价值。尽管技术发展的脚步愈来愈快,但需要保护的基本权利是不变的。

## 基本的学习问题

1. 至少在一些欧洲国家,数据保护法律存在多久了? 第一部欧盟范围内的数据保护指令何时全面实施?
2. 试述数据保护法想要保护的"基本权利"。
3. 英国 1984 年《数据保护法》和 1998 年《数据保护法》都有八项"公平处理信息原则",这些原则是什么?
4. 1998 年《数据保护法》包含三个重要的定义:"数据控制者"、"个人数据"和"数据处理"。请解释这几个重要术语。
5. 1998 年《数据保护法》的总体目标是什么?
6. "实践准则"是什么? 它与法律,如 1998 年《数据保护法》,有什么不同? (请用英国公共场所使用闭路电视的实践准则这个例子,说明你的答案。)
7. 把实践准则作为法律(如 1998 年《数据保护法》)的补充有什么好处?
8. 什么是电子政府? 为什么数据保护法使电子政府成为可能?
9. 为什么"数据质量"是数据保护的一个重要问题?

---

① Data Protection Act 1998:Post-Implementation Appraisal. Summary of responses to September 2000 consultation. Lord Chancellor's Department,CP(R)99/01,December 2001.

10. 近年来,公民个人的"投诉"和"评估请求"剧增,原因何在?
11. 信息议员办公室认为一个人或一个组织违反了1998年《数据保护法》,后果是什么?

**深入思考的问题**
1. 尽管不同的国家有不同的文化和不同的法律制度,但全世界正在努力协调国与国之间的数据保护法律和实践准则。为什么会出现这种情况?这些努力最终成功的可能性有多大?
2. 请解释伊丽莎白·弗朗斯阐述的"实践准则"与詹姆士·摩尔的"隐私区域"概念是如何联系起来的?
3. 欧洲法律规定,数据主体是活着的人。思考一下这种限定对隐私问题的后果,请以基因数据的出现为例。
4. 闭路电视引发了许多隐私问题。随着计算机头像识别系统的出现,自动闭路电视现在开始用于公共场所,这会引发什么新的问题?如何解决这些问题?

## 案例分析:一桩隐私小事

下述虚构的案例表明,使用信息管理技术帮助解决紧迫的人类和社会问题,可能导致隐私风险的出现。本案涉及医学研究领域和医疗信息管理领域,但是,类似的风险也可能出现在人类活动的其他许多领域。欢迎读者用第3章介绍的案例分析方法分析本案。

杰米·斯莫尔,39岁,居住在一个很小的农村地区,他家世世代代居住于此。这个大家庭是该地区最大的家族之一。当地人经常议论,斯莫尔家族的女性为什么比斯莫尔家族的男性寿命更长。人们奚落杰米,说他的姐妹们将如何比他活得更长,这确实有些奇怪。斯莫尔家族成员的健康普遍良好,所有家族成员(包括杰米)的家庭医生都是米歇姆医疗中心的同一位医生,这家医疗中心是该地区三家医疗中心之一。斯莫尔家族有一世袭的传统,自米歇姆医疗中心在70年前创立以来,他们就一直在该中心就医。

米歇姆医疗中心从创立之初的弱小逐步发展壮大,现在已经能够提供完整的医疗服务。医务人员包括6名医生、5名护士、2名助产士、1名顾问和1名理疗师,辅以1名医疗工作管理者和6名行政人员。

米歇姆医疗中心为自己处于医疗服务和管理的先进行列而自豪。1990年以来,米歇姆医疗中心开始使用计算机系统,为医疗工作和行政管理提供服务。目前已拥有一个由25台计算机组成的网络,供医疗人员和行政人员使用。医务人员直接将信息输入病人的电子病历。行政人员则将其他临床信息输入电子病历。病理结果和X射线报告都用计算机接收,由行政人员添加到电子病历中。

作为地区医疗网络的成员,米歇姆医疗中心连接到了医疗网Medlink。Medlink使电子病历能在医院、诊所、医学研究中心以及获得授权的组织(如制药公司、社会关怀组织以及医疗器械服务机构)之间传输。Medlink已经全面运行了9个月。地区医疗网络最近发布的一份报告表明,电子病历的传输有助于为人们提供更有效果、更有效率的服务,有助于向公共健康和医疗领域的医学研究人员提供新的资料。

一个月前,杰米感到异常的疲倦,不得不去看他的医生——米歇姆医疗中心的梅约博士。在米歇姆医疗中心,作为看病的一部分,医生和病人共享电子病历的信息、向电子病历添加资料,是一项常规工作。梅约博士向杰米询问了一些有关他身体状况的探究性问题,并将详细情况输入杰米的电子病历。他们两人还讨论了杰米的电子病历中的信息。杰米有生以来很少生病。梅约博士建议杰米应该做一套常规检查,检查结果需要10天时间才能出来。杰米预约了讨论检查结果的日期。

等杰米回来见梅约博士的时候,检查结果已经被输入电子病历。但是,梅约博士还有将彻底改变杰米一生的其他信息。地区医疗网络的一家医学研究中心一直在调查该地区居民的预期寿命和死亡的自然原因。这些研究使用了实验数据和基因数据。所使用的该地区的电子病历如今在Medlink中可以找到。这就使得许多家族能够被仔细的研究。这就促成了一个预测性的预期寿命和死亡原因的模型的建立,这个模型可用于地区医疗网络所覆盖的地区的医疗资源长远计划的制订。

现已证明斯莫尔家族是一个独特的例子。杰米祖先的基因数据揭示了一种罕见的疾病,这意味着,由于这种疾病,斯莫尔家族的男性可能过早死亡。这使他们易患许多疾病。最近死亡的斯莫尔家族的10名男性死于不同的病因,但都是因这种遗传疾病而引起的。疾病一旦引发,几乎没有治愈的机会。当杰米的检查结果送到米歇姆医疗中心后,医学研究中心也收到了检查结果,并与米歇姆医疗中心就他们的发现进行了交流。梅约博士对杰米解释说,疾病已经开始发作了,他的身体状况在5年内将逐渐恶化。此后,寿命就无法预料了。

　　杰米十分震惊,他茫然地离开了米歇姆医疗中心。从那以后,他似乎生活在梦幻世界里。今天,杰米在当地一家商店,这时米歇姆医疗中心的一名行政人员莎龙·维波走了进来。她是杰米的朋友,她也曾拿斯莫尔家族女性奚落他。今天却有所不同,她微笑着,并为过去对他的奚落道歉。杰米感到很吃惊,莎龙似乎知道他的身体状况。他回到家,发现来了一封邮件,这是他的医疗保险的续保通知。他发现,由于保险公司刚刚做完一次个人基本情况的调查,他的保费增加了三倍。杰米想:"还有谁不知道我的身体状况?"

# 计算机技术与知识产权

# 编者导读

## "闪电化的"产权

随着计算机技术的最新发展,如今大多数知识产品都能够数字化,如小说、故事、散文、诗歌、日记、期刊、杂志、报纸、制图、图表、地图、绘画、照片、数据库、音乐、电影、电视节目、大学课程,等等。然而,数字化的知识产权已经引起一系列棘手的伦理问题,解决这些问题可能需要花费数十年的时间。信息技术是如何导致知识产权的危机呢?答案就在于如下事实:所有权本质上是指对所有物的控制权,而所有权的数字化会导致所有物支配权的丧失。

数字作品的拷贝实质上与原件完全一样。正如詹姆士·摩尔所指出的(见前面第11章),一件作品一旦被数字化,进入网络化的计算机系统后,它就变成了"闪电数据",在计算机网络中能够轻而易举地从一台计算机传输到另一台计算机。所有者可能因此失去对其财产的控制。也许,对大多数所有者而言,最大的损失莫过于丧失出售、出租或租赁财产以及因此赢利的权利。数字拷贝简单,费用低廉,从而使整个世界的知识财产都被"闪电化"了,使它们容易在世界范围内免费传播。这种现象最有名的例子包括传播音乐文件的Napster(见表3)和交换电影电视节目的Morpheus。诸如此类的新的可能性导致了极大的"政策真空",要求对所有权的法律、条约和通行的商业惯例等做出重大修改。甚至整个社会可能被迫重新思考"所有权"这一基本概念。

表3 Napster

互联网上最广为人知的知识产权问题是数字音乐交换。正是Napster(以及Gnutella等相关软件)的存在引发了紧迫的伦理问题。编写Napster软件程序最初是为了让互联网用户能够在互联网上快捷、免费交换文件。然而,Napster却主要用于交换享有版权的歌曲。如果一种产品仅用于非法活动,那么该产品显然是不合乎道德的。但是,如果一种产品既有合法用途又有非法用处,那么它就更成问题了。假如一种产品是为了合法目的而创造出来的,但结果却几乎只用于非法活动,那么,其创造者应当承担责任吗?

Napster已经卷入了一场与一些大型音乐公司正在进行的法律大战。这些音乐公司试图阻止用Napster软件下载他们的歌曲。这个问题如此复杂,甚至引起了音乐界内部的不和。

音乐公司声称,由于潜在的顾客在网上盗用他们的音乐,而不是直接从公司购买,致使他们损失了巨额利润。这些公司得到了数名顶级音乐人的支持,著名的有最初提起诉讼的重金属摇滚乐队Metallica。

争论的另一方是一些尚未成名的音乐人,他们把Napster看作传播其音乐作品的一种机会。知识产权法的目的是扩展知识和知识产权。尚未成名的音乐人认为,只有通过Napster才能实现这一目标。许多音乐人还把Napster看作一种使自己摆脱音乐公司高额制作费用的途径,使他们能够直接与歌迷接触。

来源:Gros, M. and Meir, A. (2001). *Values for Management*, 6 (April). http://www.besr.org/journal/besr_newsletter_6.html

## 何谓所有权?如何论证?

说一个人"拥有"一幢房子、一辆汽车、一个音乐作品或者一个计算机程序,这意味着什么?所有权最典型的解释是:拥有一系列支配自己财产的权利,包括使用权,也包括决定他人能否使用以及如何使用的权利。例如,如果你拥有一幢房子,那么你就有权居住,供养家庭,宴请宾朋,等等。你也有权决定还有谁可以使用你的房子以及用于何种目的。这包括出售权、出租权、赠与权、或在遗嘱中将它留给某人的权利。

然而,财产的支配权并不是绝对的。例如,如果一个人烧毁自己的房子会危及邻居的房子,那么他就不能这样做。如果某人拥有一把刀,她有权将它用于许多目的,但是她无权将它刺进别人的胸膛或允许他人这样做。一个人可以在街道上驾驶自己的汽车,但是只能以适当的速度在适当的车道上行驶。因此,所有权最典型的定义是:一系列支配所有物的有限权利。然而,人们怎样才能获得这些权利呢?哲学家提出了许多理论,论证所有权的道德合理性。

**所有权劳动理论** 也许最著名的所有权理论是英国哲学家约翰·洛克(John Locke)的理论。他认为,一个人将自己的劳动与非他人拥有的资源结合在一起,并因此创造出一个产品,那么这个人就获得了拥有最终产品的权利。因为劳动者投入了其生命的一部分创造这一产品,而其他人没有这样做,所以这个劳动者有权支配他所创造的东西。洛克补充了一个重要前提:劳动者必须为别人留下"够多够好"的原始资源,这样,其他人才能将她的劳动与那些资源结合起来,创造出属于她自己的产品。尽管洛克把他的所有权理论应用于利用自然资源创造的有形产品(如荒野中的小木屋),但他的理论很容易引申到无形产品——知识产权,如用语言词汇创作的诗歌,用音阶音符创作的乐曲,或者用计算机语言编写的计算机程序。利用这些资源创造产品,为他人创造他们自己的知识财产留下了够多够好的资源。

**所有权人格理论** 德国哲学家黑格尔(Hegel)用来论证所有权正当性的另一种理论是"人格理论"。这种理论在许多方面与洛克的理论相似,它也很容易用于解释知识产权。诗歌、乐曲、绘画或其他人类创造性的作品都可以看作是创作者人格的一种表达或延伸。因此,创作者有权支配它,也就是说,有权使用它,有权决定他人是否可以使用以及他人在什么情况下可以使用。

**所有权功利主义理论** 根据这种观点,为了使社会的幸福和健康最大化,使痛苦和悲伤最小化,我们应该认可、支持和保护所有权。当人们发明实用的、知识性的或有趣的新产品和新方法时,人类深受其益。所有权为创造者提供了创造源源不断的新产品的动力,从而有助于实现最大多数人的最大幸福。

**所有权社会契约论** 这种理论通过把所有权视为复杂的社会契约的一部分来解释和论证所有权的正当性。社会一致同意制订有益于财产所有权的法律,创造有益于财产所有权的各种条件。反过来,所有者同意以社会认可的方式使用他们的财产。所有者和社会必须履行他们的协议,相互遵守各自的承诺。如果某个社会的总体目的是使幸福最大化、使伤害最小化,那么社会契约论就成了功利主义理论的另一种版本。但是，不同的是，社会可能有不同的目的，如遵守上帝的旨意，或建立精英制度，或其他非功利主义的目的。因此，社会契约论并非换了名称的功利主义理论。

当今世界上许多国家主要依据功利主义来建立和保护知识产权。例如，美国宪法（第1条第8款）授权国会"保障作者和发明者在限定期限内对各自著作和发明的专有权利，以促进科学和工艺的进步。"因此，所有权是创造或发现实用的新产品和新方法的动力，这些新产品和新方法将有益于整个社会。

## 目前知识产权的几种形式

最常见的三种知识产权形式是：(1)版权，(2)专利权，(3)商业秘密。

### 版　权

在任何一个签署《伯尔尼保护文学和艺术作品公约》的国家（到2002年初已有149个国家），当一个作家写作一部文学著作，或一位作曲家谱写一首曲子，或一个画家创作一幅画的时候，他或她都能获得自己作品的版权。《伯尔尼公约》保护几乎所有的文字作品，以及音乐作品、艺术作品、电影、电视、照片等。1996年，《世界知识产权组织（WIPO）版权条约》在受版权保护的作品清单中明确增加了计算机程序这一项（见条约第4条）。

到1996年，当《世界知识产权组织版权条约》实施之时，大多数工业化国家已经对软件实行版权保护（例如，美国在1980年就这么做了）。然而，即使到了今天，经过几十年的学术争论和法庭诉讼，软件的所有权问题仍然没有得到完全解决。版权法十分复杂且不断变化，要解决这些重要问题很可能还得花上数十年的时间。尽管如此，美国法院已经确认了可受版权保护的有关计算机程序的几个方面，这包括：(a)源代码，(b)源代码的编译码（包括机器编译码），(c)某些计算机程序的"界面"，(d)某些程序要素的"结构、序列和组织"。

版权是一种保护时间很长的所有权形式，保护期可延伸到作者逝世后70年。未经版权所有者许可，它禁止他人擅自复制、分发、或公开表演一部作品。另一方面，版权也是一种相当软弱的所有权形式，因为它并没有给所有者提供垄断性的支配权。这样,如果某人独立地创作了一件作品,而该作品与已有版权作品非常相似,甚至完全相同,那么,原来的版权所有者不能禁止新创作者使用和传播该作品。此外,如果版权所有者认为他人复制了自己的作品,那么,他或她负有举证的义务。

对计算机程序的所有者而言,版权保护的一个严重缺陷是,版权不保护算法——嵌在程序中的计算机命令的基本序列。对大多数计算机程序的所有者来说,算法恰恰是最需要保护的部分,因为它是使软件能够控制计算机的"功能性的"部分。另外,编写算法通常最需要时间、资源和创造力。

## 专利权

一种更强的所有权是专利权,它为知识产权提供 17 年(通常可续延 5 年)的垄断性支配权。例如,如果某人有一项软件专利,那么,在 17 年—22 年的时间内,他/她可以禁止他人未经允许使用、复制、分发或销售该软件。即使他人没有拷贝他原来的程序,而是自己独立编写的,专利权所有者也可以禁止新创作者使用其独立作品。

由于专利权赋予所有者垄断性的支配权,因此,软件编写者都希望通过获得专利来保护他们的程序,这是可以理解的。然而,在 20 世纪 80 年代初之前,美国法院一直不愿意给软件授予专利权。尽管大多数计算机程序确实满足了通常的要求,即是"实用的、新颖的、非显而易见的",但这些仍被认为不符合"是一种方法、机器、制造品或事物的构造"的判断标准。而且,计算机程序被看作是一系列概念或数学公式,而这些是不应授予专利权的,因为它们是"科学技术的建筑材料"。给它们授予专利权,将使它们脱离公共领域,从而阻碍科学技术的发展。这就会阻碍达到专利权的最初目的,即促进科学技术的新发现和新发明。

1981 年的"Diamond v. Diehr"案是一个分水岭,它促成美国法庭把计算机程序看作与分步式的制作工序相似。因此,1981 年之后,嵌在软件程序中的命令序列(算法)被准许获得专利。这一新进展打开了闸门,1981 年后数以万计的计算机程序获得了专利。今天,许多人对这种新情况感到不安,因为他们担心许多重要的科学和数学知识被抽离公共领域。另外,为了确定自己新开发的软件没有侵犯成千上万已获专利的程序,专利查新的费用如今也已变得十分昂贵。只有资金非常雄厚的公司才支付得起这样的查新费用,这就把小软件公司和个体程序员置于极为不利的境地。软件专利本应该激励科学技术的新发展,但是相反,它实际上可能阻碍了科学技术的发展。应当指出的是,目前其他许多国家不授予软件专利权。

### 商业秘密

知识产权的第三种所有权形式是商业秘密。这种所有权准许公司在内部创造一些东西,然后在公司内部利用它们经营业务。例如,商业秘密可能是公司内部使用的生产方法、食谱、化学配方或软件程序。有资格为商业秘密保护的对象必须是新颖的,公司必须投入了巨大的努力和资源创造它,公司也必须为保密、不让潜在的竞争对手知道它付出了巨大努力。典型的保密措施包括许可协议、员工合同、加密技术以及其他措施。

商业秘密可以用来保护与版权和专利权共同保护的同类的知识产权。尽管如此,作为一种所有权,商业秘密存在明显的不足之处。例如,如果竞争者碰巧独立地创造或发现了同样的东西,那么,未经原来那个所有权人的允许,竞争者可以使用它。在有些情况,竞争者甚至可能提起专利或版权诉讼,要求原来那家公司支付专利使用费。另外,如果秘密通过某种途径泄漏出去了,那么,所有权就可能不再受法律保护了。

对于软件而言,商业秘密是一种尤为麻烦的所有权形式,因为大多数软件是为了销售给大量获得许可的人编写的。尽管有旨在保密的许可协议,但是,一旦成千上万的软件拷贝被销售出去,相关的秘密就可能被泄漏了,商业秘密的所有权也可能因此丧失了。

### 目前所有权的各种形式能合乎道德地保护软件吗?

在题为"计算机软件的所有权"的第 13 章中,黛博拉·约翰逊(Deborah G. Johnson)就目前的软件所有权形式提出了一个关键问题:版权、专利权和商业秘密是否能够充分地、公正地保护软件所有者的所有权?为了回答这个问题,她运用了所有权的功利主义理论,因为这是美国宪法所采纳的理论。她的结论是,有关法律是"不坏的法律",因为这些法律"对实现创造繁荣发明创造的环境这一目标是适当的"。然而,由于以上提到的那些问题和不足,约翰逊建议,对与计算机有关的发明而言,必须修改甚至废除现行的法律。她总结道:

> 无论你支持什么变化,显然我们都必须记住,我们的最终目的应该与专利权、版权制度的目的一样,要营造有利于鼓励和促进发明创造的环境。

与约翰逊不同,理查德·斯多曼(Richard Stallman)在第14章"为什么软件应该是自由的"中认为,目前计算机程序的所有权形式是不公正的和不道德的,因此应该予以废除。他指出,软件所有权给社会造成了诸多危害。他也利用所有权的功利主义理论,但是与约翰逊不同,他的结论是,目前的法律限制和阻碍了创造发明,因此,应该废弃这些法律,支持自由软件。[①]

---

[①] 斯多曼发起的"自由软件"最终导致了所谓的"开源运动",从而导致了在互联网上供全球使用的像 LINUX 操作系统和电子邮件软件 SENDMAIL 的自由软件。见在参考文献中列出的埃里克·雷蒙德(Eric Raymond)的"教堂与集市(The Cathedral and the Bazaar)"。

# 第13章 计算机软件的所有权：个体问题和政策问题*

## 黛博拉·约翰逊

### 导　言

在本文中,我想集中讨论有关计算机软件所有权的两个核心道德问题,这就是个体道德问题和政策问题。个体道德问题就是:个人(或公司)非法复制专有软件在道德上是错误的吗? 这是一个依据法律,个体行为正当与否的问题,而不是法律应当是什么的问题。而政策问题的核心是法律应当是什么,也包括如下问题:计算机软件应当属于私有财产吗? 现有的版权、专利权和商业秘密的保护制度能够充分保护计算机软件吗? 这些制度产生了良好的后果吗? 我想从拷贝问题入手,简要介绍我关于这两个问题的观点,但同时也承认这两个问题在一定程度上是相互依存的。

### 拷贝专有软件是错误的吗？

这个问题在此处至少必须在两个方面予以澄清。第一,为了保险,备份一份(你所购买的)软件可能不是违法的。第二,尽管我使用了"个体"道德问题这一概念,但这并非仅指适用于个人的问题,它也适

---

\* 黛博拉·约翰逊(Deborah G. Johnson),"计算机软件的所有权问题:个体问题和政策问题"。本文最初是1991年8月在康涅狄格州纽黑汶市南康涅狄格州立大学举行的"全国计算机与价值观念会议"上报告的一篇论文。南康涅狄格州立大学计算机与社会研究中心版权所有,重印经作者准许。

用于诸如公司、代理机构和协会这样的团体单位。我所考虑的典型情况是,你拷贝了一份专有软件给朋友,或者你从购买者手中借一份软件,拷贝一份供自己使用。这些情况似乎明显不同于公司为了避免更多的开销只购买一份软件而拷贝多份供公司内部使用这一情况。

感觉拷贝软件不是错误的,这是可以理解的。拷贝一份专有软件很简单,似乎也没什么害处,旨在禁止这么做的法律似乎是不合适的。然而,当我考察已提出的(或可能提出的)支持这一结论的观点时,我发现我不"买账"。我不得不做出如下结论:非法拷贝软件在道德上是错误的,因为这是非法的。这里的关键问题与软件本身没有什么关系,有关系的是法律与道德之间的关系。

也许,着手这一问题的最佳方式是列出我认为在道德上允许个人拷贝的最有说服力的观点。这些最有说服力的观点认为:(1)保护计算机软件的法律是有害的,因此,要么(2a)拷贝软件本质上不是错误的,要么(2b)拷贝软件没有害处,要么(2c)不拷贝软件反而可能有害处。

在本文的下一个部分,当我考察对法律的种种抱怨时,我将讨论前提(1)。但是,现在重要的是要弄清楚前提(1)提出的观点是什么。这里有几种可能性:(1a)美国所有的产权法都是不公正的,软件法是其中之一;(1b)所有的知识产权法都是不公正的,软件法是其中之一;(1c)美国大部分产权法是公正的,但与计算机软件有关的法律是不公正的;(1d)尽管与软件所有权有关的法律并非不公正,但它们可以更好一些。这个清单可以继续列下去,只要你所持的观点对拷贝问题很重要。

我不想花时间讨论所有观点,因此我将直奔主题,仅简要阐述我的观点(下节将详细阐述):在所有可能的制度中,美国的知识产权制度(尤其是专利制度和版权制度)也许在每个细节上并不是最好的,但是,版权法和专利法的目的都是好的,都旨在达到可以拥有什么与不可以拥有什么之间的适当平衡。换言之,尽管我承认现行的软件版权和专利权保护制度可以进一步完善,但是,我相信这些法律制度对计算机软件而言不是明显不公正的,也不是完全不合适的。

在我下一步的讨论中,我认为个人有遵守基本公正的法律制度的显见义务。"显见的"意味着"一切都是平等的"或者"除非有压倒性的理由(才是不平等的)"。更高层次的义务或者能论证不遵守法律是正当的特殊情况,都可能压倒遵守法律的显见义务。例如,如果遵守法律比不遵守法律带来的危害更大,那么,更高层次的义务可以压倒它。更高层次的义务甚至可能要求公民不服从法律。也就是说,如果法律是不道德的,那么,不服从就是一种道德义务。遵守法律可能带来危害的这一特殊情况可以证明不服从良法的正当性。例如,禁止左车道驾驶汽车的法律是良法,但是,为了避免撞到他人而违反它,这是可以得到辩护的。

因此,我并不是在说,人总是有遵守法律的义务。我只是在说,违反良法的人有举证的义务。假如有关计算机软件的现行法律基本上是好的——此刻我正论述之——又假如人们有遵守基本良法的显见义务,那么,第二个前提对道德上允许拷贝的观点来说就是极其重要的。因此,前提(2a)到(2c)必须加以仔细考察。

我同意前提(2a),即拷贝软件本质上没有错。如果没有法律禁止它,这种行为就不是错误的。事实上,我在别处论证过,所有权本身并非天生的或道德的(Johnson 1993)。只有当法律规定了它们,并且只有处于相对公正的法律制度中时,它们才获得道德意义。前提(2a)并不支持可以拷贝这一观点,因为法律规定拷贝是非法的,因此,拷贝是显见错误的。

根据前提(2b),为个人使用拷贝软件没有伤害任何人。如果我们想象拷贝是在自然状态下发生的,正如前提(2a)所述,那么,前提(2b)似乎是正确的,即没有人受到伤害。然而,一旦我们身处一个法治社会,那么,法律就规定了法律权利,这样看来,剥夺他人的法律权利就是伤害他人。当一个人拷贝了一份软件,这个人就剥夺了所有者控制该软件使用的法律权利,也剥夺了所有者出让软件使用权并收取费用的法律权利,这就是一种伤害。那些认为这不是一种伤害的人应该与小软件公司或个体业主聊一聊,这些小软件公司或个体业主从事开发软件的生意,投入了大量时间和金钱,却仅仅因为买一份软件而使他人不必再买软件的顾客的盘剥就关门大吉。因此,假设(2b)是错误的,因为拷贝软件确实伤害了他人。

前提(2c)最具有可能性,因为如果一个人遵守法律确实会造成伤害,那么,他就有道德理由不遵守法律,即使是比较好的良法。理查德·斯多曼(Richard Stallman)(1990)和海伦·尼森鲍姆(Helen Nissenbaum)(1991)都提出过这种观点。他们都认为存在这样的情况,不制作一个拷贝或不制作一个备份给朋友,就会造成伤害。然而,在他们的观点中,所提到的伤害似乎不是能与比较公正的产权制度的效力相抗衡的那种伤害。他们都举了例子,说明个人如何通过提供产权软件的非法拷贝来帮助朋友解决困难。两人都认为,这并非鼓励利他主义。但是,这种观点忽视了对版权所有者或专利所有者的伤害。

即使我同意不向朋友提供拷贝会造成伤害,我们也必须比较这些伤害,并取其轻。鉴于我在上面论述的关于遵守法律的显见义务的观点,由此可以推出,或许在某些情况下,拷贝是可以得到辩护的,即只有通过非法拷贝和使用专有软件才能避免某些比较严重的伤害。然而,在大多数情况下,软件所有者对其合法权利的主张,比那些需要一个拷贝使其生活更便利的人的主张,似乎要强大得多。

如果我刚才简述的观点看起来不太好懂,那么,请让我们对一种不同的所有权做一个类比。假设我拥有一个私人游泳池,通过出租给他人使用来维持生计。我不是每天都出租游泳池,你想出了当游泳池没有开放或我不在场时,怎样不被发现闯入游泳池并使用游泳池的办法。游泳这种行为本质上不是错误的,在我的游泳池游泳对我(所有者)或其他人也没有明显的伤害。但是,你未经我的允许就使用我的财产。你说你很热,在我的游泳池里游泳会使你的生活更舒服,这似乎不是无视我的所有权的正当理由。同样,如果你说你有一位朋友热得难受,而你知道如何闯入游泳池,尽管不利用这些知识帮助你的朋友闯入游泳池可能是自私的,但这仍不是无视我的所有权的正当理由。。

当然有这样的情况,你非法闯入我的游泳池或许可以获得辩护。例如,某人闯入我的游泳池游泳,快要淹死了。你碰巧经过这里,看见这个人快淹死了,于是闯入游泳池救这个人。这种情况就可以辩护侵犯我的合法权利的正当性。

这两个案例似乎没有道德差异。闯入游泳池和拷贝专有软件二者都是侵犯所有者合法权利的行为。这些权利是比较好的良法赋予的。我承认这些法律确实阻止他人的利他行为,但是,我相信这是私有财产所固有的。私有财产是个人的、排他的,也许是自私的。因此,如果斯多曼和尼森鲍姆想对所有的私有财产法发起攻击,我同情他们的主张。但是,我会要求他们解释,为什么在其他东西,如自然资源或企业集团的私有权似乎更险恶的情况下,他们偏偏挑战计算机软件法。

我的结论是,非法拷贝专有软件是显见错误的,因为这样做剥夺了所有者的合法权利，并对他们造成了伤害。我承认我对一个需要更多关注的话题只进行了简要的讨论，但是，这是一个需要摆上桌面来讨论的话题。

## 当前计算机软件版权和专利保护制度是好的吗？

为了将政策问题置于道德的或价值的框架中，请让我从这里说起：在以前的著作中（Johnson 1985），我倾向于用道德论据来支持软件所有权，即洛克的劳动论观点，但是现在我相信，在所有权先于法律社会存在的意义上，所有权没有道德基础。也就是说，我相信所有权是社会性的，或习惯性的，或人为的。这个观点与美国的版权法和专利法完全吻合，因为这两种法律制度都具有功利性。这两种法律制度都旨在对社会产生长期的良好后果。因此，应当把计算机软件法应当是什么的争论和讨论，置于在功利主义理论的框架之中。

20 世纪 70 年代末和 80 年代初，人们表达了大量的担忧：无论是版权法还是专利权法都没有充分保护计算机软件。大量文献描述了软件盗版和非法拷贝的程度和影响，表达了对软件开发将严重受阻的担忧，因为软件公司无法收回开发成本，更不用说赚取利润。创造的动力严重受挫。

20 世纪 80 年代末和 90 年代初，人们表达了越来越多的担忧：对计算机软件的保护太多了，也就是说，太多的软件成为专有软件了。现在的担忧是，版权保护和专利权保护的范围太宽泛了。它们现在阻碍了软件的开发（Kahin 1990）。

担忧的转变触及了当前知识产权法的核心目标，因为版权法和专利权法二者都旨在营造一种激励发明创造的环境。做到这一点，一方面是通过给物品授予所有权，所有者可以把新发明投放市场，如果发明是实用的，所有者就可以赢利；另一方面是通过保证科学技术的"建筑材料"没有所有者，为发明创造打开方便之门。"建筑材料"的所有权会妨碍发明，因为新发明者必须征得私有者的允许才能使用这些"建筑材料"——这些私有者可能会拒绝授权（以避免竞争，或出于个人的突发奇想，或出于任何理由），或者可能会把发明的要价抬到无人敢问津的高度。

谈到版权，你可以拥有的是思想的表达，而不是思想本身；谈到专利权,只要你的发明不是或没有预先使用自然法则、抽象的思想、数学公式等,你就可以获得使用你的发明的垄断权。在这两种情况中,限制的依据是相同的。如果给思想、自然法则和数学公式等授予所有权,那么,就会因为其他人不能自由地使用这些"建筑材料",而阻碍科学技术的进步。

因此,专利权法和版权法二者都旨在促进发明创造。也就是说,两者的目的都是为了在科学技术领域产生良好的后果。为了实现这一目标,两种法律制度必须在什么可以专有和什么不可以专有之间划一条明确的界线。然而,这条界线在计算机软件领域特别难以确定,因为对于软件以及其他计算机技术来说,用来划分界线的传统的区分标准变得极其模糊了,如思想与表达之间的区分、数学公式与应用之间的区分。

## 专利权

从20世纪80年代初到90年代初所出现的对软件专利权保护的担忧的转变,可以追溯到 Diamond v. Diehr 一案之后专利局以及关税与专利上诉法庭(CCPA)的政策和实践的转变(Samuelson 1990)。在 Diamond v. Diehr 一案之前,专利局极不愿意给有关计算机的申请授予专利权,即使 CCPA 对此提出了异议。在 Diamond v. Diehr 一案之后,专利局才开始授予专利权,CCPA 也为授予更多的专利权找到了新的理由。尽管在 Diamond v. Diehr 一案之前只授予了少量的软件专利权,但从此之后,授予了成千上万的软件专利权(Kahin 1990)。

对软件专利权保护新的担忧触及到了专利制度的核心目标,因为这些担忧表明,太多的专利如今遏制了发明创造。对什么可以获得专利的对象进行限制,旨在保证科学技术的"建筑材料"不专有,这样才能促进持续不断的发展,然而,人们的抱怨表明,"建筑材料"现在可能被专有了。这种情形可以大致描述如下:因为授予了这么多的软件专利权,所有在将新的软件投放市场之前,人们必须进行广泛的、昂贵的专利检索。如果发现有相同的专利,就得花钱购买许可证。即使没有发现相同的专利,也常常存在后申请专利的风险。由于专利局的软件分类系统较差,专利检索并不能保证能够识别出所有潜在的专利侵权的情况。因此,总是存在因专利侵权引起诉讼的风险。人们可能在生产某个产品时投入了很多,在专利检索时甚至投入更多,结果在最后一分钟却发现新产品侵犯了已提出申请的产品。这些因素使软件开发成为一种风险活动,并且是开发新软件的绊脚石。这些开支和风险尤其是小型企业发展的障碍。

我在别处已经论证过计算机算法是不应获得专利的,这些批评意见可以借来支持这一观点。根据对"算法"一词的定义,这些批评意见认为,应当对与程序相关的专利申请实施更广泛的专利对象范围的限制。斯多曼(1990)提议我们制定一部将软件排除出专利权领域的法律。萨缪尔森(Samuelson)(1990)认为,专利局和CCPA过分夸大了联邦最高法院对Diamond v. Diehr一案所作的判决的意义。

## 版 权

与版权相关的情况更不清晰,我不打算在这方面花太多时间。版权保护有其法律优势,因为1980年修订的《版权法》明确规定,该法适用于计算机软件。另一方面,由于你拥有的到底是软件的哪个方面不甚明了,因此从这个意义上来说,版权保护的意义也不甚明了。

如果你独立地编写了一个新程序,即使这个新程序与已获版权的某个软件一模一样,只要你在编写自己的程序时不知道那个已获版权的程序,你就没有侵权,在这个意义上,版权保护是比较容易获得的。从获得保护这一点来看,这是优点,但这也是缺点,因为你所获得的保护是软弱无力的。

越来越明显的是,作为版权法的核心概念,思想与表达二分法可能不足以解决计算机软件问题。版权法应用的不确定性足以阻碍其自身在计算机软件领域中的发展。

## 不坏的法律

请注意,对专利权保护和版权保护的这些批评意见并没有指向法律的基本属性。版权法和专利法的目标和策略似乎正是在于设法营造促进发明创造的环境。就此而言,它们是不坏的法律。但是,尽管它们的目标是好的,但它们似乎缺乏解决计算机技术问题的概念工具。由此看来,为了与计算机相关的发明创造,必须修改版权法和专利法,甚至予以废除。无论你支持哪种改变,非常清楚的是,我们必须记住我们的最终目的与专利权和版权制度的目的应当是一致的:营造鼓励和促进发明创造的环境。

**基本的学习问题**
1. 请描述约翰逊提出的关于软件所有权的两个"核心道德问题"。
2. 为什么约翰逊的结论是非法拷贝软件在道德上是错误的?
3. 根据约翰逊的观点,支持在道德上允许个人拷贝专有软件最有说服力的两种观点是什么? 为什么她认为这些观点是不可接受的?
4. 根据约翰逊的观点,在什么情况下——如果有的话——违反法律在道德上是正当的,?
5. 约翰逊认为拷贝一份软件在本质上是错误的吗? 支持她的观点的理由是什么?
6. 约翰逊是否赞同拷贝软件并不伤害任何人的观点? 她为什么赞同? 或者为什么不赞同?
7. 专利权和版权是一样的吗? 如果不是,请就软件所有权说明它们之间的不同。
8. 根据约翰逊对版权法和专利法的批评,她为什么相信人们仍有遵守这些法律的道德义务? 请详细解释。
9. 根据约翰逊的观点,对传统的版权法和专利法进行修改的主要目的应当是什么?

**深入思考的问题**
1. 英国哲学家约翰·洛克提出的"经典的"所有权理论是什么? 这种理论似乎很适合像森林中的小木屋这样的有形物体的所有权问题,但怎样才能使它能够很好地适用于像计算机软件这样的"无形的"知识产权呢? 请详细说明。
2. 法律和道德之间的区别是什么? 有合乎道德但不合法的行为吗? 有合法但不合乎道德的行为吗? 请举例说明你的回答(不必涉及软件或计算机技术)。
3. 如果没有法律,没有社会,没有人对自己的东西拥有权利,那么,你是否同意约翰逊"所有权本身并非天生的或道德的"这一观点吗? 请详细说明你为什么这样想。

# 第14章 为什么软件应当是自由的[*]

理查德·斯多曼

## 引　言

软件的存在不可避免地引发应当如何决定其使用的问题。例如，假如一个人有一个程序，他遇到了另外一个想要一份拷贝的人，那么，他们就有可能拷贝这个程序。应当有谁来决定是否可以这样做？是与此相关的每一个人？还是被称作"所有者"的人呢？

软件开发者在思考这些问题时一般会假设：答案的标准是最大化开发者的获利。商业的政治威力已经促使政府采纳开发者所提出的标准和答案：程序有所有者，所有者通常是是参与程序开发的公司。

我想使用不同的标准来考察上述问题：大众的幸福和自由。

答案不能由现行的法律来决定——法律应当符合道德，而不是相反。现行的做法也不能决定这个问题的答案，即使它可以提供某种答案。做出判断的唯一途径是要明白：承认软件存在所有者究竟对谁有利、对谁有害，为什么，有多大的利和害。换句话说，我们应当站在社会整体利益的立场上进行成本—利益分析，既要考虑个人的自由，也要考虑物质产品的生产。

在本文中，我将描述存在所有者的后果，并说明其后果是有害的。我的结论是，程序员有义务鼓励他人分享、再分发、研究和改善我们编写的软件。换言之，就是编写自由软件。在"自由软件"中，"自由"这

---

[*] 理查德·斯多曼(Richard Stallman)，"为什么软件应当是自由的。"自由软件基金会版权所有，1991年。允许免费复制和分发，但不允许修改。

个词指的是自由,不是指价钱;自由软件拷贝的价格可能为零,或者很小,或者(极少数)很大。

## 如何认证所有者的权力

从规定程序属于财产的现行制度中获利的人提出了两种支持其主张程序专有的观点:情感论和经济论。

情感论是这样推理的:"在这个程序中,我投入了汗水、心血和灵魂,它来自于我,所以它是我的!"这种观点无需认真驳斥。这种依附之情是这样一种情感:当这种情感适合于程序员时,程序员就会产生这种情感。这并非不可避免。例如,请思考一下,同样是这些程序员,他们常常为了薪水,多么心甘情愿地签字把所有权利都转让给大公司。依附之情竟神秘地消失了。相反,看看中世纪伟大的艺术家和工匠们,他们甚至没有把自己的名字留在自己的作品上。对他们而言,艺术家的姓名并不重要。重要的是,作品完成了,目的也就达到了。这种观点盛行了数百年。

经济是这样推理的:"我想致富(通常被不准确地描述为'谋生'),如果你不允许我靠编程致富,那么我就不编程了。其他每一个人都会像我这样,所以不再有人编程了。这样,你会因为没有一个程序可用而陷入困境!"这种威胁常常像智者的友好建议一样,犹抱琵琶半遮面。稍后我将解释为什么这种威胁不过是虚张声势而已。首先,我想讨论一个隐含的假设,在另一种观点的表述中,这个假设更显而易见。

这种表述从比较专有程序的社会利益和没有程序的社会利益入手,并得出结论:专有软件的开发从总体上看是有益的,应该加以鼓励。这里的谬误在于只比较了两种结果——专有软件和没有软件,并且还假设没有其他的可能。

对知识产权制度而言,软件的开发通常与存在控制软件使用的所有者联系在一起。只要这种联系存在,我们就会经常面对专有软件或没有软件的选择。然而,这种联系不是固有的或必然的,它是我们正在质疑的特定的社会/法律政策的决定所造成的结果:决定设立所有者。把所面对的情况表述成专有软件与没有软件之间的选择是在回避问题的实质。

## 反对设立所有者的观点

现在的问题是:"软件的开发应当与设立所有者限制其使用联系在一起吗?"

为了回答这个问题,我们必须独立地判断两种行为各自对社会的后果:开发软件的后果(不考虑它的分发期限)和限制软件使用的后果(假设软件已经开发出来了)。如果其中一种行为是有利的,而另一种是有害的,那么,放弃这种联系,只做有利的那种行为,我们的情况会更好。从另一方面看,如果限制已开发的软件的分发在整体上对社会有害的话,那么,一个有道德的软件开发者就会拒绝这样做。

为了确定限制程序共享的后果,我们有必要比较一下有限制的(即专有的)程序的社会价值与人人可以共享的同一程序的社会价值。这意味着比较两种可能的世界。这种分析也谈到了一个简单的对立观点,这种观点有时使得"给邻居一份程序拷贝的好处被这么做给所有者造成的损害抵销了。"这种对立观点假设,损害和利益在量上是等同的。这种分析涉及比较量的大小,并表明损害大得多。为了阐明这一观点,让我们把它应用到另一个领域——公路建设。

所有公路的建设都用通行费来筹措资金是可行的。这需要在每个街口设立收费站。这样一个制度可以为改善公路提供巨大的动力。它也具有使公路使用者为道路付费的优点。然而,收费站是交通顺畅的人为障碍——人为的,因为它不是公路或车辆运行方式的结果。通过比较免费公路与付费公路的好处,我们发现(其他方面都相同)没有收费站的公路的建设和运行更经济,使用更安全、更有效。在贫穷的国家,通行费使许多市民用不起公路。因此,没有收费站的公路以更低的成本为社会带来了更多的利益;对社会来说这样的公路更可取。所以,社会应当选择其他方式筹措公路建设资金,而不是靠收费站。公路一旦建成,公路的使用应当是免费的。

当收费站的支持者们提出收费站是筹集资金的唯一办法时,他们歪曲了还有多种选择的事实。收费站确实可以筹集资金,但它们确实也产生其他后果:实际上,它们贬低了公路。付费公路不如免费公路好。如果给我们更多或技术更先进的公路意味着用付费公路代替免费公路,那么这不是一种进步。当然,免费公路的建设确实需要花钱,公众必须以某种方式支付这些钱。然而,这并不意味着收费站是不可避免的。尽管无论哪种情况我们都得花钱,但花钱购买免费公路将使我们得到更多的价值。

我不是在说付费公路比完全没有公路更糟。事实是,如果通行费太高,那么几乎没有人使用公路了——但这不太可能是收费者的策略。然而,只要收费站造成巨大的浪费和不便,那最好还是以障碍更少的方式来筹集资金。①

为了把同样的观点应用到软件开发,我现在将说明,为有用的软件程序设立"收费站"会使社会付出昂贵的代价:它使程序的编写和分发更昂贵,使用效率更低、更不如意。因此,应当鼓励用其他方式来编程。这样,我将继续解释激励软件开发和(在一定程度上确实是必要的)为软件开发筹资的其他办法。

## 设障软件的危害

想一想这种情况,一个程序已经开发完成,必要的开发费用也已经支付了;现在,社会必须在使它变成专有软件还是允许免费共享和使用之间做出选择。假设这个软件的存在和实用性是一件令人期待的事情。人们可能把某个计算机程序看作一件根本就不应该存在的有害的东西,如 Lotus Marketplace 个人信息数据库,由于公众的反对而撤出柜台。我所说的大部分不适用于这种情况,但是,为设立所有者进行辩护更没有意义,因为所有者的存在会使程序更难获得。即使有人希望与程序的使用是有害的这一点相联系,所有者也不会使程序完全不可获得。对程序的分发和修改进行限制不可能方便程序的使用。这些限制只会碍事,因此,其后果只能是负面的。但是,负面后果有多大呢?是什么样的负面后果呢?

这种障碍导致三种不同层次的物质损害:

1. 使用该程序的人数较少。

---

① 污染问题和交通堵塞问题不会改变这一结论。如果我们希望通过使驾驶费用更加昂贵来从总体上阻止驾驶,利用收费站来达到此目的是不利的,这样会助长污染问题和交通阻塞问题。征收燃气税会好得多。同样,通过限制最高时速来提高安全性的意愿也是毫无意义的;对于任何限定的时速来说,由于避免了停车和延误,免费公路提高了平均速度。

2. 使用者无法改写或修正该程序。
3. 其他开发者不能学习该程序,或不能以它为基础编写新程序。

每个层次的物质损害都伴有精神损害。精神损害是指人们的决定对其随之而来的感觉、态度和倾向所造成的影响。人们思维方式的这些变化将进一步影响他们与同伴的关系,并造成实质性的后果。

这三个层次的物质损害浪费了程序所贡献的部分价值,但不会把价值降低为零。如果这些损害几乎耗尽了程序的所有价值,那么,由于基本上浪费了投入编写程序的努力,编写程序就损害了社会。按理说,可以赢利的程序一定能够带来一些直接的纯物质利益。

然而,考虑到随之而来的精神损害,专有软件的开发所造成的损害将是不可估量的。

## 阻碍程序的使用

第一个层次的损害阻碍了程序的使用。拷贝一份程序的边际成本几乎为零(你可以通过自己做这件事来支付这个费用),因此在自由市场,一份拷贝的价格几乎为零。许可费严重阻碍了程序的使用。如果一个广泛有用的程序是专有的,那么使用它的人将少之又少。

显而易见,给程序安排一个所有者,将减少该程序对社会的总体贡献。面临需要付费才能使用程序,每个潜在的程序使用者可能选择付费,也可能选择放弃使用该程序。当使用者选择付费时,这是一种双方之间财产的零和转让。但是,每当某个人选择放弃使用该程序时,这就伤害了这个人,其他人也得不到好处。负数加零,总和必定是负数。

然而,这并没有减少开发程序所花费的工作量。结果,从每工时的用户满意度来看,整个工序的效率降低了。这反映了程序的复制与汽车、椅子或三明治的复制的天壤之别。除了在科幻小说中,没有可以复制实物的机器。但是,程序的复制相当容易;任何人都可以不费吹灰之力想复制多少就复制多少。对实物来说不是如此,因为物质是不灭的:每一件新复制品都必须用原材料按照制造第一件产品的方法来制造。

对实物而言,限制使用是有意义的,因为买的东西少意味着制作它们所用的原材料和工作量就少。不错,通常还有启动成本,以及贯穿整个生产过程的开发成本。但是,只要产品的边际成本大,那么,增加一份开发成本不会产生质的不同。而且,这不需要限制普通用户的自由。然而,给某个东西加上一个价格,否则它是免费的,则是质的变化。给软件分发集中加上一个价格,就成了一个强大的阻碍力。

此外,如今采用的集中生产,即使是作为软件拷贝发行的一种手段,都是没有效率的。集中生产体系包括用多余的包装封装磁盘或者磁带,大批量运往世界各地,以及为了销售进行储存。这些费用表现为经营开支;实际上,这是设立所有者所造成的全部浪费的一部分。

## 损害社会团结

假如你和你的邻居都发现运行某个程序很有用。对你的邻居出于道德上的考虑,你应当感到,合适处理这种情况能够让你俩都能使用这一程序。只允许你俩中的一个人使用这个程序,而限制另一个人使用的协议会造成你俩关系不和;你和你的邻居都不会接受这个协议。

签订一份典型的软件许可协议意味着背叛邻居:"我承诺不让我的邻居使用这个程序,这样我就能自己拥有一份拷贝。"做出这种选择的人为了替自己辩护会感到内心的压力,因为这降低了帮助邻居的重要性——于是,公众的精神受到伤害。这就是伴随阻止使用程序所造成的物质损害而来的精神伤害。

许多用户无意识地认识到了拒绝共享的错误,因此,他们决定不顾许可证和法律,无论如何也要共享程序。然而,他们经常为这样做感到内疚。他们知道,为了成为一个好邻居就必须违反法律,但他们仍顾及法律的权威性,于是他们得出结论:做一个好邻居(他们是好邻居)是不对的或可耻的。这也是一种精神损害,但是,如果认定这些许可证和法律不具有道德效力,他们就可以摆脱这种损害。

由于许多程序员知道不允许用户使用他们的程序,他们也遭受精神损害。这就导致他们形成一种玩世不恭或拒绝的态度。一个程序员可能热情洋溢地描述他所完成的在技术上令人激动的程序;然后有人问他:"允许我使用它吗?"他的脸一沉,承认答案是否定的。但为了避免受挫的感觉,他要么在大多数时候忽视这一事实,要么采取一种玩世不恭的态度,尽量减小程序的重要性。

从里根时代开始,美国最缺乏的不是技术创新,而是为公众谋利益的合作精神。以牺牲后者为代价激励前者是毫无意义的。

## 阻碍程序的定制修改

物质损害的第二个层次是无法修改程序。软件修改的便利是它优于以往技术的最大优点之一。但是,大多数商业软件,即使你购买之后,也是不能修改的。它就像一个黑匣子,你所能做的就是使用它,或者放弃它——仅此而已。

你可以运行的程序由一系列意义晦涩难懂的数字构成,没有人能够轻而易举地改动这些数字使程序能够完成不同的事情,即使一个优秀的程序员也是如此。

程序员通常使用"源代码"编写软件,它是用诸如 Fortran 或 C 之类的程序语言来编写的。它用名称来标识所使用的数据和程序的某些部分,它用符号来代表操作,如用"+"表示加法,用"–"表示减法。这样设计可以帮助程序员阅读和修改程序。下面是一个例子,一个计算平面上两点之间的距离的程序:

```
double distance ( p0,p1 ) struct point p0,p1;
double xdist = p1. x  –  p0. x;
double ydist = p1. y – p0. y;
return sqrt( xdist * xdist  +  ydist * ydist ) ;
```

在我通常使用的计算机中,该程序的执行码如下:

| | | | |
|---|---|---|---|
| 1314258944 | -232267772 | -231844864 | 1634862 |
| 1411907592 | -231844736 | 2159150 | 1420296208 |
| -234880989 | -234879837 | -234879966 | -232295424 |
| 1644167167 | -3214848 | 1090581031 | 1962942495 |
| 572518958 | -803143692 | 1314803317 | |

源代码对每一个程序用户来说都是有用的(至少是可能有用的)。但是,大多数用户是不允许拥有源代码的拷贝的。通常,专有程序的源代码被所有者保密藏起来了,以免其他任何人从中学到什么东西。用户只能拿到计算机可以执行的、无法理解的数字的文件。这意味着,只有程序的所有者才能修改程序。

一位朋友曾告诉我,她在一家银行当了六个月的程序员,编写了一个类似某个商业程序的程序。她相信,如果她能弄到那个商业程序的源代码，那么就很容易对它进行修改，满足银行的需要。银行愿意花钱购买源代码，但没有得到允许——因为源代码是保密的。因此，她不得不做了六个月没有什么价值的工作，可以计入国民生产总值（GNP），但实际上是一种浪费的工作。

麻省理工学院人工智能（AI）实验室在大约1977年收到了施乐公司赠送的一台图形打印机。这台打印机是通过自由软件驱动运行的，我们在软件中增加了一些便利的功能。例如，在打印工作结束时，软件可以立即通知用户。无论打印机什么时候出现诸如卡纸或缺纸之类的故障，软件都会立即通知所有排队等候打印的用户。这些功能使操作十分顺畅。

后来，施乐公司又给人工智能实验室赠送了一台更新更快的打印机，属于第一代激光打印机。它是由运行于专用计算机上的专有软件驱动的，因此，我们无法添加我们喜欢的任何功能。我们想在打印任务传到专用计算机时，而不是等到打印工作实际完成时（其间的延迟时间通常是相当长的），就发送一条提示信息。没有办法知道打印工作何时已实际完成了，你只能靠猜。而且，出现卡纸时也无人知晓，因此，这台打印机经常就这样持续一个小时也没人去修理。

人工智能实验室的系统程序员也许与该程序的原作者一样，有能力修复这样的问题。施乐公司对修复这些问题不感兴趣，也阻止我们这样做，因此，我们被迫接受这些问题。这些问题从来没有被修复过。

大多数优秀程序员经历过这种挫折。银行花得起钱从零开始编写一个新程序来解决这个问题，但是，对一般的用户来说，无论他的技术多么精湛，他都只能放弃。

放弃引起精神损害——对自立精神的损害。居住在你无法按自己的需要重新布置的房子里，是令人沮丧的。它会使你放弃和泄气，从而影响到你生活的其他方面。有这种感受的人不快乐，也做不好工作。

想象一下，如果食谱像软件一样被秘藏起来，将会发生什么情况。你可能会说，"我怎么修改菜谱才可以不放盐？"大厨可能回答："你怎么胆敢篡改、侮辱我的菜谱？那是我的大脑和味觉的结晶。你没有改变我的菜谱并使它工作正常的判断力！"

"但是，我的医生说我不应该吃盐！我该怎么办呢？你可以为我把盐减掉吗？"

"我很乐意做这件事，我的收费只要50000美元。"因为所有者拥有垄断的修改权,费用就容易很高。"但是,我现在没有时间。我正忙于一项任务,为海军设计一种硬饼干的新配方,大约两年后我才能帮你。"

## 阻碍软件的开发

物质损害的第三个层次影响了软件的开发。软件开发过去常常是一个进化过程,某个人把现有的程序拿来,重新编写其中的一部分,增加新的功能;然后,另一个人又重新编写一部分,增加另一个新功能。在有些情况中,这种情形持续了 20 多年。同时,程序中的某些部分被"拆卸"下来,作为编写新程序的起点。

所有者的存在阻碍了这种进化,使每个程序的开发都必须从零开始。所有者的存在也阻碍了新的执业者从现有的程序中学到有用的技术,甚或学到大型程序的结构。

所有者也阻碍了教育。我见过一些在计算机科学方面很有天赋的学生,他们从未见过大型程序的源代码。他们可能擅长编写小程序,但是,如果他们没见过别人是怎样编写大型程序的,那么,他们无从学习编写大型程序的各种技能。

在任何知识领域,一个人只有站在别人的肩膀上才能达到更高的高度。但是,这种情况在软件领域中普遍不允许了——你只能站在你自己公司的其他人的肩膀上。

伴随而来的精神损害影响了科学合作的精神。这种合作精神曾经极其强大,甚至在他们的国家处于交战时期,科学家们也会合作。凭借这种精神,日本海洋学家在放弃太平洋岛上的实验室时,为入侵的美国海军小心翼翼地保存了自己的研究成果,并留下字条请美军好好保管这些成果。

利益冲突摧毁了可以避免的国际冲突。目前,许多领域的科学家在发表论文时有所保留,以免他人能够重复其实验。他们发表的内容仅够使读者赞叹他们能做的贡献而已。在计算机领域也确实如此,所发布的程序的源代码通常是保密的。

## 如何限制共享无关紧要

我一直在讨论禁止人们拷贝、修改程序和以一个程序为基础开发新程序所造成的后果。我没有具体说明这种阻碍是怎样实施的,因为这并不影响结论。不管这种阻碍是否是通过拷贝保护、版权、许可证、加密术、ROM 卡或硬件序列号实施的,只要它成功地阻止了软件的使用,它就造成了损害。

用户可能认为其中某些办法比另一些办法更可恶。我认为,最可恨的办法是那些最能够达到其目的的办法。

## 软件应当是自由的

我已经说明程序所有权——限制修改或拷贝程序的权力——是碍事的。其负面后果广泛而巨大。因此,社会不应当为程序设立所有者。

理解这一点的另一个方法是:社会需要的是自由软件,专有软件是一种拙劣的替代品。鼓励这种替代品不是获得我们所需的明智之举。

外克莱夫·哈福尔(Vaclav Havel)建议我们要"因善而为,而不是因它有望成功而为之。"编写专有软件的企业在其狭隘的视域中有成功的机会,但这不是对社会有益的事。

## 人们为什么开发软件

如果我们把作为激励人们开发软件的手段的知识产权废除掉,那么,开始的时候就没有多少软件会被开发出来,但这些软件会更有用。我们还不清楚这样做是否会降低用户的整体满意度;但如果是这样,或者如果我们希望无论如何也要提高用户的满意度,那么,还有激励软件开发的其他办法,就像除了收费站还有其他办法为道路建设筹集资金一样。在我谈论如何这么做之前,我想问:有多少人为的激励措施是真正必需的。

## 编程是一种乐趣

有一些工作没有人愿意去做,除非为了钱,如公路建设。还有一些研究和艺术领域,致富的机会比较渺茫,人们进入这些领域是因为它们的魅力或它们对社会显而易见的价值。其例子包括数理逻辑、古典音乐和考古学,以及劳工政治组织。人们竞争这些资金不多的职位,悲哀多于痛苦,其中没有一个职位的资金非常充足。如果他们有钱的话,他们甚至可能花钱换取这些领域的工作机会。

如果这些领域开始提供致富的机会,那么这个领域就会在一夜之间发生自我蜕变。如果一个工人变富了,那么其他人也会要求同样的机会。很快,所有的人都可能为做以前因乐趣而做的事索取巨额报酬。又一个两年过去后,与这一领域相关的每个人就会嘲笑那种不图巨额经济回报而从事这个领域的工作的想法。他们将建议社会设计者保证这些回报是可能的,并规定一些特权、权力和垄断权作为从事这些工作的必要条件。

在过去 10 年里,计算机编程领域就发生了这样的变化。15 年前发表了一些关于"计算机瘾"的文章:用户一直"在线",并有每周花 100 美元的习惯。人们因痴迷编程而导致婚姻破裂,这是普遍可以理解的。如今,可以普遍理解的是,除非有高薪,否则没有人会编程。人们已经忘却了 15 年前他们知道的东西。

如果在某个时期,大多数人真的在某个领域工作只是为了高薪,那么这种情况没有必要维持下去。如果社会提供一种驱动力,那么它就会朝相反的方向发展;如果我们取消获得巨额财富的机会,那么一段时间过后,当人们重新调整好心态,他们将再一次渴望为成功的乐趣而在这个领域工作。

当我们认识到给程序员付费无足轻重的时候,"我们如何给程序员付费?"这个问题就变得简单多了。养家糊口是比较容易的。

## 资助自由软件

给程序员付费的机构不一定是软件公司,已经有许多其他机构可以这样做。

硬件制造商发现，即使他们不能控制软件的使用，支持软件开发也是十分必要的。1970年，他们的软件大部分是自由的，因为他们没有考虑限制软件。如今，他们加入国际财团的愿望与日俱增，这表明他们意识到了拥有软件对他们来说并不是真正重要的东西。

大学也从事许多编程项目。现在，他们经常出售成果，而在20世纪70年代，他们并不这么做。如果不允许他们出售软件，那么是否有这样的疑问：大学还会开发自由软件吗？这些项目由政府合同和基金资助，现在这些经费却用于资助专有软件的开发。

如今司空见惯的是，大学研究人员争取经费进行系统开发，开发到接近完成时，把它称作"结项"，然后创建公司，在公司里才真正完成这个项目，并使之可以使用。有时，他们宣称尚未完成的版本是"自由的"；如果他们腐败透顶，他们就会从大学获得专有许可证。这不是秘密，每一个相关人员都公开承认这一点。然而，如果研究人员没有受到做这些事情的诱惑，他们仍然会做他们的研究。

编写自由软件的程序员可以通过提供与软件相关的服务来谋生。我受雇把GNU C编译器移植到新的硬件上，并把用户界面拓展到GNU Emace（一旦完成，我就把这些改进公之于众）。我也授课，收取报酬。

在这条路上我并不孤独；现在有一家成功的、正在成长的集团在专做这样的工作。另外几家公司也为GNU系统这一自由软件提供商业支持。这是独立软件支持产业的开端——一个随着自由软件的盛行将变得十分庞大的产业。除了不提供财富，这个产业为用户提供了专有软件一般不可能提供的选择自由。

如自由软件基金会这样的新机构也可以为程序员提供资助。该基金会的大部分资金来自邮购磁带的（tapes）用户。磁带上的软件是自由的，意思是每一个用户都有拷贝、修改软件的自由，但不管怎样还是有许多人花钱购买拷贝。（回想一下，"自由软件"指的是自由，而不是价格。）一些已有一份拷贝的用户还订购磁带，他们把这看作一种捐献，认为这是程序员应得的。该基金会也接受来自计算机制造商的大额捐款。

自由软件基金会是一家慈善机构，它的收入用来雇用尽可能多的程序员。如果它是作为商业公司而建立的，向公众分发相同的自由软件，收取相同的价格，那么它的创始人现在已经过上了非常优裕的生活。

因为该基金会是一家慈善机构，程序员为基金会工作获得的报酬，通常是他们在其他地方所获报酬的一半。他们之所以这么做,是因为基金会没有官僚制度,是因为知道他们的工作成果的使用不受限制,他们感到很满足。最重要的是,他们之所以这么做,是因为编程是一种乐趣。此外,志愿者们为基金会编写了许多实用的程序(最近,甚至有些专业程序员也开始做志愿者了)。

这证明,与音乐和艺术一样,编程也是所有最具魅力的领域之一。我们不必担心没有人编程。

## 用户对开发者有何义务?

有充足的理由使软件用户意识到自己有支持软件开发的道德义务。自由软件开发者为用户的活动做出了贡献,用户则应资助开发者继续开发,这不仅是公平的,而且也符合用户的长远利益。然而,这不适用于专有软件的开发者,因为设置障碍应该受到的是惩罚而不是奖赏。

这样,就产生了一个矛盾:实用软件的开发者应当获得用户的支持,但是,把这种道德责任转变成一种要求的任何企图都摧毁了这种责任的基础。开发者要么应得奖赏,要么索取奖赏,但二者不可兼得。

我相信,面对这样的矛盾,一个有道德的开发者一定会做值得奖赏的事;但是,也应该恳请用户自愿捐献。最终,用户们将学会心甘情愿地支持开发者,就像他们已经学会支持公共广播电台和电视台一样。

## 软件生产力是什么?

如果软件是自由的,程序员仍然还会存在,但可能更少。这对社会有害吗?

不一定。如今发达国家的农民比1900年时少,但是,我们认为这对社会没有害处,因为现在少数人比过去许多人为消费者提供的粮食还多。我们称之为生产力的提高。自由软件只需要很少的程序员就可以满足需求,因为软件生产力在所有层面都得到了提高:

1. 已开发的每一个软件的广泛使用;
2. 无需从头开始就可以对现有程序进行制定修改的能力;
3. 更好的程序员教育;

4. 重复开发的消除。

因为合作会导致程序员职位的减少而反对合作的人,实际上是在反对提高生产力。然而,这些人实际上接受了普遍坚持的信念:软件业需要提高生产力。这是怎么回事呢?

"软件生产力"可以指代两种不同的东西:所有软件开发的总体生产力,或单个项目的生产力。社会希望提高的是总体生产力,提高它的最直接的方法是消除降低总体生产力、反对合作的人为障碍。但是,"软件生产力"领域的研究者只注意到这个术语的第二种狭义的意思,即生产力的提高需要举步维艰的技术进步。

## 竞争是不可避免的吗?

为了超越对手,人们努力参与社会竞争,这是不可避免的吗?也许是的。但是,竞争本身并没有害处;有害的事情是战争。

竞争有多种方式。竞争可以包括努力取得更多,比别人做得更好。例如,过去在编程天才之间存在竞争——比谁可以使计算机做出最令人惊讶的事情,或者比谁能写出最短或最快的程序完成给定的任务。只要坚持良好的体育道德精神,这样的竞争能够有益于每一个人。

建设性的竞争是一种足以激励人们全力以赴的竞争。许多人争着成为游遍世界各国的第一人,有些人甚至为此不惜重金。但是,他们没有贿赂船长把他们的对手抛在荒岛上,他们乐意让最棒的人赢。

当竞争者开始想方设法相互阻碍而不是使自己进步的时候,当"让最棒的人赢"让位于"让我赢,不管是否最棒"的时候,竞争就变成了战争。专有软件是有害的,不是因为它是一种竞争,而是因为它是社会公民之间的一种战争。

商业竞争不一定就是战争。例如,当两家百货店相互竞争,他们的所有努力都旨在改善自己的经营,而不是阴谋破坏对手。但这并不表明存在特殊的商业道德义务;相反,商业战争完全不亚于身体暴力。当然,不是所有的商业领域都具有这种特点。隐瞒有助于大家进步的信息也是一种战争形式。

商业意识形态使人们没有做好抵制竞争之战斗诱惑的准备。有些战争形式已被反托拉斯法禁止了,广告法就是如此,等等,但是,决策者不会把这普遍化为拒绝战争的原则,他们会发明其他没有被特别禁止的战争形式。社会资源被浪费在派系内战的经济消耗上。

## "你为什么不迁居俄罗斯?"

在美国,任何不是最极端的自由放任主义自私自利思想的倡导者,常常会听到这样的责难。例如,对国家卫生医疗制度的支持者的责难,就像在自由世界其他所有工业化国家中所听到的责难一样。对公众支持艺术的倡导者的责难,在发达国家也很普遍。在美国,公民有义务支持公众利益的思想被认为是共产主义思想。但是,这些思想是怎么相似的?

如在苏联所实行的共产主义是一种中央集权制度。在这种制度中,所有的行为都受到严格统一的管制,据称这是为了公共利益,但实际上是为了领导集团的利益。在这种制度中,为了防止非法复制,复制设备受到严格的监管。美国的知识产权制度对软件的分发实施了集中控制,为了防止非法复制,利用自动复制保护系统监管复制设备。

通过对比,让我们考虑这样一种制度,人们可以自由地决定他们自己的行动;特别是可以自由地帮助邻居,自由地改变和改进他们用于日常生活的用具。这种制度以志愿合作和分权为基础。

显然,如果有人应该迁居俄罗斯,那就是软件的所有者。

## 关于假设的问题

在本文中,我提出了一个假设:软件使用者的重要性并不亚于软件作者甚或作者的老板的重要性。换句话说,当我们决定哪种做法是最好的时候,他们的利益和需要都是同等重要的。

这一假设不是普遍认可的。许多人坚持认为,作者的老板根本就比其他任何人都重要。例如,他们说,设立软件所有者的目的是给作者的老板应得的利益——不管这会给公众带来什么影响。

试图证明或推翻这些假设是毫无用处的。证明需要有共同的假设。因此,大多数我必须说的话只是针对赞同我所使用的假设的人而言的,或至少是对这些假设的后果感兴趣的人。对那些认为所有者比其他任何人都更重要的人来说,本文简直就是不切题的。

然而,为什么有大量美国人接受某些人比其他人更重要的假设呢?

这部分是因为这样一个信条:这一假设是美国社会法律传统的一部分。有些人认为,怀疑这个假设意味着挑战社会的根基。

使这些人知道这一假设并非我们法律传统的一部分是非常重要的。它从来就不是。因此,宪法规定,版权的目的是"促进科学和工艺的进步"。联邦最高法院对此也做出了详尽的解释,在 Fox Film v. Doyal 一案中指出,"美国的唯一利益和授予(版权)垄断权的根本目的在于公众从作者的劳动中获得普遍的利益。"

没有人要求我们赞同宪法或联邦最高法院的观点(它们曾经一度宽恕了奴隶制)。因此,它们的观点并没有推翻所有者至高无上的假设。但是,我希望,意识到这是一个激进的右翼假设而不是一个传统认可的假设,将削弱这个假设的吸引力。

## 结 论

我们乐于认为,我们的社会鼓励帮助你的邻居;但是,每当我们奖赏故意阻扰帮助邻人的人,或羡慕他们以这种方式获得财富时,我们就是在发出错误的信息。

秘藏软件是一种为了个人利益而忽视社会利益的普遍意愿。从罗纳德·里根(Ronald Reagan)到吉姆·巴克(Jim Baker),从伊凡·伯依斯奇(Ivan Boesky)到埃克森(Exxon),从破产的银行到破产的学校,我们都可以找到这种忽视的痕迹。我们可以用无家可归者和囚犯的人数来衡量这种忽视的程度。这种反社会精神将不断自身滋长,因为我们越是看到别人不帮助我们,就会越觉得帮助别人没有意义。这样,社会就会蜕变成一个弱肉强食的丛林。

如果我们不想生活在丛林中,我们就必须改变我们的态度。我们必须开始发出这样的信息:一个好公民是在适当的时候可以合作的人,而不是向他人索取获得成功的人。我希望自由软件运动将为此做出贡献:至少在一个领域,我们将用一种更有效的鼓励和进行志愿合作的制度来取代这种丛林。

**基本的学习问题**

1. 斯多曼说软件应当是"自由的",其中的"自由"是什么意思?
2. 根据斯多曼的观点,在试图回答"软件应当专有吗?"这一问题时,我们不能依据现行法律来回答,为什么不能?斯多曼是如何回答这一问题的?

3. 斯多曼拒绝用所谓的"情感论"来支持软件所有权,请阐述这种"情感论据",然后请说明斯多曼为什么拒绝它。

4. 斯多曼反对支持设立软件所有权的所谓"经济论"。请陈述这种"经济论",然后解释斯多曼为什么反对这种观点?

5. 在论证软件不应当专有这一观点时,斯多曼用收费公路来类比。请陈述这一类比,并解释斯多曼是怎样把它用于软件的所有权问题的。

6. 根据斯多曼的观点,允许软件所有权给社会带来了一系列损害。请解释他所提到的对有关软件用户的损害。

7. 请解释斯多曼提到的与修改、修复软件相关的损害。

8. 请解释斯多曼提到的与向软件学习相关的损害。

9. 请解释斯多曼提到的与以现有软件为基础编写新软件相关的损害。

10. 请解释斯多曼提到的与人际关系和社会团结相关的损害。

11. 根据斯多曼的观点,如果法律不允许人们专有软件,即便如此,许多人也仍会开发软件。他为什么这样认为?请陈述他的三个理由。

12. 根据斯多曼的观点,授予软件所有权将导致破坏性的"战争"而不是建设性的竞争。请解释他对这一问题的观点。

## 深入思考的问题

1. 斯多曼的批评者认为他的"情感论"是一种有缺陷的对英国哲学家约翰·洛克论证所有权的经典理论的曲解。洛克的所有权理论是什么?斯多曼的"情感论"真的曲解了洛克的经典理论吗?

2. 你是否同意斯多曼的"法律应当符合道德"的观点?如果是,我们如何分辨现行的软件所有权法律是否是合乎道德的法律?

3. 利用互联网资源,如埃里克·雷蒙德(Eric Raymond)的网站"教堂和集市",解释所谓"开源运动"的基本思想,并以 LINUX 操作系统为例阐明其关键要点:http://www.tuxedo.org/~esr/writings/cathedral-bazaar/

4. 为了实现自由软件产业,需要实施什么政策?

## 案例分析:自由财产

尽管这个想象的案例没有实际发生过,但它与过去发生过的一些案例极其相似。该案例表明了信息技术对知识产权所产生的种种挑战。欢迎读者使用本书第 3 章介绍的案例分析法分析该案例。

自由宝贝(George Freestuff)，15 岁，迷恋计算机。他有五台计算机，放在家中的卧室里。13 岁时，他用从互联网上买来的各种零件组装了一台计算机。另外两台是他 14 岁时收到的礼物，一台是他生母送的，一台是他的继母送的。去年夏天，乔治为他家的阔邻居安装数字电视和音响系统，在他丰厚的零花钱之外，赚了一笔额外的钱。他还找到了一份送报纸的工作，挣得了更多的钱，因此，他买了一台"酷毙了"的"无所不能的"高速计算机。这台新电脑现在是他的最爱，尽管他也很喜欢他父亲因为他学习成绩出色奖给他的一台"帅呆了"的新笔记本电脑。

乔治把所有的业余时间都花在自己房里的计算机上。他不去户外或体育馆锻炼身体，而是玩各种各样的电脑游戏。他喜欢网上冲浪，玩"neat"游戏，进"地牢"和聊天室，与他的网友交换"海量的电子邮件"。他在房里戴着虚拟实在的装备，在一台"千奇百怪的"跑步机上跑着、走着，他得到的身体锻炼真不少。这些"酷毙了"的装备使乔治看起来像是在穿越地下洞穴，或攀爬豺狼野兽四伏的陡峭山峰，或穿过草地追逐美丽的少女。

几个月前，乔治结识了几位"真正进入开放源代码软件"的网友。他同意新朋友的观点："信息应当是自由的"，大型软件公司正在"欺骗人们的钱财，收取软件的费用，还不断制造你不得不购买的升级产品"。他也赞同：音乐发行公司和电影公司正在"收取极其昂贵的 CD 和 VCD 费用"。他为能在网上找到"这样酷的朋友"感到兴奋不已。

乔治和他的朋友们花了两个多月的时间，创建了一个他们称之为"自由财产"(Free-Range Property)(或简称为"FRP")的新软件程序。这个名字是根据允许在农场内自由溜达、没有被关在畜圈和笼中"自由放养的"(free-range)家畜命名的。乔治和他的朋友们设计 FRP，用于在互联网上免费发送数字文件——任何数字化的文件。这种"棒极了的"程序将采用世界上任何人都可以在互联网上自由获得的"开源"代码。FRP 有两个重要部分："黑匣"和"共享目录"：

> 黑匣 这种"酷毙了的"电子"信封"就像是一个电子保险箱，你可以把任何数字化的文件放入其中——音乐、电视节目、电影、文本、软件、图片、游戏——"任何数字化的东西！"。这些文件被藏在黑匣的加密"墙"里面。当黑匣在互联网上穿行时，除了应该接收它的人(他已通过电子邮件收到了解密口令)，任何拦截它的

人都无法弄清楚里面是什么。通过这种方法,可以击破电子"水印"以及其他识别或追踪特殊数字文件的方法;人们还可以共享计算机文件,而不用惧怕被"其所谓的所有者"骚扰。

共享目录　电子地址目录也隐藏在黑匣里,目录里的相同数字文件以及其他相似文件可以免费获得。共享目录中"neat"的东西由过去已经获得相同文件的人不断更新和扩展。每个接收到FRP密盒的人都应该在目录中添加他愿意与人分享的类似文件,以及提供获得类似文件的新电子地址。通过这种方式,共享目录不断扩展,不断更新,以适应新的发展。当目录的大小超过一定规模时,它就会自动减半,保留最新的记录,删除最早的记录。

乔治和他的网友们为 FRP 感到由衷的兴奋,因为它具有许多"棒极了的"功能。例如,共享目录有一个功能,使人们能够在网上互相共享文件,找到可以获取和共享的新文件,而不需要一个特殊的服务器或网站作为源头或调解器。通过这种方式,没有一个服务器或网站可以关闭以阻止网络共享。因此,所有数字化的知识产权都能够"在没有栅栏或牢笼禁锢它们的网上自由漫步!"

乔治非常自豪,因为他相信他正在帮助人们征服全世界的"可怕的不公正"。"全世界的穷人和穷国将能够自由地获得各种福利——过去被剥夺了的福利",他说,"人人都可以享用全世界的音乐和电影!图书、艺术作品、游戏和报纸都将是免费的!大型公司再也不能骗取老百姓的钱财了!苦苦挣扎中的艺术家和音乐家将能够与全世界共享他们的作品,并一举成名!这真是棒极了!"

当乔治把一切告诉他学校里的朋友利兹(Lizzy)时,她没被打动。事实上,她开始教训乔治:公司将会倒闭,艺术家将不能靠出售作品维持生计。她说:"由于没有任何收入,电影工作室将停止拍摄电影。"

乔治只是笑了笑,接着说道:"噢,利兹,只是企业将不得不寻找新的赚钱办法。信息应当是自由的!明天,我和我的朋友将在互联网上用 FRP 让信息自由。用 FRP 让信息自由!用 FRP 让信息自由!"

# 全球信息伦理学

# 编者导读

根据詹姆士·摩尔极具影响力的关于计算机伦理学学科的定义（见第1章），信息技术具有如此强大的力量和灵活性，它使人们和组织能够做他们以前不能做的事情。由于这些事情以前从未做过，因此，可能还没有法律或良好实践的标准或共同的要求来管理他们，或指导他们做出如何行动的判断。摩尔认为，计算机伦理学的作用就是识别和分析这样的"政策真空"，并提出新的政策填补这些真空。

在第15章，克里斯提娜·格尼娅科-科奇科斯卡（Krystyna Gorniak-Kocikowska）指出，互联网使有史以来第一次名副其实的关于伦理学和人类价值的全球性讨论成为可能。这是世界范围的讨论，在信息通信技术发明之前这是不可能的，它对社会政策产生了我们现在还只能想象的影响。国家之间传统的疆界和屏障现在已经变得越来越没有意义，因为大多数国家的人们和团组织通过互联网相互联系起来了。因为这个原因，每个文化中的个人、公司和组织都可以参与全球商业贸易、远程教育、网络就业、社会和政治问题讨论、价值观和世界观的分享和辩论。这种全球性的"对话"会增进人民与文化之间的相互理解吗？会带来新的共同的价值和目标吗？会带来新的国内和国际的法律与政策吗？或者，单一的文化会逐渐"淡化"、同质化和模糊化吗？这些仅仅是由信息通信技术带来的"全球化"所引起的许多社会和伦理问题的一部分。

互联网的全球性特征已经导致许多需要澄清和解决的政策真空。例如，如果把露骨的性材料上传到某种文化的网站上，在这种文化中，这是允许的，然后这些材料被另一种不同文化中的人访问了，而这些材料在这种文化中被认识是"淫秽"的非法材料，那么，应当采用哪种文化的法律和价值观呢？第一种文化中的"冒犯"者是否应当被引渡到第二种文化中，并将他作为色情材料的提供者进行起诉？应当允许第一种文化的价值观通过互联网损害第二种文化的价值观吗？怎样才能合理地解决这种文化冲突呢？

有一个建议有时可以用来帮助人们避免或解决互联网上的文化冲突，这个建议是：要避免做任何可能冒犯他人的事——要对异己文化的价值观和信仰保持敏感。但是，人们怎样才能知道什么东西可能冒犯他人呢？几乎任何事情都可能冒犯某个地方的某个人；因此，这是否意味着我们就只能停止使用互联网吗？在第16章"互联网上的冒犯行为"中，约翰·维克特（John Weckert）考察了这些问题及相关问题。

互联网产生的另一种"政策真空"是有关网络商业交易的：互联网上的交易应当适用谁的法律？当一个国家的人从另一国家的供应商购买商品和服务时，应当由谁来管理这些交易及其税收？全球化市场的"网络经济"将如何影响区域经济？区域税收？区域失业呢？应当实施什么样的新法律、法规、规则和做法呢？应当由谁来制定和实施它们呢？对所有相关者来说，什么样的政策才是公平的呢？

全球性的网络经济将如何影响富国和穷国之间的差距？这种差距会变得越来越大吗？互联网会导致一种信息富国凌驾于信息穷国之上的"新殖民主义"吗？经济和政治对抗会威胁和平与安全吗？可能产生什么样的冲突和误解？应当怎样解决它们？由谁来解决？

或者，考察一下网络医疗：网络医疗建议和心理咨询、远程"微创"外科手术、网络医疗检测、世界此地的医生为世界彼地的病人所开出的"网络医疗处方"——这些不过是已经存在于网络空间的医疗服务和医疗行为的一部分。网络医疗的安全性怎样？谁将获得患者电子病历保存的敏感信息？应当由谁来管理、许可和控制网络医疗？

或者，考察一下网络教育：现在，世界范围内已有数百所大学和学院提供各种课程和项目的教育学分。但是，学生从世界各地获得大学学分，应当由谁来建立相关标准呢？应当由谁来授予学位和认证"毕业生"呢？是否会存在一个"世界网络大学"？成千上万的"普通"教师会被少数"互联网超级明星教师"取代吗？或者被一群多媒体专家取代吗？或者甚至被教育软件取代吗？这样的发展是很好的新的学习机会，还是教育灾难？应当实施什么样的政策、规则和做法？应当由谁来制定它们？

在教育的社会和政治层面，当世界上以前未曾受过教育的人突然获准进入图书馆、博物馆，获得报纸和其他知识资源的时候，这将对他们产生什么影响？能够访问世界大报将怎样影响没有出版自由的"封闭"社会？民主和人权是有知识的人访问自由报刊的必然结果吗？互联网将促进全球民主吗？或者，互联网会成为少数强权政府或大公司控制和操纵大众的工具吗？

　　从上述讨论中显而易见，随着有待分析和解决的各种各样的新的政策真空的出现，"全球信息伦理学"是一个博大的、正在成长的计算机伦理学领域。个人、组织、社区、整个社会乃至全人类，在未来的几十年里将应对这些挑战。本书这一部分所列出的文章以及其他资源材料，仅仅是这一个重要研究领域和人类活动中众多问题的一些例子而已。

# 第 15 章　计算机革命与全球伦理学[*]

克里斯提娜·格尼娅科-科奇科斯卡

## 引　言

本文以我关于当前正在改变整个世界的计算机革命的本质的观点为基础。我的这个观点可以概括为以下五点：

1. 计算机革命给世界人民生活带来了深刻的变化。在网络空间中，没有传统意义上的疆界。这里的疆界，以及世界范围内人与人之间的联系，将越来越根据个人渗透网络世界的能力大小来界定。

2. 由于网络空间的全球性特征，与计算机技术相关的问题或由计算机技术引发的问题，实际上或潜在地具有全球性特征。其中包括伦理问题。因此，计算机伦理学必定被视为全球伦理学。

3. 到人类进化的现阶段为止，还没有一种成功的尝试创造出了具有全球性特征的全球伦理。以宗教信仰为基础的传统伦理体系常常不及与之相关的宗教的力量。但是，无论宗教的影响多么广泛，还没有一种宗教能够统治全球。而那些不是由宗教支撑的

---

[*] 克里斯提娜·格尼娅科-科奇科斯卡（Krystyna Gorniak-Kocikowska），"计算机革命与全球伦理学"。这是"计算机革命与全球伦理学问题"的精简版，曾在 ETHICOMP95 会议上报告，并刊发在西蒙·罗杰森和特雷尔·拜纳姆主编的会议论文集。重印于《科学和工程学伦理学》，2：2（1996，特刊），第 177—190 页，克里斯提娜·格尼娅科-科奇科斯卡版权所有，1995 年。重印经作者允许。

伦理体系的影响则更为有限。

4. 计算机革命的本质表明,未来的伦理具有全球性特征。在空间意义上,它将是全球性的,因为它将席卷整个地球。它将涉及人类行为和人际关系的整体,在这个意义上,它也将是全球性的。

5. 未来的全球伦理将是计算机伦理,因为它的产生是由计算机革命引起的,并且它将服务于计算机时代的人类。因此,计算机伦理学的定义应该比如詹姆士·摩尔在他的经典论文"什么是计算机伦理学?"(1985)中所提出的定义更宽泛。如果是这样的话,那么,计算机伦理学应该被认为是哲学研究中最重要的领域之一。

## 计算机革命

在摩尔(1985)剖析计算机革命的报告中,他做了一个与英国工业革命的类比。他提到,工业革命的第一个阶段发生在18世纪后半叶,第二个阶段发生在19世纪,其时间跨度大约150年。请让我把这与印刷机在欧洲发明之后发生的情况进行比较。(当然,大约公元600年印刷术在中国就已经发明了。①)

1450年,古登堡(Johann Gutenberg)印刷了"Constance Mass Book";1474年,威廉·卡克斯顿(William Caxton)印刷了第一本英文书。1492年已经"有了图书出版行业,包括活字排版者、印刷者和书商三种职业"(Grun 1982)。粗略地说,这已是印刷机发明之后40年了,这与摩尔所说的计算机革命的起始阶段需要的时间一样长。在1563年,俄国使用了第一批印刷机。(这一年,英国首次使用"清教徒"这个术语,比马车从荷兰引进英国早一年,比英国开始生产铅笔早两年。)1639年,在北美马萨诸塞州剑桥镇安装了第一台印刷机,同年英国人殖民马德拉斯,两年前英国商行在广州建立,荷兰人把葡萄牙人赶出黄金海岸。这距离古腾堡首次出版印刷品大约140年,这几乎与摩尔所

---

① 印刷术在中国并没有像它在欧洲那样对生活产生革命性的变化,这个事实本身是一个有趣的分析课题。

说的工业革命两个阶段的时间跨度一样。①

摩尔在"什么是计算机伦理学"一文中提出的另一个问题是:计算机具有怎样的革命性。他认为,逻辑延展性使计算机成为一种真正革命的机器——计算机可以用来完成可分为简单步骤的任何任务。摩尔质疑"流行的计算机概念,即把计算机理解为数字计算器,亦即本质上是数字设备。"(1985,p.269)。他进一步写到:

> 算法解释当然是一种正确的解释,但它仅仅是许多解释中的一种。逻辑延展性具有语法和语义两个方面。……计算机处理符号,但不关心符号代表什么。因此,认为数字操作优先于非数字操作,是没有本体论根据的。(同上,p.270)

这里,计算机与印刷机的相似之处是显而易见的。像印刷机一样,计算机也是用来传播思想的。印刷机的出现既意味着技术上的革命,也意味着思想传播——人类思想的交流——的革命。这种说法同样适用于计算机。

另一方面,18世纪末发明的最伟大的机器——蒸汽机和纺织机——的功能是取代了人工劳动。而印刷机和计算机的主要功能在于如下事实:二者不可思议地提高了人类思维的工作效率——而不仅仅是个人的思维。由于计算机对思想交流和对话带来了震天动地的冲击,计算机像印刷机一样使人类思维运转更快、更有效。像印刷机一样,计算机创造了一种新型的人际网络,一种尽管其成员在空间上是分散的社区。

我在其他文章中谈到过印刷机对西半球的影响(Gorniak-kocikowska 1986)。在此,我只想提及活字印刷术的发明所引起的许多变化中的两种。图书的大批量生产以及由此而来的阅读的增长,使阅读和写作技能变得十分有用,从而导致了教育理念的深刻变革。渐渐地,读写能力成为一个人在世上有效发挥作用不可或缺的条件。

印刷品也使人独自(即不通过口头公开演讲)和自由(即不受个人的家庭教师的控制,也不受原稿所有者的限制)获得知识成为可能。这种情况的结果之一是导致如下信仰的丧失:知识意味着拥有秘密、一

---

① 依据不同的资料和标准,工业革命的时间表差异很大。摩尔选用的时间表是最流行的,但是,认为工业革命始于印刷机的发明这一观点也颇为流行。

个外人不能获得的秘密智慧。知识变成了人人都可以使用也应当使用的工具。对个人思维的威力和普遍特征的信仰诞生了,随之而来是一种新的关于人类的概念。许多曾经服从于知识所有者的信徒们发现自己就是理性的个人,有能力做出自己的判断和决定。这为最终由康德和边沁创建的两种新的伦理学理论铺平了道路。

## 印刷机与伦理学

由于许多以计算机伦理学为主题进行写作的作者们,如著名学者詹姆士·摩尔、特雷尔·拜纳姆(Terrell Bynum),尤其该领域第一本权威教科书的作者黛博拉·约翰逊,都将边沁和康德的伦理学理论作为他们研究的主要依据,因此,弄清楚这一点十分重要,即这两大伦理学体系达到了活字印刷术的发明所引发的深刻而多元的变化的某个阶段的顶峰。① 这里的问题是:这些伦理学体系只解决过去的问题,还是可以将人类驶向未来?

康德和边沁的伦理学体系创建于工业革命期间,但它们既不是对18 世纪、19 世纪工业革命的反应,也不是这些工业革命的结果。没有一种新的伦理学理论是对印刷机发明的直接反应。相反,印刷品的发行引起的经济、社会、政治方面的变化所带来的问题一开始就与在中世纪及宗教改革期间所阐述的伦理思想联系起来了。后来,人们逐渐意识到有必要提出一套新的伦理规则。人性和社会的整个概念必须加以修订。霍布斯、洛克、卢梭以及其他人做了这项工作。最后,新的伦理学体系建立起来了,如边沁和康德的伦理学体系。这些伦理学体系的基础是人的概念:人是一个独立的个体,能够做出理性的判断和决定,能够自由签订"社会契约"。关于人的这一概念能够出现,主要是因为可以广泛获得印刷品。

边沁和康德的伦理学是欧洲启蒙运动的表现和概括。这两种伦理学的诞生正值欧洲盛行社会是自由和理性的个人之间的契约(一种"社会契约")而不是屈服于神的力量或大自然的力量的结果的思想。而且,这种新型的契约社会已经从传统的社会群体中分离出来并建立

---

① 当然,印刷机不是这种深刻变化的唯一原因,蒸汽机或纺织机也不是。我承认我们正在讨论的这个发展过程相当复杂。

起来了。欧洲人统治整个世界——他们称之为地理"大发现"和"新"领土的殖民——使这样的社会成为可能。洛克的财产权定义(即通过人的劳动实现对自然的占有),加上大多数被侵略的社会缺乏私有财产这个概念,促成了这项任务的完成。

因此,尽管边沁和康德主张普遍主义,但他们关于人的概念指的是启蒙运动所定义的欧洲人——足以作出理性决定的自由的、有教养的人。"理性的"在此是指从亚里士多德哲学和经院哲学的逻辑学以及印刷术革命时期数学理论中的那种理性。帕斯卡和莱布尼兹等人的思想进一步强化了这种传统,消除了不遵守这种理性规则个体之间的对话等级。"人类"这一术语并不真正适用于这样的个人。从计算理性的角度看,这种传统思想最终演化成边沁的计算伦理和康德的绝对义务论。

这两种伦理学体系的本质特征对计算机天才来说一定极具吸引力和诱惑力,尤其对那些深受"西方"价值体系影响而成长起来的人来说。不难想象,如果一个人的思想里面有边沁甚或康德的伦理学思想,那么他对詹姆士·摩尔提出的问题——"伦理学是可以计算的吗"(1996)——就可能做出"是"的肯定回答。

现在,在我看来,一种伦理学理论产生的类似过程很可能将要发生,尽管完成整个过程所需要的时间可能更短。计算机革命是革命性的;计算机已经极其深刻地改变了整个世界,尽管目前我们能看到的仅是冰山一角。计算机技术引发了许多新情况和新问题,其中有些情况和问题本质上属于伦理学范畴。人们尝试运用现有的伦理规则和解决方法来解决这些问题。这种方法并不总是成功的。我认为,问题的数量和难度将会增长。在美国,已经出现了关于伦理危机的讨论高潮。人们开始注意到传统的解决方法不再有效。面对这种情况,惯常的第一反应是"让我们重返传统的、好的价值观"。然而,正如我们所知,计算机改变这个世界越多,现有的伦理规则就越不相关,对新伦理的需要就越明显。这个新伦理就是计算机伦理。

## 计算机时代伦理学的全球特征

革命,高于其他任何一种变化,它意味着同时发生的两个过程:创造的过程和破坏的过程。问题是,在人类社会,这通常会引起冲突,因为创造和破坏都被认为是积极的(好的)或消极的(坏的/罪恶的)过程。这种评价取决于置身革命变化之中的人们(个体或群体)所持有的价值观。

摩尔写到:"据我看来,计算机伦理学是一个动态的、复杂的研究领域,要考虑关于不断发展变化的计算机技术的事实、概念、政策和价值观之间的相互关系"(1985,p.267)。这是一个宽泛的定义,几乎每个人都可以接受;但是,当我们认识到有多少人可能受到那些"事实、概念、政策和价值观"的影响,有多少人对此感兴趣时,问题就出现了——这个群体具有怎样的多样性!在我看来,我们正在讨论的是这个地球上的所有人口!计算机不知道边界在哪里。与其他大众媒体不同,计算机网络确实具有全球特征。因此,当我们在谈论计算机伦理学时,我们是在谈论一种正在出现的全球伦理——而且我们是在谈论人类生活的所有领域,因为计算机影响人类生活的一切。这对理解什么是计算机伦理学,意味着什么呢?

有一点可以肯定,计算机伦理学不只是一种职业伦理学。像黛博拉·约翰逊(1994)和唐纳德·哥特巴恩(1992)这样的学者有时似乎认定,计算机伦理学就是一种职业伦理学。我完全支持为计算机专业人员制订伦理准则的想法。但是,如果我们把计算机伦理学仅仅看做一种职业伦理学,那么,至少会产生如下两个问题:

1. 与医生或律师不同,计算机专业人员无法阻止或管理类似于他们自己的、但由非专业人员做出的行为。因此,尽管许多医生或律师的行为规则不适用于其专业之外的人,但是,无论想得多么周到,除非绝大多数甚或所有计算机用户都尊重计算机伦理的规则,否则,这些规则都是无效的。这意味着,在将来,计算机伦理的规则应该受到地球上大多数(或全部)居民的尊重。换句话说,计算机伦理应当成为普适的,应当成为全球伦理。

2. 让我们假设计算机伦理只适用于计算机专业人员。这些专业人员并不完全孤立于他们在其中发挥作用的社会。他们的专业角色主要取决于他们身处其中的社会的整体结构。目前,全球存在着不同的社会和文化。其中许多社会和文化在不同于被美国甚或整个"西方世界"普遍接受的伦理体系中发挥着作用。因此,职业伦理,包括计算机专业人员的伦理准则,在不同的文化中可能有差别,甚至冲突。即使它们没有什么不同,冲突可能仍然不可避免。例如,处于交战中的两个国家的计算机专业人员可能遵循同样的规则,即应当把计算机用于增强国家安全。在这种情况下,计算机可能成为一种比原子弹更致命的武器。像关于科学家对核能使用是否承担责任这样的讨论,现在可能适用于计算机专业人员了。鉴于计算机技术的威力,其潜在的毁灭性甚至可能比原子弹的毁灭性还要大。

或者考察另一个例子:众所周知,美国 CIA 以安全为由对互联网进行监控。但是,这产生了一个问题:这是否这意味着某些伦理规则,如尊重隐私,某些人可以不遵守了吗?如果 CIA 不必尊重某个伦理准则,还有谁有权违反这些规则,基于什么理由?如果一个国家可以这么做,那么,什么样的道德义务可以制止其他国家这样做呢?让我们假设可以找到这样的伦理规则。如果这些规则很好,那么,为什么不在全球范围内实行它们呢?

将来,当网络空间的全球性特征能够影响到和行为主体相隔遥远的人们的生活时,上述问题将变得更加明显、更加严重。今天已经出现了这种情况,但是,在将来,它将具有更加深远的特征。网络空间中的行为将没有地域性,因此,这种行为的伦理规则不能立足于某个地域的文化,除非计算机伦理的制订者接受如下观点:计算机是某个特殊人群获得和维持主宰世界的工具。我宁愿相信这不是事实。我宁愿相信司马(Smarr)的乐观主义观点(引自 Broad 1993, p. C10):

> 它是一种统一技术,可以帮助我们从我们所见的在世界蔓延的种族仇恨中超脱出来。谁想要统一人类种族的结构,互联网指明了其方向。当世界正以令人目眩的步伐变得支离破碎时,互联网促进了极其平等主义(egalitarian)的文化。

尽管如此,这也许是充满希望的想法的另一个例子。我担心,如果计算机伦理学者没有充分认识到其使命的重要性,他们就可能加剧这个问题。在我看来,令人遗憾的是,选择从事计算机伦理学研究的学者们在界定其研究范围和学科的意义时太保守了。

## 基本的学习问题

1. 请简要叙述活字印刷术的发明带来的两种重要的社会变化。
2. 根据格尼娅科的观点,哲学家康德和边沁对人性这个概念做了相同的预设。这个预设是什么？
3. 印刷机革命和计算机革命有哪些相似之处？
4. 根据格尼娅科的观点，为什么要把计算机伦理学视为一种全球伦理学？
5. 格尼娅科认为计算机伦理学远不只是一种职业伦理学，她提出的两个理由是什么？
6. 在文章末尾，格尼娅科提出的关于计算机伦理学的重要问题是什么？

**深入思考的问题**
1. 请讨论如下观点：计算机革命正在导致另一个真实世界的产生——人类居住的"第二世界"。
2. 根据格尼娅科的观点，真正的社会革命包括必然导致冲突的两个过程。请描述这两个过程，并阐述它们是怎样与计算机革命联系起来的。

# 第16章 互联网上的冒犯行为*

约翰·维克特

## 引 言

有一个概念是网络伦理学的核心概念,但在网络伦理学中极少讨论,这就是冒犯。这一概念是讨论言论自由和审查问题的基础,尤其当这种讨论具有互联网这样的全球背景时。在互联网中,各种各样的宗教、风俗和道德交织在一起。本文中,我们考察了冒犯这一概念,认为这个概念之所以非常重要,是因为它与尊重他人、自尊有着密切的联系。这为我们试图找到冒犯行为的错误之处——如果有错误的话——奠定了基础。然后,我们提出并论证了判断可接受的和不可接受的冒犯行为的标准。显然,并非所有的冒犯行为是违法的。人们可能被宣告保持沉默。我们特别讨论了与互联网上的色情、文化中伤、种族诋毁、宗教诽谤有关的这些标准。我们的观点是,对冒犯进行考察将有助于为网络行为提供指南。

如果人们相信时尚新闻和政客,那么互联网上冒犯性的材料似乎太多了。对于这些材料,有些人希望禁止,有些人希望限制,有些人则希望保护。美国《体面通信法》(Communications Decency Act)谈到了"具有明显冒犯性的"材料(1996);澳大利亚关于互联网内容的新法律谈到了冒犯性的材料和"冒犯癖"(广播服务[在线服务]修正案 1999 年);最近发表的一篇文章题为"信息高速公路上的非法内容和冒犯性

---

* 约翰·维克特(John Weckert),"互联网上的冒犯行为"。本章原是在瑞典 Linkoping 大学召开的计算机伦理学会议上报告的一篇论文。它首次发表于 G. Collste 主编的《伦理学与信息技术》(New Academic Publishers,1998),第 104—118 页。约翰·维克特版权所有,1997 年。重印经作者允许。

内容"（Sansom 1995）；在"互联网上的内容：自由的或解禁的"一文中，伯顿（Burton）（1996年）反复提到冒犯性的材料。

许多重要问题为关于冒犯性材料的讨论奠定了基础。其中一个问题是：我们必须知道什么是冒犯性材料；另一个问题是：冒犯可否作为一个标准，用来划清互联网上可接受的或可交流的材料与不可接受的或不可交流的材料之间的界线。这些问题将逐一加以讨论。

## 什么是冒犯？

通过上述一些讨论，我们获得了"什么是冒犯"的概念。《体面通信法》（1996）中有一个非常清楚的表述，它谈到：

> 在内容中描绘或描述性行为或排泄行为及其器官的任何评论、要求、建议、提议、图像或其他传播信息，用当代社会标准来衡量，具有明显的冒犯性。（Section 223（2）（d）（1）（B））

从这段文字可以看出，冒犯性的材料在内容上是与性有关的。这个定义的一个优点在于，它似乎为判断某些材料是否具有冒犯性提供了一个比较简单的方法：只要看它是否与性有关。

虽然有关性的材料或某种类型的材料可能对一些人来说，甚或对大多数人来说具有冒犯性，但是当我们考察哪些材料明显冒犯了我们、哪些材料明显冒犯了他人时，把"冒犯性的"与"有关性的"等同起来是非常牵强的。材料是冒犯性的，但不同的材料冒犯不同的人。关于这一点，伯顿（Burton）提出了两个中肯的观点：

> 冒犯我的东西可能没有冒犯你：我有权说你不应该看或不应该读它吗？对那些可能被视为冒犯的材料的态度常常是民族文化的一部分，因此这些态度有极大的差别：看一看前面引用过的荷兰[对软毒品的态度]的例子，或者斯堪地那维亚和中东地区对裸体的不同态度。杰克·斯科菲尔德（Jack Schofield）最近提出了类似的问题：原教旨主义者可以禁止讨论进化论吗？或者梵蒂冈能关闭有关节育的网站吗？（1996，p.5）

就像有关政治、性别和种族的言论一样，宗教的（或反宗教的）言论也可能是冒犯性的，但它很少涉及重要的内容。显然，如果把冒犯性作为审查标准，那么就必须更仔细地把它说清楚。这就是我们现在将努力做的。

严格说来,我们不是被物冒犯,而是被人冒犯。我可能不会被一块看起来像人体某一部位的石块冒犯,但很可能被人体同一部位的照片冒犯,甚或在适当的情景中被石块的照片冒犯。区别在于意图。这不一定要有冒犯的意图,但是,言论和图片等一定是人的行为所意图的结果。要说清楚什么是有意图的并不容易,但是,在此如下这么说就足够了:如果一个人 P 有意识地做行为 A,而 P 做 A 是为了达到目的 G。P 相信做 A 将达到 G。目的 G 可能是冒犯性的,但它也可能是完全无害的甚至有益的。如果某人被 A 冒犯了,那么这就是明显的冒犯,因为目的 G 被认为是一个不适当的目的。可以这么说的理由是,谈论冒犯性材料给人的印象是物冒犯了人,尽管讨论应该集中在冒犯他人的人身上。

冒犯在什么情况下发生?我可能被一个对我的新 T 恤的随意评论冒犯了,可能被没被邀请参加一次聚会冒犯了,或者被老套的澳大利亚式的玩笑冒犯了。一家澳大利亚报纸最近刊登了这样的新闻:教师和家长认为教育官员涨薪水具有冒犯性,新政党的政策具有冒犯性,一位政府官员的讲话是如何冒犯同性恋人群的。这家报纸也刊登了一幅巨大的经过数字化篡改的达芬奇的"最后的晚餐",在这幅画中,当地一位著名的饮食评论家坐在餐桌的一端,正在与几位信徒热烈地交谈着。这幅画还附有一篇关于这位评论家的文章。这种篡改毫无疑问被认为是对基督徒的冒犯,一些艺术爱好者也可能认为这是一种冒犯。芬伯格(Feinberg)提供了许多其他的例子,从公开裸体和性交,到种族主义活动和宗教活动。他把最小的冒犯称为"冒犯性麻烦"(offensive nuisances),而把较严重的冒犯称为"深度冒犯"(profound offenses)(Feinberg 1985)。

首先,什么是冒犯?冒犯行为涉及哪些因素?一般而言,冒犯是一种不舒服、不愉快的精神痛苦,或各种各样的精神折磨。一个受到冒犯的人有受到某种伤害的感觉。关键在于,某个人受到冒犯时,那么某个事物就冒犯的只是这个人。我们不会用与拳击完全相同的方式冒犯他人。冒犯与信仰、态度、情感等密切相关。在肉食者面前吃肉,不可能冒犯肉食者,但是,素食者可能觉得这种行为具有冒犯性。因此,冒犯行为与造成身体伤害很不相同,即使在某种意义上它可能造成身体伤害。仅当一个人拥有特殊的信仰、态度或情感时,我才可能因为冒犯而伤害到这个人。也许,仅当人们过分敏感或者对某种信仰过于迷恋,他们才可能受到冒犯。因此,在一定意义上,如果他们因为说出来的或出现的事情而受到伤害,那么他们也只有责怪他们自己了。但这个结论太武断。事实上,尽管不太容易受到冒犯是件好事,但对从不生气的人来说可能有些悲伤,甚或有些可悲,即使他们也许是被取笑或被歧视的对象,但由于某些原因他们没有意识到这一点,或者由于他们自尊心不强,而把这种情况视为公平合理。我们甚至怀疑我们是否应当尊敬那些从不因贬低他们的事情而感到被冒犯的人。

## 冒犯与尊重

为了对冒犯究竟是什么这一问题了解更多,我们将询问两个问题:(1)如果有错的话,冒犯错在何处?(2)人们为什么感到被冒犯了?在回答(1)时,人们可能倾向于认为冒犯行为并没有什么真正的错误之处。如果人们因为听到的或看到的事物而感到被冒犯了,那么他们太愚蠢或太敏感了,这对他们来说也太糟糕了。我们不能用我们一生的所有时光去担忧谁可能不喜欢我们所说的或所做的。尽管这种说法包含真理的成分,但这是难以做到的,正如我们刚刚看到的。嘲笑一支足球队而引起的冒犯也许无关紧要,但是,嘲笑身体残疾或不幸,即使对不太敏感的人来说,这不仅是低级趣味,而且是极其伤人的。即使在伤害情感或自尊的意义上没有发生冒犯,这也可能唤醒了痛苦的回忆。然而,并非所有的冒犯都是如此。人们因为亵渎的言行、与性行为有关的言语、以及对种族、等级、职业、政治信仰和其他诸多事物的嘲笑而受到冒犯。其中一些似乎不太恼人,但其他一些却十分令人讨厌。

在寻找问题(1)的答案之前,我们尝试着回答问题(2):人们为什么感到被冒犯了?显然,冒犯是因各种不同的原因、由不同的人做出的,而且涉及的领域很广泛。我们将考察三个领域。第一领域涉及不一定针对某个人或某个群体的事物,如有关性的露骨语言和裸体(但不包括会引起其他问题的色情)。有些人因为某些言语和图片而感到被冒犯了。对产生这种冒犯的解释,部分与幼年期的教育和社会化过程相关。然而,这是一个不完全的解释。为什么这是冒犯而不是生气?在存在令人不喜欢的东西的地方,可能会出现生气的情况,因为人们认为这会产生有害的后果,例如可能导致青年人的堕落,或者社会标准的整体下降。冒犯涉及的东西似乎不只这些。如果我发现什么东西具有冒犯性,我个人以某种方式接受它。我受到了伤害,而不只是生气。关于我为什么受到伤害的一个合理解释是:我非常赞同这种行为是错误的,而且在某种程度上我感到被侵犯了。如果你把我置于我不喜欢的这些事情之中,那么,你就没有对我表现出我作为一个人应得到的尊重。即使这并不是专门针对我的,我也可能感到,像我一样的人没有受到足够的尊重。在这两种情况,即专门针对我们的情况和不是专门针对我们的情况,我们都可能感觉到,我们的人格被贬损了。

第二个领域是对信仰和义务,尤其宗教的、政治的信仰和义务的嘲笑和批评。在此,产生冒犯的一个原因是:我们偏向认同一套信仰或一个群体,并把这些信仰或这个全体看作自我形象的一部分。因此,当嘲笑针对这些信仰或这个群体时,我们就觉得是在嘲笑自己,从而觉得我们的人格没有得到尊重。

第三领域,即最后一个领域,是种族主义或性别歧视的言辞或行为引起的冒犯,或者"讥笑"或诋毁智障者、残障者、事故或犯罪行为的受害者的言辞或行为引起的冒犯。这些冒犯的共同之处在于作为这些群体中的一员没有任何选择余地。我们有一种真实的感受,即我们的身份和自我形象与我们发现我们自己属于其中一员的这类群体密不可分。冒犯几乎总是与自尊联系在一起的。

这三组例子都表明,冒犯与尊重之间有着紧密的联系,其中尊重包括尊重他人和自尊或自重。当某人的言辞或行为冒犯我们时,我们可能感到,我们的人格没有受到应有的尊重。我们的自尊可能在某种程度上被贬低了。太多的这种行为会导致我们认为自己是没有什么价值的人。如果我身上不可或缺的某个部分遭到嘲笑,如我的身高、种族、性别或智力,那么这就表明他人贬低了我的人格。他们没有向我表达我作为一个人应得到的尊重。如果我极其认同一支足球队或一个宗教,如果这支足球队或这个宗教遭到嘲笑,我可能会有同样的感受(尽管稍后会讨论,在这些情况下有不同之处)。因此,也许我们可以说,从总体上来说,冒犯的错误之处在于它没有表现出对他人的尊重,它可能导致他人丧失自尊。

这一观点不是说所有的不尊重他人都会引起自尊的丧失,也不是暗示所有不尊重的错误之处都与自尊有这种联系。但是,这一观点认为不尊重与自尊之间存在一种重要联系。我们正在讨论的尊重是指对人的尊重,不是指对某个人所担任的角色的尊敬。例如,某个人作为教授,我可能不太尊重他,但他作为一个人,我还是尊重他的。这不是一个截然不同的区分,尤其在人们在很大程度上根据职业来确定身份的社会里。但这仍是一个可行的区分。如果有人对我作为一个人表现出不尊重,而且如果我也意识到了,那么我的自尊不受挫是很难的。然而,如果某个人认为大学应该是可以完全自由地交流思想、没有学术等级制度的地方,他对我作为一个教授表示不尊重,那么,把我看作一个小人物没有什么大不了的,除非我乐意加入一个腐败的系统中。

这一观点符合人们共同持有的信仰,这表现在两个方面。第一,这一观点解释了为什么与种族、性别、身体残障有关的冒犯比与足球、政治效忠或非色情的人物裸体图片有关的冒犯要严重得多。如果我们选择对某事做出承诺,或承认我们不喜欢某事,那么无论在什么程度上,我们都应该作好准备,接受做出这种承诺或承认所带来的后果。不管怎样,在我们有选择余地(如支持足球队)的领域和没有任何选择余地(如种族)的领域之间存在非常重要的差别。

当然,有些情况不太明朗。宗教信仰就是这样的例子。宗教信仰有选择的可能性,这是显而易见的。人们确实可以选择加入或脱离某些宗教组织,但是,宗教信仰也与文化密切相关,而我们对养育我们的文化没有选择的余地。这也许部分解释了为什么批评和嘲笑宗教信仰所引起的冒犯常常极其深重。我们的文化把我们塑造成我们今天这个样子,我们的宗教信仰也是如此。然而,成熟的、有思想的成年人不能似是而非地认为他们没有选择宗教信仰的余地。他们也许无法选择在其中长大成人的信仰,但一旦成年并意识到还存在其他信仰,那么就有了选择放弃他们原有信仰的机会,常常发生这样的事。因此,对一个受过高等教育的人的宗教信仰进行批评,并不表示或并不一定表示不尊敬他,而对一个没有受过教育、没有真正的选择机会的农民的宗教信仰进行批评,可能表示不尊重他。在前一种情况,它甚至可能表示尊重,因为我们认为这个人成熟了,有智慧了,足以应对批评。

这一观点符合共同信仰的第二个方面是,这一观点有助于我们解释为什么嘲弄或耻笑社会弱势群体比嘲弄或耻笑社会强势群体更令人反感。如果某个人因为某个社会强势群体受到嘲笑而生气,那么这个人首先必定认为自己属于这个群体,也就是说,在某种程度上,他们必定认为自己是强势的。他们认为自己属于社会强势群体,如果仅仅在这个意义上他们生气了,那么,他们的自尊不太可能被损害。

## 冒犯与伤害

一个行为因为它是冒犯性的,所以它就是有害的吗?或者因为它是有害的,所以它是冒犯性的(或两者都是)吗?如果因为是有害的,所以这个行为是冒犯,那么冒犯这一概念作为限制自由的判断标准就不重要。因为如果 X 是有害的,那么,不管它是不是冒犯性的,都有理由限制它。致使身体伤害的行为一定是冒犯性的,但这类冒犯很少有人注意。它导致的伤害太大,足以使法律制止它。

因为某事是冒犯性的,所以它是有害的吗?在某种意义上,它是有害的。如果冒犯是一种不快乐或精神伤害,即使不太严重,它也是一种伤害。正如我们所讨论过的,如果冒犯与自尊密切相关,那么更是如此。在这个意义上,由于这件事是冒犯性的,所以它是有害的。我没被邀请参加聚会,这对我是有害的,仅仅因为这冒犯了我。然而,从另一个意义上来说,我们要把冒犯和伤害区分开来。关于色情的一个常见的争论是:色情是否是有害的,或者只是冒犯性的。主张限制或禁止色情,通常是因为考虑到了它可能的有害后果,而不是因为它对许多人来说毫无疑问是冒犯性的。由于类似的原因,种族污蔑应受到谴责。种族污蔑肯定是冒犯性的,它煽动种族仇恨甚至暴力,从而伤害了它的目标人群。

因此,冒犯与伤害的关系不是直截了当的。在某种意义上,冒犯是伤害,而另一种意义上它又不是伤害。究竟从哪一种意义上来说它是伤害,这种争论十分诱人,但是二者区别甚小,因此在审查限制言论和表达自由的理由时不必考虑这一点。在大多数情况下冒犯的伤害可能很小,但并非所有的情况都是如此。嘲笑根深蒂固的信仰,特别是宗教信仰,即使没有其他的伤害,也会导致深深的痛苦。

这就导致了另一种由芬伯格(Feinberg)提出的区分,这就是,由于某个事情是冒犯性的因而被认为是错误的事情与由于被认为是错误的因而是冒犯性的事情之间的区分(Feinberg 1985)。芬伯格认为冒犯性的伤害与深度冒犯的区别在于:前者之所以被认为是错误的,因为它们是冒犯性的;而后者之所以是冒犯性的,因为它们是错误的。芬伯格认为这种区分很重要。当然,这种区别不是十分明确,但确实有一定的道理。也许在互联网上发布人物裸体图片的错误之处纯粹来自它的冒犯性。在其他情况下，例如在医学文本中，这样的图片可能不具有冒犯性，因此没什么错误。另一方面，一个反对堕胎的人不太可能说，因为堕胎是冒犯性的，所以堕胎是错误的。对他或她而言，因为堕胎是错误的，所以堕胎是冒犯性的。同样，早先提到的经过处理的达芬奇的"最后的晚餐"的复制品可能不被认为是错误的，尽管它对许多基督徒来说是冒犯性的，但是，又因为它轻视基督教最有意义的事件，这是错误的，因此它是冒犯性的。

一方面因冒犯而错误，另一方面因错误而冒犯，二者之间的区别是很重要的。与某个事情被认为是错误的仅仅因为它冒犯性的情况相比，在某事因为被认为是错误的所以是冒犯性的这一情况下，认为冒犯是一种伤害的观点似乎更加有道理。

## 互联网上的冒犯

关于互联网冒犯的讨论似乎常常出现在谈论规制互联网内容的时候。而且，正如我们在前面所看到的，冒犯性材料常常被认为与性有关。尽管关于性的讨论看起来确实让人着迷，但是，人们也关注因带有种族、宗教或文化特性而具有冒犯性的材料，以及不受规制的材料。其中之一就是网页设计。设计自己的网页是互联网的一个新特点。网页设计具有油画、素描和其他艺术作品以及封面设计、广告、电视图像等的特点，但它使人们更易于站在世界的舞台上。很少有人通过设计封面、海报等向全世界展现自我，但是，许多人设计和创建世界各地可以访问的网页。为什么有人认为网页具有冒犯性，这有多种原因，例如言语、图像、版式或色彩。马雷特（Mullet）和萨诺（Sano）列举了一些可能具有冒犯性的图像的例子（1995，p.198），包括描绘死亡和暴力的图像（枪支、骷髅、斧头、墓碑）、朝上或朝下的拇指图像（这在不同的文化中具有不同的含义），等等。无论是个人还是公司，为什么网页设计者都应该考虑到这一点，这既有实际方面的理由，也有道德方面的理由。道德方面的理由是：鉴于我们前面谈到的尊重与冒犯的关系，如果冒犯是可以避免的，总的来说，我们就不应该有意地冒犯他人。实际方面的理由是：如果你想出售商品或服务，那么冒犯潜在的顾客就是不明智之举。如果网页是电子商务业务的一部分，那么对可能冒犯网页浏览者的东西保持敏感，这既是好事，也是道德上值得肯定的。

尽管网页设计中的冒犯问题是值得更多关注的问题，但正如我们前面所说的，冒犯属于互联网内容规制方面的问题，这是最容易引起冒犯的领域。现在我们就来讨论这个问题。

## 作为互联网审查标准的冒犯

我们已经讨论过冒犯行为有时是很严重的，因此，应当在关于言论自由和审查制度的讨论中加以考虑。然而，总的来说，显然不可能用一部法律来禁止冒犯行为。几乎任何事情都可能冒犯某个敏感的心灵，因此我们就会沦落到保持绝对沉默。另一方面，有些冒犯似乎太严重，足以证明对其进行限制是正当的。芬伯格提出，对冒犯进行管制是正当的，必须满足两个条件。一个是普遍性，另一个是合理回避。对于前者，他指出：

> 对于冒犯……为了充分证明管制是正当的，管制应当是从整个国家随机选取的几乎任何一个人——不论教派、政治派系、种族、年龄或性别——所期望的应对措施。（1973，p.44）

对于合理回避，他写到：

> 如果无需过分的努力，或者不太麻烦，就能够有效地避开被冒犯的经历，那么没有人有权不避开遭受冒犯的经历。（同上）

我们将依次讨论这些问题。

在互联网环境中，与普遍性有关的突出问题是：普遍性这个条件太弱因而不适用。鉴于互联网的全球性，冒犯所有人的可能性微乎其微。嘲笑基督教不是普遍性的冒犯，尽管在基督教国家可能是普遍性的冒犯。嘲笑一个民族群体，除了该民族的成员，这种嘲笑的冒犯面也不会太广。当然，普遍性原则的支持者乐于赞同所有这些做法，并且他们声称，所有这些做法表明，仅仅根据冒犯这一理由，互联网上没有什么应当被限制。（尽管有人认为，当任何一个国家考虑限制冒犯时，普遍性原则是一个合理的标准。）

然而，普遍性的主要问题并不是把它应用于互联网时所表现出的软弱无用，而是根据前面对冒犯本质的观点分析问题时所表现出的不合理性。让我们来看看这是为什么。大多数冒犯性的东西通常不是具有普遍性冒犯的东西,而是针对个人或群体的东西。先举一个小例子。如果我是朋友圈子中唯一一个没有得到邀请参加聚会的人,我会比大多数朋友没有得到邀请时更加觉得受到冒犯。理由显而易见。如果针对的仅仅是我一个人,我觉得受到轻视和不公正的对待。我觉得我没有得到应有的尊重。在嘲笑某个特殊的群体时,可以见到类似的情况。如果攻击澳大利亚人的笑话不是出自澳大利亚人之口,我可能会因此感到被冒犯,但是,如果这个笑话是出自澳大利亚人之口,我就不会感到被冒犯。同样,其中的理由也非常简单。在第二种情况,我没有被某个自恃比我优越的人"看贬"或轻视,而在前一种情况中,说笑话的人自恃比我优越。

尽管聚会和笑话的例子本身不太重要,但是,它们确实表明了普遍性原则的错误之处。针对个人和群体的冒犯比针对所有人(或大多数人)的冒犯更为严重。之所以更为严重,这正是因为,与其他人或群体相比,普遍性原则认为这个人或群体不太重要,或不太尊重这个人或群体,或者,与我或我所在的群体相比,这个人或群体不太有价值。我们自身的自尊和自重不完全由我们感觉到的与他人相关的地位所决定,但是,这种相关性肯定是重要的。行为或内容只针对某类人和某类群体具有冒犯性,这暗示着这类人和这类群体在一定意义上是下等的。

芬伯格的第二个原则是合理回避,这确实有一定的合理性。如果我被某些万维网站冒犯,那么我可以轻而易举地避开它们,因此似乎没有合适的理由解释为什么这些网站因为冒犯行为而被关闭。这种情况非常不同于我的情况,当我每次登陆到互联网时都会遭遇到冒犯性的内容,它们是一个特殊的欢迎信息或提示性的字幕或图标。如果我因为看到互联网上的人物裸体而被冒犯了,如果我只能通过不断被警告信息打断的曲折途径才能访问到这样的图像,那么我似乎没有什么埋由可以抱怨。

与合理回避相关的问题是:它只有在比较轻微的冒犯的情况下才真正合理,这种轻微的冒犯仅仅指那些因为冒犯他人而被认为是错误的行为,而不是指那些因为被认为是错误的所以是冒犯性的行为。如果某事因为被认为是错误的从而被认为具有冒犯性,那么,与我们大多数人愿意宽恕我们没有看到的谋杀相比,仅仅通过使遭受冒犯的人看不到听不到这些内容,不可能使他们得到更多的安抚。这种事情只要一发生就是冒犯性的。沃尔噶斯特(Wolgast)对芬伯格关于色情的观

点的批评是正确的,芬伯格的观点是这样的:

> 当印刷的文字道貌岸然地藏于静静躺在书店书架上的书皮里时,它们的冒犯性是很容易避开的。……书皮里又不会散发出腐臭垃圾的邪恶气味。当一本"淫秽"书躺在书架上时,有谁会受到冒犯呢?为了寻求色情刺激而想阅读这本书的人应该不会感到被冒犯(否则他们不会去阅读它),而不去阅读这本书的人也不会有遭受冒犯的经历。(Feinberg 1973,p.45)

沃尔噶斯特的回应是:

> 妇女所抗议的侮辱和轻蔑,不像噪音或难闻的气味,因为声音和气味相对人群来说是中性的,它们可能会冒犯所有人,而色情把妇女挑出来作为侮辱对象……色情有一种可以感觉到的怀有敌意的歧视。(1987,p.112)

正如前面所讨论的,如果冒犯与尊重他人和自尊有关,那么就不会产生合理回避的问题。如果妇女或某个种族或某个群体被挑选出来区别对待,表现出不尊重他们,或者把他们视为没有太多自尊的一类,那么,这就不是一个"某个人是否能够轻而易举地避开这种对待"的问题了。一名妇女某一次或许可以避免看到色情的东西,种族群体的一个成员或许可以避免听到某些冒犯种族的言辞,但是,这仍然表明这些人没有受到应有的尊重,因为他们是这些目标群体中的成员。

即使合理回避在某些情况中是一个实用的标准,但是在互联网上,其作用却不明显。在互联网上寻找资料不太像在图书馆或书店寻找资料。在图书馆或书店,我们在很大程度上是"根据书的封面对书做出判断"。我们看了书名或作者名字,再做进一步探究。在互联网上,我们利用搜索引擎,根据单词、短语或姓名查找资料,我们几乎不能控制查找出来的资料是什么。无伤大雅的搜索词可能会搜出包含任何类型资料的网站,因此,合理回避在这里没有什么效力。

本文已经论证过不必太认真对待冒犯,这不是在应当立法禁止所有冒犯的意义上来说的——这种做法简直太愚蠢了;而是在如下意义上说的:有必要仔细审查冒犯性的行为,看它是否应当受到规制。本文也论证过芬伯格所提出的普遍性标准和合理回避标准没有什么用处。在互联网中,冒犯具有特殊的意义,因为它是导致许多痛苦和其他担忧的冒犯。它也很重要,因为前面提到的互联网的全球性。在某个国家可能不冒犯任何人的材料,在互联网上对许多人来说可能是冒犯性的,因为在互联网上不同信仰、不同风俗和不同种族的人都可以访问到这些材料。

对控制互联网言论自由和表达自由这一争论不休的问题而言,上述讨论将把我们带向何处?一个有用的区分是:由于人们无法控制的特性——如种族、性别、相貌——而具有冒犯性的行为、言语和图片等与由于人们可以进行一定控制的特性——如政治信仰、支持足球队、穿着——而具有冒犯性的行为、言语和图片等之间的区分。嘲笑一个人的肤色显然比嘲笑其衬衫的颜色更为恶劣。尽管两者都是冒犯,但是,前者表现出更不尊重,更有损他者自尊。如果我无法应付对衬衣颜色的嘲笑,我可以更换我的衬衫来终止它。如果很难更换衬衫,例如由于贫穷,那么,冒犯的情况当然会出现。然而,这并没有削弱这种区分的适用性;相反这表明为什么嘲笑穷人比嘲笑富人更恶劣。

密尔认为,言论自由的威力之一在于它迫使人们不断地反审其信仰,这样,他们的信仰或者幸存下来的信仰就会变得更强、更有活力。未经审视的信仰会走向衰亡(Mill 1859)。基于这些理由,言论自由和表达自由可以消除一些冒犯他人的担忧,即担忧因嘲笑或批评他人的信仰和追求而冒犯他人。同样的观点也适用于如下情况:某些语言或图片本身被认为具有冒犯性。这样的语言或图片仅仅由于信仰而被认为具有冒犯性,从这个角度来说,这些信仰应该公开接受挑战。冒犯的产生不是因为信仰,而纯粹因为像品味这样的东西,在此意义上,冒犯似乎无伤大雅。这似乎表明,冒犯不是审查色情的根据。然而,色情针对的是特定群体——妇女,不管妇女个人的信仰如何,都可以认为色情贬损了她们。

密尔的观点不适用于因种族、性别、相貌以及其他我们无法控制的因素所引起的冒犯。再多的言论自由也不会改变我的种族、性别和相貌,即使我希望它能改变。可以提出的一个合理的观点是:当言论自由和表达自由不尊重一个人或一个群体(根据他们无法改变的特征确定其身份的个人或群体)而产生的冒犯伤害了或很可能伤害某人的自尊时,言论自由和表达自由就应当受到限制。诽谤种族的语言就是一个这样的例子,还有我们已经讨论过的色情也是一个这样的例子。

总之,冒犯是一个与审查相关的因素,但这仅限于自尊至关重要的领域,以及个人或群体是根据其无力改变的特征确定身份的领域。基于这些原因,我们有理由限制互联网上冒犯种族群体和妇女等的行为,但一般不包括冒犯宗教组织、政治组织或任何根据其信仰来界定的组织的行为。

最后,还有一个与互联网审查相关的问题。以现有的技术看,如果不限定审查行为的适用性,在互联网上进行有效的审查行为是很困难的。某些在网上交流的东西会伤害或冒犯一些人,尽管这样也许不好,但是在某些情况下,如果限制这种交流就会限制互联网的效力,那么从总体上说这样会更糟。我们必须把冒犯行为纳入考虑范围,但只有在严重的情况下才应该限制它。不应该把太多的孩子连同洗澡水一起泼掉。本文所作的努力旨在表明哪些情况是严重的情况。

**基本的学习问题**

1. 维克特在本文引言中指出的有关冒犯的两个关键问题是什么?
2. 根据维克特的观点,请列出互联网上五类具有冒犯性的材料的名称。
3. 维克特认为,"我们不是被物冒犯,而是被人冒犯。"请解释他的意思。
4. 维克特认为,"某事冒犯某人,当且仅当他感到被冒犯了。"这是否意味着一个人不会因为任何事情而感到被冒犯?请解释你的回答。
5. 维克特认为,遭到冒犯不只是涉及生气。还涉及什么?为什么?
6. 维克特提出的冒犯与尊重的密切关系是什么?
7. 根据维克特的观点,为什么与种族、性别或身体残疾有关的冒犯比与自己喜爱的足球队有关的冒犯更为严重?(提示:选择的作用是什么?)
8. 维克特认为,"不可能用一部法律禁止所有冒犯。"为什么?
9. 请阐述芬伯格所提出的合理的审查必须满足的两个条件。
10. 根据维克特的观点,为什么芬伯格提出的"普遍性原则"是不可接受的?
11. 根据维克特的观点,为什么芬伯格提出的"合理回避原则"不适用于互联网?
12. 为什么维克特认为在互联网上只有冒犯的"严重情况"才应当被审查?维克特认为什么是严重的冒犯?

**深入思考的问题**

1. 维克特关于一个人从来不会因任何事情感到冒犯的观点是什么?你同意他的这个观点吗?为什么同意?或者为什么不同意?
2. 冒犯与伤害的相互关系如何?是否每一种冒犯的情况都是有害的?是否每一种伤害的情况都具有冒犯性?你为什么这样想?请举例说明。
3. 在设计网页时,人们是否应当顾及冒犯网页浏览者的可能性?为什么?

## 案例分析：一个聪明的主意

以下描述的整个案例并没有真实发生过，但有些事在将来很可能发生，有些事已经发生过。这个案例说明了，由于互联网的全球性以及由此产生的诸多政策真空，世界因此将面临许多挑战。欢迎读者运用前面第3章介绍的方法分析这个案例。

乔·克雷弗(Joe Clever)对自己的未来兴奋不已。他刚刚获得国际法学学位，他冒出了一个想法，想创办一家新的律师事务所。"这将使我成为一个百万富翁！"他自己想着。乔的计划是创办一家法律事务所，专门从事互联网由于"价值观冲突"引发的法律诉讼案。

当乔还是法律系的学生时，他学习了许多"复杂的法律案例"，这些案例是由互联网的全球性，以及不同社会、不同社区拥有不同的价值观这一事实所引发的。在其中一个案例中，法国一位极具影响力的法官抗议位于美国境内的"憎恨网站"，这些网站受美国宪法"自由言论"修正案的保护。这位法官决定在法国禁止这些网站，并对开设法国公民通过互联网可以访问到的"憎恨网站"、位于美国的公司和个人进行起诉。许多愤怒的法国公民激起了这位法官的行动，这些法国公民对互联网上存法国公民可以访问到的纳粹信息和纳粹纪念品感到非常愤怒，这些信息和物品在法国是不合法的。

尽管许多美国公民也憎恨纳粹主义，并希望它不再存在，但他们仍然对这位法国法官的行动表示愤怒。他们认为这位法官试图把法国的法律强加住在自己国家的美国人身上，试图损害美国宪法"自由言论"保护第一修正案。"法国人没有权力干涉美国的民主和自由！"对法国法官感到愤怒的美国人说，"如果他们不喜欢美国的网站，他们别去登录这些网站！"

乔在学校学习的另一个案例涉及美国国内两个州之间的法律纠纷。田纳西州有严格的反色情法，而在加利福尼亚州色情是合法的。一位身处田纳西州的人反对一个位于加利福尼亚州境内的色情BBS。这个人把露骨的性图片下载到他田纳西州家中的计算机上，因为要收费，他谎称这是警方"侦探"工作的一部分。令他气愤的是，他所在社区的孩子们能够访问同一个BBS，尽管这个网站本来仅供成年人访问。

这个愤怒的人要求警局把加利福尼亚州的 BBS 所有者引渡到田纳西州,并在田纳西州起诉他贩卖色情图片。引渡成功,加利福尼亚州的 BBS 所有者在田纳西州受审并判有罪。BBS 所有者的律师在法庭上辩护道,他们没有在田纳西州销售色情图片,因为装有这个 BBS 的服务器在加利福尼亚州,而且交易是在服务器上完成的。然而,田纳西州的律师却认为,这些加利福尼亚州人其实在田纳西州销售了色情图片,因为这些色情资料是在田纳西州的计算机上接收到的,而且当购买者在购买这些色情资料时,从来没有离开过田纳西州。

许多国家的网络公司和网站建设者非常担忧这些案例的影响。如果人们因为他们在自己家乡完全合法的行为而在其他州甚至其他国家遭到逮捕或起诉的话,那么,在人们互联网上究竟该怎么做事?因为他们做的任何事情都可能冒犯了某个地方的某个人!难道这没有损害互联网的有用性吗?

乔认为这一切太妙了。"这将为我们带来源源不断的、利润丰厚的、复杂的法律案件,"乔兴奋地告诉他未来的法律事务所合作伙伴。"太棒了!想象一下所有这样的法律案件吧:在赌博不合法的国家的互联网上进行赌博!或者创建一些将冒犯全世界人们的充满争议的有关政治、性、种族和民族的网站!"

乔的新法律事务所一开张经营,他就雇了一个"互联网生意激发者"为公司制造生意。"生意激发者"的工作就是登录到互联网上,利用聊天室、BBS 和电子邮件在拥有不同法律和不同价值观的州或国家的人之间挑起冲突。"我们挑起的冲突越激烈,"乔说,"我们的法律生意获得的诉讼案件的利润就越高!我们都将成为百万富翁!"

# 最后一个案例分析

假设你在本书中已经学到了各种计算机伦理问题和方法,现在,你到了运用第 3 章介绍的案例分析方法分析下面这个虚构的但有现实意义的案例的时候了。这里隐含了一些计算机伦理问题——其中有些问题已经在前面几章中解决了,有些是新问题。结合你刚刚练就的案例分析的技能,你刚刚掌握的计算机伦理学知识应该能够使你成功地找出和澄清其中的主要问题。

## Corner-Shop 走向虚拟

Corner-Shop 零售连锁公司销售各种百货、报纸杂志和一些家居生活用品,还提供诸如清洁、相片冲洗和送花等服务。随着巨型超级市场和城外大型超级市场的出现,Corner-Shop 发现自己越来越难以参与竞争。因提供当地定制化的服务而微抬价格的经营模式,对顾客似乎不再具有吸引力了。两年前,Corner-Shop 濒临倒闭。新执行主管吉恩·韦伯(Jean Webb)上任,负责重建 Corner-Shop,并使连锁店重新盈利。

由于互联网技术的发展和电子商务的不断扩展,韦伯认为公司的未来在于通过互联网提供广泛的服务和产品。她雇用了一家咨询公司调查 Corner-Shop 电子商务的商业潜力。调查结果证实了韦伯的想法,报告显示可以获得多方面的利益,包括:开发更大的全球性市场,提高竞争力,具有为所有顾客提供定制服务和产品的能力,精减或消除供应环节,以及大幅度节省成本。因此,董事会支持她重组业务的计划,在两年内将公司转变成为电子零售商。还决定花两年多时间逐步撤销现有的 Corner-Shop 连锁店,大幅度地减少商店服务员和商店管理者。

目前,这种连锁店在盈利方面滞后了。现在运行的电子商店(E-Shop)提供的电子购物服务,通过个人计算机或数字电视在万维网上就可以获得。顾客可以购买在传统的超级市场找得到的东西,而且可以要求把商品送到他们家里，或者到当地分销点取货。这种分销网络正在慢慢地扩展，现在已经覆盖了国内所有的大城市，而且在其他六个国家的试点项目也即将完成。

价格政策已经采用缩减开支的办法，使商品定价低于超级市场的定价，而且也以同样的价格把商品送到顾客家里。商品的种类已经扩充到覆盖大部分家居用品，如家具和家庭用具。现在还提供其他一些服务，如全套电子银行系统。通过一些奖励刺激，鼓励顾客使用这个系统为他们购物付款。韦伯的目的是使顾客依赖这个连锁店购买他们所有的日常必需品，并进行交易，这样使连锁店能够充分利用商家—顾客之间的关系。

一个潜在的顾客必须在网上填写一份注册登记表才能成为 E-Shop 的顾客。同时，需要检验顾客的信用度，如果信用度不错，这个人就获准注册，并建立顾客档案。随着时间的推移，顾客档案将包括顾客在 E-Shop 购买和访问的全部记录。韦伯解释说，顾客行为的记录能够使商品和服务符合每个顾客的口味；根据他们过去的购买行为，这些顾客还会成为新的促销活动的对象，他们可能会对这些促销活动感兴趣。财务行为的分析是单独进行的，这样，当有价值的顾客现有的信用额度不够时，就会自动增加这些顾客的信用额度。这种根据顾客档案展开的营销和客户服务是在顾客毫无之情的情况下进行的，正如韦伯所解释的，因为"顾客只是想快速获准进入我们的虚拟商店，快速购买他们所需要的商品，然后离开。他们对我们如何引导他们去购买他们最想要的商品并不感兴趣。这既适合他们，也适合我们。"

自 Corner-Shop 变成 E-Shop 以来，顾客的记录发生了改变。一般来说，新顾客的经济状况更好，而且很容易至少使用一种互联网设备。韦伯欢迎这种改变，因为与在 Corner-Shop 连锁店购物的顾客相比，她在这些顾客身上看到了更大的不断增长的销售额的潜力。在 Corner-Shop 连锁店购物的顾客喜欢一个星期来几次商店，且只购买少量商品，而花大量的时间与商店服务员聊天。这是没有效率的，且成本太大。尽管社区的各种群体纷纷抱怨，E-Shop 给当地小商店造成了损失，对当地顾客造成了影响，但是，如何为这些顾客提供服务，韦伯和她的董事会对此毫不关心，因为他们认为他们的未来在于 E-Shop。

韦伯相信，E-Shop 的成功主要在于形象。他们必须努力工作，以获得顾客的信任。通过利用居于领导地位的 Trust Mark 机构认证其作为电子商务企业身份的可靠性,他们成功地做到了这一点。这样也可以使他们可以在自己的网站上标上 Trust Mark。这个网站得到处于领导地位的电子商务软件供应商的支持,软件供应商的标志也显示在这个网站上,这进一步增强了顾客的信心。E-Shop 展现出来的整体形象是一家大型公司,并得到了处于领导地位的计算机技术供应商的支持,且与顾客关系密切。事实上,E-Shop 的运行只需要极少量的员工。当顾客进行电子购物时,货物的提供、储存和配送都是由当地转包商完成,这个转包商自动接收到订单和顾客的详细资料。E-Shop 与转包商保持安全可靠的联系,E-Shop 也拥有相当安全的互联网接入。转包商的责任是确保 E-Shop 传递给他们的信息保存在一个安全的环境中。E-Shop 和转包商签订了合同,规定转包商一旦从 E-Shop 接收到信息,就对这些信息负有法律责任。E-Shop 认定,鉴于合同条款,转包商拥有足够安全的措施,因此,他们不必对这些安全措施进行监控。整体上统一的商标打造了 E-Shop 是一个大型公司的形象,而不是由法律合同捆绑在一起的一群小公司。

韦伯非常自豪,连锁店在她的领导下取得了进步。在她刚接管这家连锁店时,它还是一个艰难经营着的零售连锁店,在城郊小商店与购买潜力很小的顾客直接打交道。如今,它似乎成了一家典型的电子零售商,为现代社会忙碌的人们提供他们所需要的一切商品和一切服务。E-Shop 的虚拟之门全天候 24 小时开放,而且可以按照顾客要求的时间和地点送货上门。在未来的 12 个月里,在其他六个国家的试点项目将进入正式运行的服务阶段。韦伯把这看作是共享服务、共享成本和共享信息的全球化运行的必然发展。它建立的基础是能充分利用规模经济、挖掘全球市场潜力的技术基础设施。

# 参考文献

ACM and IEEE-CS (1991). *Computing Curricula 1991*. Available at http://www.computer.org/education/cc1991/

Anderson, R. E. (1994). "The ACM Code of Ethics: History, Process, and Implications." In C. Huff and T. Finholt (eds.), *Social Issues in Computing*. McGraw Hill, pp. 48–71.

Anderson, R., Johnson D. G., Gotterbarn D., and Perrolle, J. (1993). "Using the New ACM Code of Ethics in Decision Making." *Communications of the ACM*, 36 (February): 98–107.

Baase, S. (2002). *A Gift of Fire: Social, Legal, and Ethical Issues in Computing*, 2nd edn. Prentice-Hall.

Baird, R. M., Rosenbaum, S. E., and Ramsower, R. M. (eds.) (2000). *Cyberethics: Social and Moral Issues in the Computer Age*. Prometheus Books.

Barlow, J. P. (1991). "Coming into The Country." *Communications of the ACM*, 34/3 (March): 19–21.

Barlow, J. P. (1994). "The Economy of Ideas: A Framework for Rethinking Patents and Copyrights in the Digital Age (Everything You Know About Intellectual Property is Wrong)." *Wired*: 85–129.

Bayles, M. (1981). *Professional Ethics*. Wadsworth.

Benyon-Davies, P. (1995). "Information Systems 'Failure': the Case of the London Ambulance Service's Computer Aided Dispatch Project." *European Journal of Information Systems*, 4: 171–84.

Bowyer, K. W. (ed.) (2000). *Ethics and Computing: Living Responsibly in a Computerized World*, 2nd edn. Wiley-IEEE Press.

Brey, P. (2000). "Disclosive Computer Ethics." *Computers and Society*, 30/4 (December): 10–16.

Bynum, T. W. (1993). "Computer Ethics in the Computer Science Curriculum." In T. W. Bynum, W. Maner, and J. L. Fodor (eds.) (1993). *Teaching Computer Ethics*. Research Center on Computing and Society (also available at http://www.computerethics.org).

Bynum, T. W. (1999). "The Foundation of Computer Ethics." A keynote address at the AICEC99 Conference, Melbourne, Australia, July 1999. (Published in *Computers and Society*, June 2000: 6–13.)

Bynum, T. W. (2001). "Computer Ethics: Basic Concepts and Historical Overview." In E. Zalta (ed.), *Stanford Encyclopedia of Philosophy*, on-line at http://plato.stanford.edu/entries/ethics-computer

Bynum, T. W. and Rogerson, S. (1996). *Global Information Ethics*. Published as *Science and Engineering Ethics*, 2/2.

Bynum, T. W. and Schubert, P. (1997). "How to Do Computer Ethics: A Case Study – The Electronic Mall Bodensee." In M. J. van den Hoven (ed.), *Computer Ethics: Philosophical Enquiry – Proceedings of CEPE'97*, Erasmus University Press, pp. 85–95 (also available at http://www.computerethics.org).

Chadwick, R. (ed.) (2001). *The Concise Encylopedia of Ethics of New Technologies*. Academic Press.

Collins, W. R., Miller, K. W., Spielman B. J., and Wherry, P. (1994). "How Good is Good Enough?" *Communications of the ACM*, 37 (January): 81–91.

Conry, S. (1992). "Interview on Computer Science Accreditation." In T. W. Bynum, and J. L. Fodor, (creators) *Computer Ethics in the Computer Science Curriculum* (video program). Educational Media Resources.

Denning, P. J. (ed.) (1991). *Computers Under Attack: Intruders, Worms, and Viruses*. ACM Books and Addison-Wesley.

Dhillon, G. (2002). *Social Responsibility in the Information Age: Issues and Controversies*. Idea Group Publishing.

Edgar, S. L. (2002). *Morality and Machines: Perspectives on Computer Ethics*, 2nd edn. Jones and Bartlett.

Eichmann, D. (1994). "Ethical Web Agents." Proceedings of the Second International World Wide Web Conference: Mosaic and the Web, Chicago, IL, October 18–20, pp. 3–13 (see also: http://archive.ncsa.uiuc.edu/SDG/IT94/Proceedings/Agents/eichmann.ethical/eichmann.html).

Elgesem, D. (1996). "Privacy, Respect for Persons, and Risk." In C. Ess (ed.), *Philosophical Perspectives on Computer-Mediated Communication*. State University of New York Press.

Elgesem, D. (1999). "The Structure of Rights in Directive 95/46/EC on the Protection of Individuals with Regard to the Processing of Personal Data and the Free Movement of Such Data." *Ethics and Information Technology*, 1: 283–93.

Epstein, R. G. (1996). *The Case of the Killer Robot*. John Wiley and Sons.

Ermann, M. D., Williams, M. B., and Shauf, M. S. (1997). *Computers, Ethics and Society*. Oxford University Press.

Ess, C. (2002). "Cultures in Collision: Philosophical Lessons from Computer-Mediated Communication." In J. H. Moor, and T. W. Bynum (eds.), *Cyberphilosophy: The Intersection of Philosophy and Computers*. Blackwell (also in *Metaphilosophy*, January 2002).

Fairweather, N. B. and Rogerson, S. (2001). "A Moral Approach to Electronic Patient Records." *Medical Informatics and the Internet in Medicine*, 26/3: 219–34.

Fodor, J. L. and Bynum, T. W. (creators) (1992). *What Is Computer Ethics?* (video program). Educational Media Resources.

Ford, P. J. (2000). *Computers and Ethics in the Cyberage*. Prentice-Hall.

Forester, T. and Morrison, P. (1994). *Computer Ethics: Cautionary Tales and Ethical Dilemmas in Computing*, 2nd edn. MIT Press.

Fried, C. (1984). "Privacy." In F. D. Schoeman (ed.), *Philosophical Dimensions of Privacy*. Cambridge University Press.

Gleason, D. H. (1999). "Subsumption Ethics." *Computers and Society*, 29: 29–36.

Goodman, K. W. (ed.) (1997). *Ethics, Computing and Medicine: Informatics and the Transformation of Health Care*. Cambridge University Press.

Gorniak-Kocikowska, K. (1996). "The Computer Revolution and the Problem of Global Ethics." *Science and Engineering Ethics*, 2 (April): 177–90.

Gotterbarn, D. (1991). "Computer Ethics: Responsibility Regained." *National Forum: The Phi Beta Kappa Journal*, 71: 26–31.

Gotterbarn, D. (1992). "You Don't Have the Right to Do It Wrong." Available at www-cs.etsu-tnedu/gotterbarn/Artpp4.htm (accessed December 7, 2002).

Gotterbarn, D. (1994). "Software Engineering Ethics." In J. J. Marciniak (ed.), *Encyclopedia of Software Engineering*, vol. 2. John Wiley and Sons, pp. 1197–201.

Gotterbarn, D. (1996). "Establishing Standards of Professional Practice." In T. Hall, D. Pitt, and C. Meyer (eds.), *The Responsible Software Engineer: Selected Readings in IT Professionalism*. Springer Verlag, ch. 3.

Gotterbarn, D. (2000). "Computer Professionals and Your Responsibilities: Virtual Information and the Software Engineering Code of Ethics." In D. Langford (ed.), *Internet Ethics*. Macmillan, pp. 200–19.

Gotterbarn, D., Miller, K., and Rogerson, S. (1997). "Software Engineering Code of Ethics." *Communications of the ACM*, 40/11: 110–18.

Goujon, P. and Dubreuil, B. H. (eds.) (2001). *Technology and Ethics: A European Quest for Responsible Engineering*. Peeters.

Grodzinsky, F. S. (1999). "The Practitioner from Within: Revisiting the Virtues." *Computers and Society* (March): 9–15.

Halbert, T. and Ingulli, E. (2001). *Cyberthethics*. South-Western College Publishing.

Hamelink, C. J. (2000). *The Ethics of Cyberspace*. Sage.

Hester, M. and Ford, P. J. (eds.) (2001). *Computers and Ethics in the Cyberage*. Prentice Hall.

Himanen, P. (2001). *The Hacker Ethic and the Spirit of the Information Age*. Random House.

Huff, C. and Finholt, T. (eds.) (1994). *Social Issues in Computing: Putting Computing in its Place*. McGraw-Hill, Inc.

IEEE-CS and ACM (2001). *Computing Curricula 2001*. Available at: http://www.acm.org/sigcse/cc2001/

Introna, L. I. (1997). "Privacy and the Computer: Why We Need Privacy in the Information Society." *Metaphilosophy*, 28/3: 259–75.

Jefferies, P. and Rogerson, S. (2003). "Using Asynchronous Computer Conferencing to Support the Teaching of Computing and Ethics: A Case Study." *Annals of Cases on Information Technology*, V.

Johnson, D. G. (1985). *Computer Ethics*. Prentice-Hall (2nd edn 1994; 3rd edn 2001).

Johnson, D. G. (1997) "Ethics On-Line." *Communications of the ACM*, 40/1 (January): 60–9.

Johnson, D. G. (1997). "Is the Global Information Infrastructure a Democratic Technology?" *Computers and Society* (September): pp. 20–6.

Johnson, D. G. (1999). "Computer Ethics in the 21st Century." A keynote address at the ETHICOMP99 Conference, Rome, Italy, October.

Johnson, D. G. and Nissenbaum, H. F. (eds.) (1995). *Computers, Ethics and Social Values*. Prentice-Hall.

Kesar, S. and Rogerson, S. (1998). "Managing Computer Misuse". *Social Science Computer Review*, 16/3 (Fall): 240–51.

Kizza, M. J. (2001). *Computer Network Security and Cyber Ethics*. McFarland.

Ladd, J. (1989). "Computers and Moral Responsibility: A Framework for an Ethical Analysis." In C. C. Gould (ed.), *The Information Web: Ethical and Social Implications of Computer Networking*. Westview Press, pp. 207–27.

Langford, D. (1999). *Business Computer Ethics*. Addison Wesley.

Langford, D. (ed.) (2000). *Internet Ethics*. St Martin's Press.

Lessig, L. (2001). "The Laws of Cyberspace." In R. A. Spinello, and H. T. Tavani (eds.) (2001). *Readings in CyberEthics*. Jones and Bartlett, pp. 124–34.

Leveson, N. and Turner, C. (1993). "An Investigation of the Therac-25 Accidents." *Computer*, 26/7: 18–41.

Maner, W. (1980). *Starter Kit in Computer Ethics*. Helvetia Press (published in co-operation with the National Information and Resource Center for the Teaching of Philosophy). (Originally self-published by Maner in 1978.)

Maner, W. (1996). "Unique Ethical Problems in Information Technology." *Science and Engineering Ethics*, 2/2: 137–54.

Maner, W. (2002). "Heuristic Methods for Computer Ethics." In J. H. Moor, and T. W. Bynum (eds.), *Cyberphilosophy: The Intersection of Philosophy and Computing*. Blackwell (see also: http://csweb.cs.bgsu.edu/maner/heuristics).

Manion, M. and Goodrum, A. (2000). "Terrorism or Civil Disobedience: Toward a Hacktivist Ethic." *Computers and Society*, 30/2 (June): 14–19.

Marx, G. T. (1996). "Privacy and Technology." *Telektronikk*, 1: 40–8.

Mason, R. O. (1986). "Four Ethical Issues of the Information Age." *MIS Quarterly*, 10/1: 5–12.

Mason, R. O., Mason, F. M., and Culnan, M. J. (1995). *Ethics of Information Management*. Sage.

McFarland, M. C. (1999). "Intellectual Property, Information and the Common Good." In R. A. Spinello, and H. T. Tavani (eds.) (2001), *Readings in CyberEthics*. Jones and Bartlett, pp. 252–62.

Miller, A. R. (1971). *The Assault on Privacy: Computers, Data Banks, and Dossiers*. University of Michigan Press.

Moor, J. H. (1979). "Are There Decisions Computers Should Never Make?" *Nature and System*, 1: 217–29.

Moor, J. H. (1985). "What Is Computer Ethics?" In T. W. Bynum (ed.), *Computers and Ethics*. Blackwell, pp. 266–75. (Published as the October 1985 issue of *Metaphilosophy*.) (Also available at: http://www.computerethics.org)

Moor, J. H. (1996) "Is Ethics Computable?" *Metaphilosophy*, 27: 1–21.

Moor, J. H. (1999). "Just Consequentialism and Computing." *Ethics and Information Technology*, 1: 65–9.

Moor, J. H. (2001). "The Future of Computer Ethics: You Ain't Seen Nothin' Yet." *Ethics and Information Technology*, 3/2.

Neumann, P. G. (1995). *Computer Related Risks*. ACM Press and Addison-Wesley.

Nissenbaum, H. (1994). "Computing and Accountability." *Communications of the ACM*, 37/1: 73–80.

Nissenbaum, H. (1997). "Toward an Approach to Privacy in Public: Challenges of Information Technology." *Ethics and Behavior*, 7/3: 207–19.

Nissenbaum, H. (1998). "Protecting Privacy in an Information Age: The Problem of Privacy in Public." *Law and Philosophy*, 17: 559–96.

Nissenbaum, H. (1999). "The Meaning of Anonymity in an Information Age." *The Information Society*, 15: 141–4.

Parker, D. (1968). "Rules of Ethics in Information Processing." *Communications of the ACM*, 11: 198–201.

Parker, D. (1978). *Ethical Conflicts in Computer Science and Technology*. AFIPS Press.

Parker, D., Swope, S., and Baker, B. N. (1990). *Ethical Conflicts in Information and Computer Science, Technology, and Business*. QED Information Sciences.

Perrolle, J. A. (1987). *Computers and Social Change: Information, Property, and Power*. Wadsworth.

Pratchett, L., Birch, S., Candy, S., Fairweather, N. B., Rogerson, S., Stone, V., Watt, R., and Wingfield, M. (2002). *The Implementation of Electronic Voting in the UK*. LGA Publications.

Prior, M., Fairweather, N. B., and Rogerson, S. (2001). *Is IT Ethical? 2000 ETHICOMP Survey of Professional Practice*. UK: Institute for the Management of Information Systems.

Prior, M., Rogerson, S., and Fairweather, N. B. (2002). "The Ethical Attitudes of Information Systems Professionals: Outcomes of an Initial Survey." *Telematics and Informatics*, 19/1: 21–36.

Rahanu, R., Davies, J., and Rogerson, S. (1999). "Ethical Analysis of Software Failure Cases." *Failure and Lessons Learned in Information Technology Management*, 3: 1–22.

Raymond, E. (2000). *The Cathedral and the Bazaar* (a book and a web site at http://www.tuxedo.org/~esr/writings/cathedral-bazaar/cathedral-bazaar).

Rogerson, S. (1996). "The Ethics of Computing: The First and Second Generations." *The UK Business Ethics Network News* (Spring): 1–4.

Rogerson, S. (1998). *Ethical Aspects of Information Technology: Issues for Senior Executives*. Institute of Business Ethics.

Rogerson, S. and Bynum, T. W. (1995). "Cyberspace: The Ethical Frontier." *Times Higher Education Supplement, The Times*, June 9.

Rogerson, S., Weckert, J., and Simpson, C. (2000). "An Ethical Review of Information Systems Development: the Australian Computer Society's Code of Ethics and SSADM." *Information Technology and People*, 13/2: 121–36.

Salehnia, A. (ed.) (2002) *Ethical Issues of Information Systems*. Idea Group Publishing.

Samuelson, P. (1997). "The US Digital Agenda at WIPO." *Virginia Journal of International Law Association*, 37: 369–439.

Spafford, E. (1992). "Are Computer Hacker Break-Ins Ethical?" *Journal of Systems and Software*, 17 (January): 41–7.

Spafford, E., Heaphy, K. A., and Ferbrache D. J. (1989). *Computer Viruses: Dealing with Electronic Vandalism and Programmed Threats*. ADAPSO.

Spier, R. E. (ed.) (2002). *Science and Technology Ethics*. Routledge.

Spinello, R. A. (1997). *Case Studies in Information and Computer Ethics*. Prentice-Hall.

Spinello, R. A. (2000). *Cyberethics: Morality and Law in Cyberspace*. Jones and Bartlett.
Spinello, R. and Tavani, H. (eds.) (2001). *Readings in CyberEthics*. Jones and Bartlett.
Stallman, R. (1992). "Why Software Should Be Free." In T. W. Bynum, W. Maner, and J. L. Fodor (eds.) (1992). *Software Ownership and Intellectual Property Rights*. Research Center on Computing and Society, pp. 35–52 (also available at: http://www.computerethics.org).
Stoll, C. (1989). *The Cuckoo's Egg: Tracking a Spy Through the Maze of Computer Espionage*. Doubleday.
Tavani, H. T. (1999). "Informational Privacy, Data Mining and the Internet." *Ethics and Information Technology*, 1: 137–45.
Tavani H. T. (2000). "Defining the Boundaries of Computer Crime: Piracy, Break-Ins, and Sabotage in Cyberspace." *Computers and Society*, 30/3 (September): 3–9.
Tavani, H. T. and Moor, J. H. (2001). "Privacy Protection, Control of Information, and Privacy-Enhancing Technologies." In R. A. Spinello and H. T. Tavani (eds.), *Readings in CyberEthics*. Jones and Bartlett, pp. 378–91.
The League for Programming Freedom (1992). "Against Software Patents." In T. W. Bynum, W. Maner, and J. L. Fodor (eds.) (1992). *Software Ownership and Intellectual Property Rights*. Research Center on Computing and Society (also available at http://www.computerethics.org).
Turkle, S. (1984). *The Second Self: Computers and the Human Spirit*. Simon and Schuster.
Turner, A. J. (1991). "Summary of the ACM/IEEE-CS Joint Curriculum Task force Report: Computing Curricula, 1991." *Communications of the ACM*, 34/6 (June): 69–84.
van den Hoven, J. (1997). "Privacy and the Varieties of Informational Wrongdoing." *Computers and Society*, 27: 33–7.
van Speybroeck, J. (1994). "Review of *Starter Kit on Teaching Computer Ethics*" (by T. W. Bynum, W. Maner, amd J. L. Fodor (eds.)), *Computing Reviews* (July): 357–8.
Weckert, J. (2002), "Lilliputian Computer Ethics." In J. H. Moor, and T. W. Bynum (eds.), *Cyberphilosophy: The Intersection of Philosophy and Computing*. Blackwell.
Weckert, J. and Adeney, D. (1997). *Computer and Information Ethics*. Greenwood Publishing Group.
Weizenbaum, J. (1976). *Computer Power and Human Reason: From Judgment to Calculation*. Freeman.
Westin, A. R. (1967). *Privacy and Freedom*. Atheneum.
Wiener, N. (1948). *Cybernetics: or Control and Communication in the Animal and the Machine*. Technology Press.
Wiener, N. (1950). *The Human Use of Human Beings: Cybernetics and Society*. Houghton Mifflin. (2nd rev. edn, Doubleday Anchor, 1954).
Wood-Harper, A. T., Corder, S., Wood, J. R. G., and Watson, H. (1996). "How We Profess: The Ethical Systems Analyst." *Communications of the ACM*, 39/3 (March): 69–77.

# 索 引

（页码指正文边码，编者对原索引条目进行了酌情删减）

## A

阿诺莱特公司案例 AeroWright Case 241—2

安全 security 4,11,19,63,82,177, 189,193,206—11,213—16,219—26, 230—4,236—9,253—5,261—5,271, 317,325,346

## B

版权 copyright 5,11,25,26,29,37, 182,281—2,283—6,288—90,291, 292,302,308

版权法 Copyright Act 291

保密（性） confidentiality 122,139, 151,179,182,183,189,199,206,208, 209,212,214,217,218,221,223,269

边沁,杰里米 Bentham,Jeremy 17, 62,66,71,322,323,326

病毒 virus 11,63,180,206,208,217, 218,227,234—6,238

## C

常规伦理学 routine ethics 22,23,29, 37

Corner Shop 案例 Corner Shop Case 344—6

## D

电气电子工程师协会 Institute for Electrical and Electronic Engineers (IEEE) 196

电气电子工程师协会计算机学会 Computer Society of the Institute for Electrical and Electronic Engineers (IEEB-CS) xvi,2,19,70,92,93,94, 121,138,142,153,158,159,162,163, 170—8

电子病历 electronic patient record 274,275,317

电子投票 electronic voting 6

电子邮件 electronic mail(E-mail) 6, 21,27,74—8,81—3,182,222,252, 256,259,284,311,342

## E

恶意破坏软件 vandalware 230,235

## F

冯·诺伊曼,约翰 von Neumann,John 45

## G

个人数据 personal data 151,213,236,247,248,257,263—5,267—70

GNU 系统 GNU 231,305

功利主义伦理学 utilitarian ethics 17,54,66,71—2,83,122,281,284,289

公民 citizens 2,3,6,36,93,126,240,247,248,261,268,273,296,298,307,309,341

工作 work 31,39,79,80,89,93,100,112,116,117,140,144—7,158,172—84,188—92,194—6,200,201,235,242,281,295,297—305,322,334

国际数据加密算法 International Data Encryption Algorithm(IDEA) 56

## H

骇客行为 cracker activity 212

黑客伦理 hacker ethic 231—2

黑客行为 hacking 6,11,63,206,207,215,227,231,235—7,236,240

后果论伦理学 consequentialist ethics 54,113,114

霍布斯,托马斯 Hobbes,Thomas 322

获取(访问、可及) access 4—5,22,25,40,52,96,144—8,151,161,173,182,185,193,206,209,210,212,214,217,220,224,227,228,231,232,241,242,246—50,255—7,259—61,265,267,271,297,317,336,342,345

## J

加密术 encryption 43,56,63,64,220,224,283,302

监视 surveillance 5,150,200,211,267

价值分析框架 value frameworks 30,36

核心价值 core 32—5,36,38,86,253,254,255,258,261

积极责任 positive responsibility 113—16,118

经济合作与发展组织 OECD 263

计算机滥用 computer abuse 39,42,220

计算机伦理(学) computer ethics 1,2,6—11,15—87,92,96,151,152,156,179,206,210,316,318—22,324—6,344

计算机安全 computer security 11,79,205—43

计算机病毒根除法 Computer Virus Eradication Act 234

计算机课程体系 Computing Curricula 2001 2

绝对命令 categorical imperative 62,72,73

角色和责任分析 roles and responsibilities analysis 70,81,86

## K

凯姆克公司案例 Chemco Case 165—6

康德,伊曼纽尔 Kant,Immanuel 17,62,67,72,73,83,322,323,326

控制/限制访问隐私理论 control/restricted access theory of privacy 257,258,260,262

控制论 cybernetics 7

## L

老大哥(政府) Big Brother 236,237

利害关系人分析　stakeholder analysis
70,81,86

良好实践标准　standards of good practice　10,19,63,64,70,71,73,135,136—41,212,316

Linux 操作系统　Linux　310

例外原则的论证　justification of exceptions principle　260

洛克,约翰　Locke,John　66,280,289,292,310,322

逻辑延展性　logical malleability　1,18,23—6,27,28,37,47,61,92,321

逻辑炸弹　logic bomb　207,217

罗斯,威廉·大卫　Ross,William David　114

伦敦救护车案例　London Ambulance Case　129—31

## M

冒犯　offense　62,66,68,194,317,327—40

美德　virtue　65,72,113,114,296,328

美国在线　America On Line（AOL）　22

美国计算机协会　Association for Computing Machinery（ACM）　xvi,2,8,19,64,70,92—4,98,99,121,136,137,139—42,153,156,159,160,162,170—87

密尔,约翰·斯图亚特　Mill,John Stuart　17,71,114,337,338

民主　democracy　1,6,19,21,318,341

模式识别　pattern recognition　60—1,63—5,68,85,247

募捐软件机器人案例　Extortionist Softbot Case　73—85

## N

Napster 软件　Napster　278,279

匿名　anonymity　3,4

## O

欧洲人权协定　European Convention On Human Rights　193

## P

帕克,唐　Parker,Donn　8,9,39,40,42,52,122,179,212

平等　equality　66,71,181

## Q

欺诈　fraud　40,263,271,209—11,213—19,247,269

权利　rights　4,66,67,70,73,126,138,145,147,182,193,199,208,209,211,213,222,223,229,237,264,265,270,272,279,280,281,284,287—9,293,295

全球伦理（学）　global ethics　85,86,96,319,326

全球信息伦理（学）　global information ethics　11,21,315—43

## R

人工智能　artificial intelligence　74

人类价值　human values　4,10,11,19,23,34,35,135,137,175,208—26,316

人权　human rights　180,193,218,318

蠕虫　worm　11,206,217,228,232,234,236,238

软件盗版　software piracy　53,289

软件工程　software engineering　49,64,

76,77,79—81,83,84,91,92,100,102,105,109,114—16,128,139—41,158,162,170—8

软件机器人 softbot 73—8,80,83

S

色情 pornography 75,77,78,79,82,317,327,330,332,333,336—8,341,342

闪电财产 greased property 278

闪电数据 greased data 5,248,249—50,261,262,278

伤害 harm 35,36,55,71,72,77—80,82,96,102,103,106,116,117,118,142,145,155,171,173,180,181,184,186,198,199,207,235,239,252,255,259,260,281,284,286,287,289,296—9,301,302,309,329,332—3,338,339

商业秘密 trade secret 94,182,281,283—4

社会—技术差距 sociotechnical gap 212,220

社会差距 social gap 212

社会正义 social justice 6

审查 censorship 327,328,334,338,339

身份 identity 5,68,220,331

生命质量 quality of life 80,116,173,180,188,196,237,269,273

适当关怀 due care 116,122,124—6,192

十诫 ten commandments 142,151

数据保护 data protection 193,248,263—73

数据保护法 Data Protection Act 264—6,267—70,272,273

数据采掘 data-mining 247,269

数据控制者 data controller 265,266,270,272

数据匹配 data-matching 4,247

数据主体 data subject 264,265,269,272

斯密,亚当 Smith,Adam 114

所有权劳动理论 labor theory of ownership 280

所有权功利主义理论 utilitarian theory of ownership 280

所有权人格理论 personality theory of ownership 280

所有权社会契约论 social contract theory of ownership 280—1

T

TCP/IP 协议 TCP/IP 55

特科尔,雪利 Turkle,Sherry 9

特洛伊木马 Trojan horse 11,206,208,208,210,217,218,223

Therac-25(放射治疗仪) Therac-25 99—101,104,106,114

"甜饼" cookie 34,247

体面通信法 Communications Decency Act 327

W

玩忽职守 malpractice 110,111,115,116,159,161,212

完整性 integrity 67,72,84,171,175,176,182,184,189,194,200,201,203,206,208,209,210,212,214,217,218,220,221,224

网络空间(赛博空间) cyberspace 3,

5,85,207,317,319,325

网络蠕虫 Internet worm 219,227,228,232,234,236

网络审查 Internet censorship 334—8

网络性爱 Cybersex 3

维纳,罗伯特 Wiener, Norbert 1,7,8,9,17,40

韦曾鲍姆,约瑟夫 Weizenbaum, Joseph 8

文化相对主义 cultural relativism 22,23,29,30,37

误用 misuse 25,181,208,209,212,213,214,216—19,221,222,225,226,236,237

## X

消极责任 negative responsibility 113,114,118

希波克拉底誓言 Hippocratic Oath 92

"细菌" "bacteria" 207

信息公开法 Public Disclosure Act 193

信息技术 information technology(IT) 5,6,9,18,19,91,135,143,144,151,188,189,191,242,251,258,269,278,316

信息系统 information systems(IS) 2,10,64,70,94,140,143,148,186,193,194,197,199

信息系统管理协会 Institute for the Management of Information Systems(LMIS) 2,64,70,94,137—9,150,197—201

信息通信技术 ICT 1—3,5,7,10,11,64,66,68,70,71,246

信任 trust 24,94,95,122,123,135,158,181,184,213,231,236,346

系统设计 system design 102,180,181,186,213,215,216

修正原则 adjustment principle 260

## Y

亚里士多德 Aristotle 62,65,66,72,83,85,252,323

言论自由 freedom of speech 23,36,160,163,327,333,334,338,341

一个聪明主意案例 Clever Idea Case 341—2

一桩隐私小事案例 Small Matter of Privacy Case 274—5

遗传的 genetic 248,259,260,273,275

英国计算机协会 British Computer Society(BCS) 2,64,70,92—4,138—40,156,192—5

隐私 privacy 3,4,9,11,19,25,26,29,37,43,63,75—7,79—81,83,84,86,100,122,137—9,142—7,151,173,175,182,187,190,193,199,200,245—76

隐私法 Privacy Act 255

隐私区域 zones of privacy 250,257,259,261,262,273

义务(责任) accountability 110,114,116,123,135,159,184,218—21,223,226

## Z

政策真空 policy vacuum 3,7,18,27—9,33,37,43,61,64,68,70,71,73,80,86,278,316—18

政治(学) politics 4,40,41,93,131,

157,211,224,248,294,303,316—18,322,329—32,337,338,342

正义 justice 6,40,65,66,91,92,127,181,247

智能者 intelligent agent 74

知情同意 informed consent 200,257,259,261

知识财产 intellectual property 4—5,11,43,63,144,145,174,176,182,193,231,277—314

 知识产权 ownership 4—5,9,11,63,144,145,176,238,277,278,279—84,285,286,289,293,295,303,307,309,310

 知识产权 rights(IPR) 279

 世界知识产权组织 WIPO 281

自由财产案例 Free-Range Property Case 311—13

专利 patent 11,25,182,282—3,284—6,288,289,290—1,292,293

专业(职业)伦理(学) professional ethics 8,9,19,136,140,324,326

准则 code

 行为准则 of conduct 8,19,63,71,121,137—40,150,169—201

 伦理准则 of ethics 2,11,19,63,64,70,71,80,82,94,98,106,114,115,117,118,121,133—201,139—41,148,159,163,165,212,324

 实践准则 of practice 218,268,273

自尊 self-respect 327,331—3,336—8

尊重 respect 34,36,62,67,72,83,84,123,135—8,142,158,172,175,180,181,189—91,193,198,200,221,238,264,266,269,330—2,333,334,336—9

# 译后记

本书能够在国内得以翻译出版，首先必须感谢北京大学出版社王立刚编辑，感谢他的信任、敦促和耐心。感谢本书主编特雷尔·拜纳姆教授和西蒙·罗杰森教授，感谢他们多年来对笔者的支持。感谢拜纳姆教授2003年邀请我到他创建和领导的美国南康州大学计算机与社会研究中心访问学习，该中心是世界上最早成立的专门从事计算机伦理学研究的中心。感谢罗杰森教授邀请我担任他主编的杂志 Journal of Information, Communication and Ethics in Society 的编委。本项目也得到了教育部人文社会科学重点研究基地重大课题项目"web3.0时代网络伦理前沿问题研究"（07JJD720048）的支持，特此致谢。

本书翻译分工如下：李伦翻译第1章至第3章，第7章，第8章，附录（伦理准则范本），以及作者简介、前言与致谢、缩略词、编者导论、索引；金红翻译第4章至第6章；曾建平翻译第9章至第12章；李军翻译第13章至第16章。金红对全书进行第一遍校译，李伦对全书进行第二遍校译，并负责最后的统稿和定稿。戴静、陈韬初译过部分章节，特此表示感谢。由于译者、校者水平有限，可能存在理解和翻译上的错误，敬请批评指正，并在此向未来的批评者致谢。

李　伦

2008年8月15日于长沙